KB239448

Map of Tokyo Metro Area

INFOMAPJAPAN

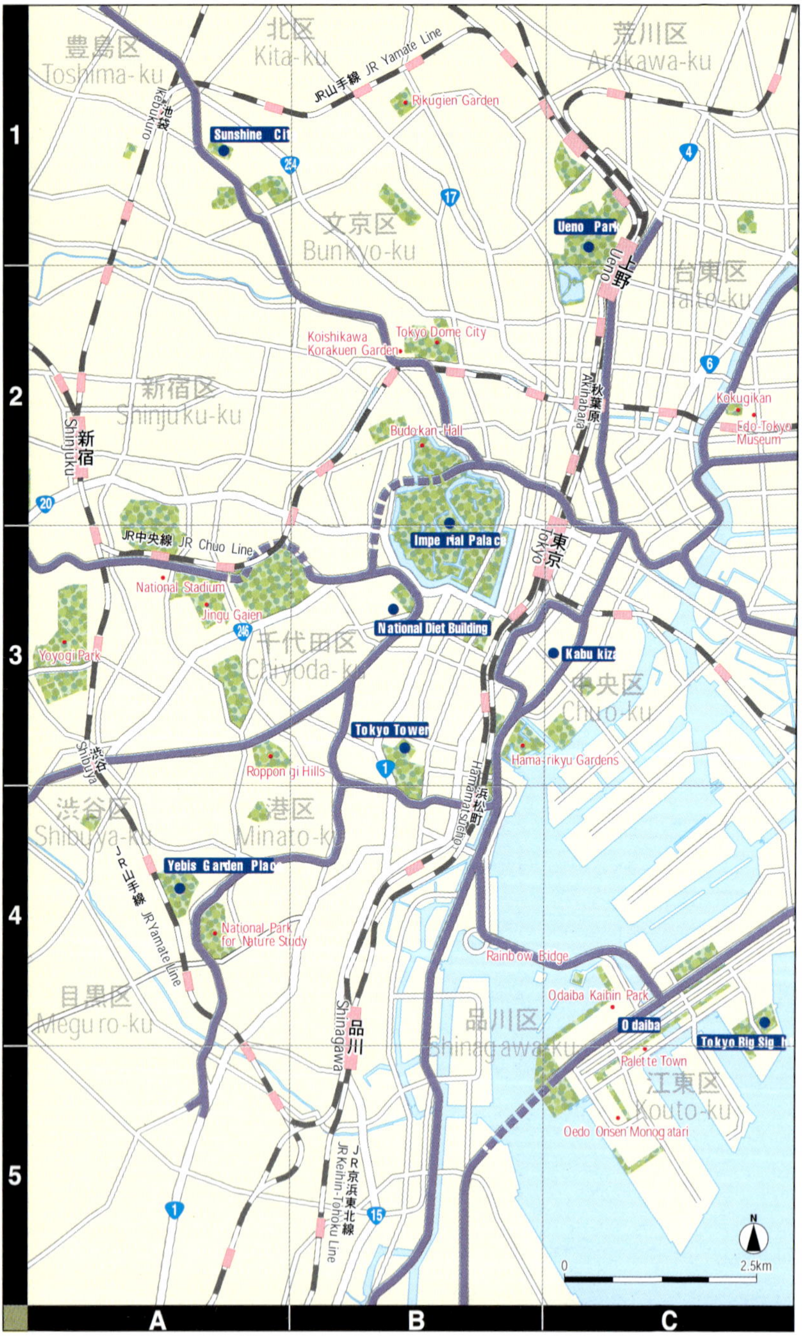

豊島区
Toshima-ku
北区
Kita-ku
荒川区
Arakawa-ku
JR山手線 JR Yamate Line
Rikugien Garden
池袋
Ikebukuro
Sunshine Cit
文京区
Bunkyo-ku
Ueno Park
上野
Ueno
台東区
Taito-ku
Koishikawa
Korakuen Garden
Tokyo Dome City
新宿区
Shinjuku-ku
新宿
Shinjuku
秋葉原
Akihabara
Kokugikan
Edo-Tokyo
Museum
Budokan Hall
Imperial Palace
東京
Tokyo
JR中央線 JR Chuo Line
National Stadium
Jingu Gaien
National Diet Building
Yoyogi Park
千代田区
Chiyoda-ku
Kabukiza
中央区
Chuo-ku
Tokyo Tower
渋谷
Shibuya
Roppongi Hills
Hama-rikyu Gardens
浜松町
Hamamatsucho
渋谷区
Shibuya-ku
港区
Minato-ku
Yebis Garden Place
JR山手線 JR Yamate Line
National Park
for Nature Study
Rainbow Bridge
Odaiba Kaihin Park
目黒区
Meguro-ku
品川区
Shinagawa-ku
品川
Shinagawa
Odaiba
Tokyo Big Sight
Palette Town
江東区
Kouto-ku
Oedo Onsen Monogatari
JR京浜東北線
JR Keihin-Tohoku Line
N
0
2.5km
1
2
3
4
5
A
B
C

Main Road · Open Road · Expressway · JR Line · Subway · Other Railway

Tourist Information Center · Accommodation · Post office · Police · Ward office · Hospital · Fire station · Temple · Shrine · Shopping · Embassy Consulate

INFOMAPJAPAN

About infomapJAPAN www.infomapjapan.com/about_infomap.phtml

About distributors www.infomapjapan.com/distributor.phtml

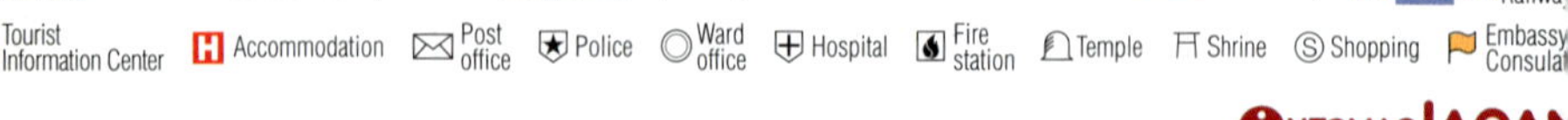

예. **Yes.**

はい。 하이.

아니오. **No.**

いいえ。 이-에.

고맙습니다. **Thank You.**

ありがとう。 아리가또.

실례합니다. **Excuse me.**

すみません。 스미마셍.

미안합니다. **I'm sorry.**

ごめんなさい。 고멘나사이.

안녕하세요. **Hello.**

こんにちは 곤니치와.

헤어질 때(안녕히 가세요, 안녕히 계세요, 잘 가라 등) **Good bye.**

さようなら 사요-나라.

잘 모르겠습니다. **I don't know.**

よくわかりません。 요꾸 와카리마셍.

괜찮습니다. **I'm O.K.**

大丈夫です 다이죠부데스.

얼마입니까? **How much?**

いくらですか。 이쿠라데스까.

이것을 원합니다. **I want this.**

これが欲しいです。 고레가 호시이데스.

좋습니다. **Good.**

いいです。 이이데스.

いいですね。 이이데스네. 좋네요.

いいですよ。 이이데스요. 좋아요.

포켓 속의 도쿄

문성욱 지음

이·비·락 樂
eBeecomm publishing

포켓 속의 도쿄

초판 1쇄 찍음 2008년 3월 10일
초판 2쇄 펴냄 2008년 8월 20일

지은이 문성욱

펴낸곳 도서출판 이비컴
펴낸이 강기원

주   소 130-811 서울시 동대문구 신설동 97-1 302호
대표전화 (02) 2254-0658 팩스 (02) 2254-0634
전자우편 help@bookbee.co.kr
웹사이트 http://www.bookbee.co.kr
등록번호 제 6-0596호 등록일자 2002.4.9
I S B N 89-89484-55-4 13980

편집디자인 터닝포인트 공종욱, 정다워
표지디자인 김희정
일러스트 도우석
마케팅 김동중

ⓒ 문성욱 · 이비컴 2008

값 12,000원

이 도서의 국립중앙도서관 출판시도서목록(CIP)은 e-CIP홈페이지(http://www.nl.go.kr/cip.phd)에서 이용하실 수 있습니다.
(CIP제어번호: CIP2008000378)

머리말 Preface

인천공항에서 이륙하여 1시간 정도면 이미 비행기는 일본 상공을 훌쩍 통과하고 있음을 여행을 해본 사람이라며 다 아는 사실이다. 역사적으로 한국과 일본은 이래저래 꼬여있지만, 여전히 한국인이 가장 많이 찾는 나라 중 하나며, 일본인들 역시 만만치 않게 한국을 많이 찾아온다. 한국과 일본은 언어 등을 제외하면 서로 비슷한 점들이 많아 처음 일본을 간 여행자들도 그다지 낯설어하지 않는다. 한국 사람들이 일본의 도시 중에 가장 많이 찾는 도쿄 역시 외형상 우리의 서울과 많이 다르지는 않다. 하지만 미리 정보를 챙기지 않은 이들에게 도쿄의 아침은 어디부터 가야할지 망설여질 수밖에 없다.

이 책은 처음 도쿄를 방문하거나 가봤더라도 여전히 생소하게 느끼는 초보 여행자들에게 입·출국, 교통, 숙박, 식사, 그리고 도쿄 도심을 중심으로 가볼만한 유적지, 쇼핑거리 등의 정보를 소개한 풀코스 도쿄 가이드이다.

또한 한국 여행자들이 가장 많이 찾는 교통 동선, 즉 JR 야마노테센(山手線)을 중심으로 소개한다. 물론 도쿄 여행에서 빠트릴 수 없는 오다이바, 아사쿠사, 긴자 등도 JR 야마노테센 주요 역에서 쉽게 갈아탈 수 있으므로 간과하지 않았다.

어떤 종류의 여행이든, 준비 없이 갔다 오면 돌아와서 두고두고 후회하게 마련이다. 후회 없는 여행이 되려면 지역별로 꼭 가볼 곳과 여분의 시간이 나면 들릴만한 곳의 우선순위를 정해두면 편리하다. 물론 과한 욕심을 줄이는 것도 중요하다. 요즘에는 인터넷 정보 검색을 통해 여행 정보는 물론이고 여행 후기도 쉽게 접할 수 있어 생생한 현지의 정보를 사전에 체크해볼 수가 있으니 이것을 잘 활용하는 것도 좋다.

아무쪼록 이 책이 도쿄 여행자들의 여행길에 쓸모 있는 친절한 가이드가 되고, 추억이 깃든 도쿄 여행의 길잡이가 되길 바란다. 또한 어렵게 책이 만들이지기까지 힘써준 출판사 식구들과 함께 여행하며 도와준 방희, 그리고 가족들에게 감사드린다.

2008년 2월 문성욱

차례

머리말 **3**

찾아보기 **343**

01 **도쿄 스케치** | Tokyo Preview

1-1 설레는 첫 도쿄 여행 12

1-2 무엇을 볼까? 13
한눈에 보는 도쿄 **14**
테마로 찾아가는 도쿄 여행 **16**

1-3 도쿄로 가는 여러 가지 방법들 24
비행기로 떠나는 도쿄 **24**
Tip 배편으로 가는 일본 **26**
1박 3일 밤도깨비 여행 **27**

1-4 도쿄에서 잠자기 29
비즈니스호텔 **29**
저렴한 민박 **32**

1-5 도쿄에서 밥 먹기 34
일본 주요 식당 체인점 **35**
일본의 편의점 **38**
일본 라멘 **40**
저렴한 초밥집 **41**
일본의 패스트푸드점 **42**

1-6 알뜰한 여행 경비 사용법 46
공항이용료와 유류할증료 **47**
여행자 보험 **49**

1-7 내게 맞는 여행 상품 선택 51
여행사 패키지 **51**
비행기 따로 호텔 따로 **53**
마일리지 활용 **54**

1-8 내게 맞는 여행 계획 짜기 56
빡빡한 일정 vs 느슨한 일정 **56**
Tip 아기엄마들을 위한 아기용품점 아까짱혼포 **58**

c o n t e n t s

02 준비 | Preparation

2-1 여권 준비하기 | 60
여권 만들기 60
도쿄는 무비자 61

2-2 짐 꾸리기 | 62
Tip 편의점 같은 일본의 약국 63

2-3 추가로 준비할 것들 | 64
도쿄 여행의 필수품 64
Tip 지브리미술관 티켓 예매 64
도쿄의 날씨 65
환전 노하우 66
Tip 여행 전 체크리스트 68

03 출국 | Departure

3-1 공항 가는 방법 | 70
공항버스 이용하기 70
간단한 공항이용 71

3-2 출국 절차 | 73
탑승수속하기 73
로밍 서비스 신청 76
도쿄에서 한국으로 전화걸기 76
출국심사와 세관신고 78
비행기 탑승 79

3-3 기내에서 | 80
출입국신고서 작성하기 80
출입국 신고서 쓰는 법 81

3-4 도쿄 입국하기 | 82
입국심사 82
달라진 입국심사 83
수하물 찾기 83
세관심사 84

04 대중교통 | Public Transportation

4-1 공항에서 도쿄 찾아가기 | 86
나리타공항에서 도쿄 찾아가기 86
하네다공항에서 도쿄 찾아가기 90

4-2 호텔 체크인 | 93
호텔 시설물 이용 93

4-3 도쿄의 대중교통 수단 | 95
도쿄의 전철과 지하철 95
도쿄 여행의 기본 라인 JR 야마노테센(山手線) 98
Tip 초보 여행자의 지하철 타기 99
복잡한 지하철 파악하기 100
도에이 지하철 노선표 101
도쿄 메트로(구 에이단) 지하철 노선표 103
도쿄에서 택시타기 107
도쿄에서 버스타기 107

Traffic & Lodging

05 쇼핑 | Shopping

5-1 무엇을 살까? | 110
일본을 기억할만한 선물들 111
전자제품 알뜰 쇼핑 113

5-2 일본 3대 전자제품 양판점 | 116
빅 카메라 116
요도바시 카메라 117
사쿠라야 118

5-3 일본의 패션 트렌드 엿보기 | 120

5-4 일본의 대중문화 살펴보기 | 122

Shopping

06 도쿄의 볼거리 | Tourism

6-1 오다이바 お台場 | 126

오다이바 관광 포인트 126
오다이바 가는 법 128
모노레일 유리카모메 128
오다이바 미리보기(Map) 131
무료 셔틀버스 133
오다이바 해변공원 133
도쿄 덱스 비치 134
아쿠아시티와 메디아주 136
후지TV 141
배 과학관 144

파나소닉센터 145
위저 아리아케 베이몰 145
팔레트타운 146
메가웹 149
비너스 포트 154
도쿄레저랜드 155
오오에도센 모노카타리 156
텔레콤센터 157
니혼TV 157

6-2 이케부크로 池袋 | 160

이케부크로 관광 포인트 160
이케부크로 가는 법 161
이케부크로 미리보기(Map) 162
선샤인시티163
파르코 166
긴카도 167
도요타 오토사론 암렉스 167
빅카메라 본점 168

선샤인60 도리 168
HMV 이케부크로점 170
만다라케 이케부크로점 171
K-BOOKS 이케부크로점 171
마루이시티 이케부크로점 172
토부백화점 173

6-3 긴자銀座, 마루노우치 丸ノ内 | 174

긴자, 도쿄역, 마루노우치 관광 포인트 175
긴자, 도쿄역, 마루노우치 가는 법 176
긴자, 도쿄역, 유라쿠쵸 미리보기(Map) 177
소니 쇼룸 178
이토야 179
큐쿄도 179
와코백화점 180
미츠코시백화점 180
하쿠힌칸 토이 파크 181
도쿄역 182
애플스도어 긴자 182
쁘렝땅백화점 183
TEPCO 긴자관 184

마루젠 서점 185
고쿄(皇居)와 히가시코엔(東公園) 185
고쿄가이엔(皇居外苑) 187
가부키좌(歌舞伎座) 188
히비야코엔(日比谷公園) 188
더 긴자 189
긴자텐구니 189
분메이도(文明堂) 190
제국극장 190
OPAQUE GINZA 190
마츠자카야백화점 191
니시긴자 191
긴사인스 192
긴자코아 193
닛산 긴자 갤러리 193

6-4 아사쿠사 浅草 | 195

아사쿠사 관광 포인트 195
아사쿠사 가는 법 196
아사쿠사 미리보기(Map) 199
Tip 수상버스 타기 200
Tip 카미나리몬(雷門) 201
센소지 201
Tip 아사쿠사의 진리키샤 (人力車) 202

ROX 203
나카미세 거리 203
아사히 맥주 204
하나야시키 유원지 205
아사쿠사 신사 205
에도 시타마치 전통공예관 206

6-5 신주쿠 新宿 | 207

신주쿠 관광 포인트 207
신주쿠 가는 법 210
신주쿠 미리보기(Map) 213
도쿄도청 214
NS빌딩 216
키노쿠니야 서점 217
신주쿠 교엔(新宿御苑) 218
빅 카메라 218
요도바시 카메라 219
사쿠라야 220
가부키쵸 220
미츠이빌딩 221
신주쿠 사잔테라스 222

프랑프랑 222
돈키호테 223
랑킹랑퀸 224
타카시마야 타임즈스퀘어 224
도큐핸즈 225
스튜디오 알타 225
오다큐백화점 225
루미네 신주쿠 226
마루이시티 227
인더룸 228
라멘집 산토카 228
하나조신사 229

6-6 하라주쿠 原宿, 오모테산도 表参道 | 230

하라주쿠, 오모테산도 관광 포인트 230
하라주쿠 가는 법 231
하라주쿠, 오모테산도 미리보기(Map) 233
메이지 진구 234
스누피 타운 237
Tip 도쿄에서 의류 구매시 주의할 점 238
요요기코엔(公園) 238
다케시타도리 239
Tip 다케시타도리의 별미 (마리온 크레페) 241

오모테산도 242
키디랜드 243
크레용하우스 244
오모테산도 힐즈 244
메이지도리 246
Tip 하라주쿠의 테마 쇼핑 246
라포레 하라주쿠 246
캣 스트리트 247
오리지널 타코야끼 248

6-7 시부야 渋谷 | 249

시부야 관광 포인트 249
시부야 가는 법 250
시부야 미리보기(Map) 251
Tip 하라주쿠에서 시부야 찾아가기 252
하치코 상 253
돈키호테 253
NHK 스튜디오 파크 254
도큐핸즈 256
레코판 Beam 257
시부야 109 257
쓰리 미닛츠 해피니스 258
북퍼스트 258
HMV 시부야 259
타워레코드 259
담배와 소금 박물관 260
디즈니 스토어 260
만다라케 시부야 260
애플스토어 261
큐프론트(Q-Front) 261
인터넷 미라이 만가 깃사 262
피크닉 온 피크닉 264
회전 초밥집 스키지 본점 265
Tip 초밥 마니아를 위한 스키지 시장 266

6-8 우에노 上野 | 267

우에노 관광 포인트 267
우에노 가는 법 268
우에노 미리보기(Map) 269
우에노공원 271
국립서양미술관 271
도쇼구 272
도쿄국립박물관 273
우에노동물원 273
시노바즈노아케 274
도쿄도국립과학박물관 275
고주테신사 275
도쿄도미술관 276
아메요코 시장 277
이와사키 저택 정원 278
유시마텐진 280
ABAB 281

6-9 아키하바라 秋葉原, 오차노미즈 御茶ノ水, 간다 神田 | 282

아키하바라, 간다 관광 포인트 282
아키하바라 가는 법 284
아키하바라 미리보기(Map) 286
아키하바라의 전자상가 287
라옥스 288
요도바시 아키바 289
소프맙 289
이시마루 290
K-BOOKS 291
애니메이트 291
간다 헌책방 거리 291
산세이도(三省堂) 서점 292
유시마성당 292
니코라이당 293
오차노미즈 악기거리 294
간다 스포츠용품 거리 294
Tip 새롭게 변신한 철도박물관 295

6-10 에비스 惠比寿, 다이칸야마 代官山 | 296

에비스, 다이칸야마 관광 포인트 296
에비스, 다이칸야마 가는 법 297
에비스, 다이칸 야마 미리보기(Map) 298
에비스 가든 플레이 299
에비스 맥주박물관 299
미츠코시백화점 299
샤토 레스토랑 조엘 로비숑 300
삿포로 비어스테이션 300
다이칸야마 301
와플스 301
미스터 프렌들리 302
에비스에서 다이칸야마 걸어가기 302

6-11 그 외의 볼거리 | 305

미타카의 숲 지브리 미술관 305
도쿄 디즈니랜드 308
과학기술관 310
체신종합박물관 310
니혼노 사케 정보관 310
광고박물관 310
현대망가도서관 311
스모박물관 311
반다이뮤지엄과 캐릭터 월드 311

07 귀국 | Homecoming

7-1 호텔 체크아웃 | 312

7-2 지하철 코인락 활용 | 313

7-3 공항가기 | 315
나리타공항의 항공사별 터미널 316
보딩패스 발권 317
출국심사 318

7-4 한국으로 입국 | 319
꼭! 기록하거나 보관해야 할 것들! 320

부록 상황별 일본어 회화 | 323
　　　 도쿄 지하철 노선도 | 342

01 도쿄 스케치 | **Tokyo Preview**

도쿄 스케치

1-1 설레는 첫 도쿄 여행

>> 설레는 첫 도쿄 여행 어떻게 준비할까? 도쿄는 해마다 많은 사람들이 찾는 도시이지만 대부분은 도쿄의 일부분만 보고 온다. 도쿄가 크게 다운타운 지역과 주변의 생활공간으로 나뉜 탓인지 볼거리의 상당수는 중심가에 몰려 있다. 그렇다고 해서 이것들을 하루이틀 사이에 둘러보기란 결코 만만치 않다. 도쿄를 처음 떠나는 이들에게 3박 4일, 혹은 적어도 일주일 간에 둘러볼 수 있는 정보를 만나보자.

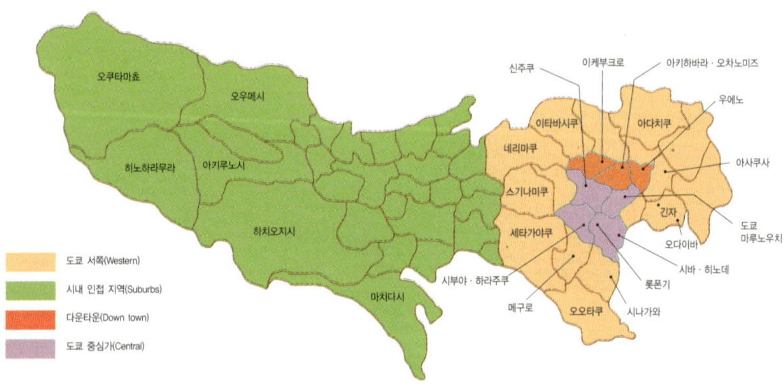

도쿄 여행은 길어야 3박 4일에서 짧게는 1박 3일과 같은 도깨비 여행이 많아 무작정 가면 쇼핑만 하고 오기 십상이다. 그나마 다행인 것은 복잡한 도쿄의 전철 노선 중 대부분의 관광지는 JR 야마노테센이라고 부르는 마치 우리의 지하철 2호선과 같은 순환선과 연결되어 있다. 그렇기 때문에 짧은 시간에 도쿄를 전부 볼 수는 없어도 꼭 보고 싶은 곳만큼은 미리 계획만 잘 세우면 편리하게 여행할 수 있다는 것이 도쿄 여행의 장점이다. 처음 도쿄를 가는 사람, 일본어를 전혀 모르는 사람이라도 도쿄 여행에 있어 최적의 코스인 JR 야마노테센의 전철 노선을 중심으로 일본의 도쿄를 신나게 여행하는 방법을 알아보자.

▶ JR 야마노테센(山手線)

1-2 무엇을 볼까?

현대와 전통이 공존하는 도쿄

>> 도쿄는 엄청난 도시의 크기에 비해 중심가는 생각만큼 그리 크지 않다. 도쿄 중심가를 딱 반으로 나누면 양쪽 모두 각각의 지역이 관광지로서의 분명한 색깔을 갖고 있다. 서쪽 지역의 신주쿠나 시부야는 수많은 쇼핑센터 등 TV에 비치는 현대적인 도쿄의 일반적인 풍경을 보여준다. 반면 동쪽 지역은 도쿄의 옛 모습을 상대적으로 많이 느낄 수 있는 곳들이 많다.

▶ 인파로 넘쳐나는 시부야

사실 지진이 잦은 나라인 만큼 예전의 모습을 간직하기란 쉽지 않을 텐데 1923년의 관동대지진과 2차 세계대전 이후 지금의 도쿄는 옛 모습의 자취를 더욱 잃어버렸다. 이후 재건된 현대적인 도시의 모습이 현재 도쿄의 모습이다. 거기에 400년 정도 밖에 되지 않은 짧은 도시의 역사로 오래된 건축물이나 유적지를 찾아볼 수 있는 곳은 많지 않다. 그래서 도쿄는 역사의 흔적을 찾기 위한 여행보다는 현대적인 도시 문명과 일본 특유의 문화를 이해하고자 도쿄를 방문하는 경우가 많다.

▶ 아사쿠사 카미나리몬

도쿄 중심가의 동쪽 지역은 관동대지진 이후로 발전의 속도가 상대적으로 늦어져 일본의 전통적인 모습을 조금이나마 볼 수 있는 곳이 많다. 박물관이나 특색 있는 일본 전통에 관심을 갖는 여행자라면 동쪽에 위치한 아사쿠사, 우에노 등 볼 것이 많다. 하루 이틀 정도의 짧

▶ 현대적인 풍경의 긴자

은 여행으로써 좀 더 현대적인 문화공간을 선호한다면 서쪽 근처가 적당할 것이다. 물론 시간이 된다면 양쪽 모두를 섭렵하는 것도 좋다. 하지만, 동쪽 지역이라도 최근 집중적인 개발을 통해 긴자나 롯뽄기 등은 초현대라는 단어가 어울릴 만큼 고층 빌딩들이 즐비하게 들어서 전형적인 현대 도시의 모습을 갖추고 있다.

한눈에 보는 도쿄

어느 도시든 그 모습을 한눈에 볼 수 있는 대표적인 랜드마크가 몇 곳 있기 마련이다. 도쿄에서도 그러한 곳은 물론 멋진 야경을 볼 수 있는 곳이 여러 곳 있는데 고층 빌딩의 각기 다른 조망에 따라 다채로운 모습들을 감상할 수 있다.

▶ 도쿄 오다이바의 밤 풍경

▶ 신주쿠 NS빌딩에서 본 도쿄 전경

❶ 이케부크로 선샤인시티의 선샤인60 전망대

이케부크로의 선샤인시티는 도쿄도청이 생기기 전까지만 해도 서쪽 지역의 현대적인 빌딩 숲을 볼 수 있는 가장 인기 있는 전망대였다. 그러나 도쿄도청이 생긴 후 여행자가 줄어들었는데 그 이유 중 하나는 아마도 유료라는 점이 큰 것 같다. 그럼에도 불구하고 이케부크로 선샤인의 매력은 단순히 전망대만 보기 위해 찾는 도쿄도청과는 달리 도쿄의 대표적인 쇼핑센터로 알려진 선샤인시티의 볼거리와 그에 어울릴 만큼의 화려한 불빛으로 장식된 야경에 있다. 선샤인60 전망대는 240m 높이의 옥상에 위치한 전망대로 다른 전망대와는 달리 안전유리와 같은 방해물이 없어 전망 시야가 탁월하고 사진을 담기에도 더할나위 없이 좋다.

○ 위치 : 이케부크로 선샤인시티
○ 관람 시간 : 10:00~20:30(7, 8월은 21:30까지)
○ 입장료 : 620엔

❷ 신주쿠 도쿄도청 전망대

일본 여행객이라면 반드시 들리는 관광 명소 중 하나이다. 사실 전망대 빼고는 그다지 볼 것이 없는 곳임에도 넓은 신주쿠의 구석에 위치한 이곳까지 기어코 올라갈만큼 멋진 도쿄의 모습을 한눈에 볼 수 있는 곳이다. 더구나 입장료가 무료인 장점까지 있다. 건물은 하나지만 대칭되는 두 개의 탑으로 나누어 1청사, 2청사로 부르는데 두 곳 모두 45층 높이에 전망대가 마련되어 있다. 낮에 지상 202m 높이에서 도쿄 시내를 보는 것도 좋지만 야경은 가히 환상이다. 1층부터 45층까지 논스톱으로 올라가는 엘리베이터와 양쪽으로 보이는 풍경이 각기 다

르기 때문에 시간이 있다면 두 곳 모두 방문하는 것도 좋다. 남동쪽에서는 국회의사당과 도쿄타워를, 서쪽에서는 멀리 후지산까지 볼 수 있다. 참고로 두 전망대의 운행시간과 휴무일이 다르기 때문에 방문 전에 확인이 필요하다.

ㅇ **위치** : JR 신주쿠역 서쪽 출구에서 도보 10분
ㅇ **관람 시간** : 북쪽 전망대 09:30~23:00(입장은 22:30까지)
남쪽 전망대 09:30~17:00(북쪽 전망대가 휴관일 때는 23:00까지)
ㅇ **휴무일** : 북쪽 전망대는 2, 4주 월요일 휴관. 남쪽 전망대는 1, 3주 화요일 휴관
ㅇ **입장료** : 무료

❸ 오다이바 대관람차

아기자기한 쇼핑센터와 볼거리로 가득한 오다이바에는 도쿄의 대표적인 전망대 역할을 하는 놀이기구가 있는데, 도쿄 레저랜드의 대관람차가 그것이다. 지상 115m 위치에서 레인보우 브릿지와 해변의 모습까지 어우러진 멋진 풍경을 감상할 수 있다. 곤돌라에는 6명까지 탈 수 있고, 64대의 곤돌라가 한 바퀴를 도는데 약 16분 정도가 걸린다. 대관람차의 입장료는 1인당 900엔으로 비싼 편이지만 4명 이상 6명까지는 3,000엔에 탈 수 있다. 그러므로 여러 명이 함께 이용하면 비용을 절약할 수 있다. 다만 곤돌라의 특성상 바람으로 인한 흔들림이 있으

▶ 오다이바 대관람차

며 창문에 안전장치가 있어 바깥 경치를 구경하기엔 조금 불편하다.

○ **위치** : 유리카모메 아오미역 하차 후 바로 팔레트타운 내에 위치
○ **관람 시간** : 10:00~22:00
○ **입장료** : 900엔

❹ 텔레콤센터 전망대

오다이바의 여러 관광지 중 텔레콤센터는 많이 찾는 곳은 아니지만 야경과 더불어 좀 더 예쁜 전망대를 찾는다면 입장료가 아깝지 않은 곳이다. 21층의 높이는 99m에 불과하지만 시원하게 트인 오다이바 앞의 도쿄만과 레인보우 브릿지를 비롯해 도쿄 시내를 한눈에 조망할 수 있다.

▶ 오다이바 텔레콤센터

○ **위치** : 유리카모메 텔레콤센터역 하차 후 바로
○ **운영** : 평일 15:00~21:00(토, 일요일 및 공휴일 11:00~21:00)
○ **휴관일** : 매주 월요일(국경일과 겹칠 경우 다음 날 휴관)
○ **입장료** : 일반 500엔, 초 · 중생 300엔

테마로 찾아가는 도쿄 여행

>> 도쿄는 거리의 모습만으로는 외국에 온 것 같은 이질감이 별로 들지 않는 도시다. 우리와 문화권이 비슷하고 인종도 비슷하기 때문에 낯선 이국적인 풍경이 적은 편이지만, 조금만 관심을 갖는다면 일본 고유의 정서를 느끼고 볼 수 있다. 정서를 느끼고 싶다면 여행자가 관심을 갖는 것들을 미리 파악하여 그에 맞는 여행계획을 짜는 것이 중요하다.

❶ 쇼핑 천국 일본

사실 쇼핑센터의 규모나 갖추고 있는 물건들은 한국과 큰 차이는 없다. 백화점에 가보아도 이곳이 일본이구나 하는 느낌을 주는 곳은 기모노나 유타카를 파는 곳이나 지하 식품매장의 처음 보는 음식 정도이다. 한국에도 패션은 동대문, 컴퓨터는 용산과 같이 특정 지역마다 전문화된 상권이 있는 것처럼 도쿄 역시 지역에 따라 건물 한층 전체가 만화책으로 채워진 매장, 혹은 몇 백 평이 넘는 공간에 장난감만 파는 곳 등 특화된 상품들을 만날 수 있는 곳들이 많다.

▶ 도쿄 한 백화점의 모습

▶ 하라주쿠의 소규모 액세서리 가판

▶ 패션의 명소 하라주쿠

▶ 최대의 장난감 매장 토이자라스

▶ 오차노미즈의 한 악기 매장

▶ 명품숍과 백화점이 밀집한 긴자 거리

Tip 지역별로 전문화된 제품들

- 패션 관련 아이템 – 시부야, 하라주쿠, 오다이바
- 전자제품류 – 이케부크로, 신주쿠, 아키하바라
- 컴퓨터 관련 제품 – 아키하바라
- 애니메이션 관련 상품 – 아키하바라, 이케부크로
- 일본 전통 기념품 – 아사쿠사
- 일본의 재래시장 – 우에노
- 전통적인 명품 브랜드나 백화점 위주의 쇼핑 – 긴자
- 고서 및 악기, 스포츠용품 – 간다, 오차노미즈
- 음반이나 DVD – 시부야
- 장난감, 완구 – 이케부크로, 오다이바
- 비디오 게임 – 신주쿠, 아키하바라
- 독특한 소품과 생활용품 – 시부야

❷ 일본 전통문화 여행

일본의 독특한 전통문화를 느끼고 싶다면 JR 야마노테센의 동쪽 지역을 찾아가는 것이 좋다. 일본 천왕이 사는 긴자의 고교를 비롯해 아사쿠사의 오래된 사찰인 센소지뿐만 아니라 주변의 상가들 대부분이 전통 공예품과 먹을거리를 파는 곳이 많아 빠트리지 않고 가볼만한 장소이다. 고궁처럼 고

▶ 아사쿠사 센소지 내의 5층탑

전적인 느낌의 볼거리가 아닌 아기자기한 볼거리도 많다. 또한, 이보다는 훨씬 다양한 공간의 일본 풍물을 보고자 한다면 우에노가 적당하다.

우에노 공원은 다른 공원들과 차이가 없지만 박물관과 미술관, 연꽃 가득한 작은 호수까지 끼고 있다. 또한 유시마 텐만궁이나 간에이지와 같은 오래된 절도 볼 수 있다. 일본의 쇼핑몰은 대부분 현대적인 건물에 백화점 스타일이 많은데 우에노의 아메요코는 도쿄의 대표적인 재래시장으로 제대로 된 옛날 시장 분위기를 즐기기에 알맞다. 하라주쿠의 메이지진구 또한 일본의 옛 모습을 볼 수 있는 곳으로 나무로 해를 가릴 정도로 큰 길을 걷다보면 도쿄 최고의 문화재를 만날 수 있다.

▶ 박물관과 미술관이 모여 있는 우에노

▶ 우에노의 아메요코 시장

▶ 곳곳에서 볼 수 있는 신사

❸ 관람을 위한 여행(전시회, 박물관, 미술관)

도쿄는 개인 여행이 아닌 특별한 행사나 전시회를 목적으로 방문하는 경우도 많다. 게임에 관심이 많다면 도쿄게임쇼를 방문의 기회로 삼는 것도 괜찮은 생각이다. 한국의 코엑스처럼 연중 여러 전시회를 볼 수 있는 곳이 도쿄에도 몇 곳 있는데 그중에서 오다이바의 도쿄국제전시장 빅 사이트로 23만평에 달하는 일본 최대 규모의 전시장이다. 국제 애니메이션 페어나 코믹마켓과 같은 애니메이션 관련 전시회를 비롯해 도쿄 모터사이클 쇼, 포토 이미징 엑스포 등 다양한 전시회를 볼 수 있다. 물론 대부분의 전시회는 유료로

▶ 오다이바 도쿄국제전시장 빅 사이트

▶ 우에노 국립서양미술관

운영되는데 자신이 관심있는 행사에 맞춰 방문하면 유익한 시간을 보낼 수 있다.

미술관이나 박물관도 여행에서 빠질 수 없는 곳이지만 관심이 많은 사람이 아니라면 큰 흥미를 얻기 힘든 것이 전시물 관람이다. 그렇지만 조각이나 그림과 같은 예술품에 관심이 있다면 우에노는 단연 빠질 수 없는 우선순위 방문지이다. 국립서양미술관을 비롯해 도쿄도미술관, 우에노모리미술관 등은 자체 전시물뿐만 아니라 유명 미술품의 초청 전시회도 자주 개최하므로 미리 전시 일정을 챙겨 놓으면 한국에서 보기 힘든 세계적인 예술품을 관람할 수 있는 기회도 잡을 수 있다.

● **도쿄국립박물관** – 일본 및 동양의 미술과 고대 유물 전시

- ○ 관람 시간 : 9:30~17:00
- ○ 입장료 : 420엔
- ○ 휴관일 : 월요일, 연말연시(공휴일인 경우 다음날 휴관)
- ○ 홈페이지 : www.tnm.jp

● **국립서양미술관** – 중세부터 20세기까지의 모네, 르노와르 등의 서양 미술품 전시

- ○ 관람 시간 : 9:30~17:30
- ○ 입장료 : 420엔
- ○ 휴관일 : 월요일, 연말연시(공휴일인 경우 다음날 휴관)
- ○ 홈페이지 : www.nmwa.go.jp

● **우에노모리미술관** – 문화재 전시, 젊은 작가 위주의 전시회 개최

- ○ 관람 시간 : 10:00~17:00
- ○ 입장료 : 전시물에 따라 다름
- ○ 휴관일 : 연말연시
- ○ 홈페이지 : www.ueno-mori.org

● **도쿄도미술관** – 연 100회 이상의 미술전 개최

- ○ 관람 시간 : 9:00~17:00
- ○ 입장료 : 전시물에 따라 다름
- ○ 휴관일 : 매월 셋째 주 월요일(공휴일인 경우 다음날 휴관)

▶ 가장 많이 찾는 도쿄도미술관

● **도쿄도사진미술관** – 전 세계 예술사진을 한자리에!

○ 위치 : 에비스역에서 7분 거리
○ 관람 시간 : 10:00~18:00
○ 입장료 : 전시물에 따라 다름
○ 휴관일 : 매월 셋째 주 월요일(공휴일인 경우 다음날 휴관)
○ 홈페이지 : www.syabi.com

● **이데미쯔미술관** – 일본과 중국의 서화와 도자기 전시, 연 5~6회 전람회 개최

○ 위치 : 유라쿠쵸역 5분 거리, 제국극장 빌딩 9층
○ 관람 시간 : 10:00~17:00
○ 입장료 : 800엔
○ 휴관일 : 매월 셋째 주 월요일(공휴일인 경우 다음날 휴관)
○ 홈페이지 : www.idemitsu.co.jp/museum

❹ 애니메이션 마니아를 위한 여행지

일본은 애니메이션이나 만화의 메카라고 할만큼 관련 상품이나 원본 만화책 같은 구하기 힘든 작품, 동인지 등 다양한 상품이 구비되어 있다. 이케부크로와 아키하바라는 이중 꼭 가볼만한 장소로 관련 상품을 판매하는 상점이 대거 몰려 있다. 특히 이케부크로는 일본에서 가장 큰 애니메이션, 만화 등을 취급하는 애니메이트, 만다라케, K-BOOKS 같은 대형 숍은 물론이고 소규모의 만화나 애니메이션을 취급하는 상점이 많아 시간가는 줄 모를 정도로 만족감을 준다.

● **애니메이트 이케부크로 본점** – 애니메이션 관련 상품

○ 위치 : 이케부크로역 10분 거리, 선샤인시티 맞은편 암럭스 도요타 옆
○ 시간 : 10:00~20:00

● **만다라케 이케부크로점** – 만화, 애니메이션, 피규어 등

○ 위치 : 이케부크로역 10분 거리, 선샤인시티 옆
○ 시간 : 11:00~20:00

▶ 이케부크로의 애니메이션 및 만화 관련 매장은 대부분 도큐핸즈와 선샤인시티 주변에 모여 있다.

● **만다라케 시부야점** – 만화, 애니메이션, 피규어 등

○ **위치** : 시부야역에서 15분 거리
○ **시간** : 11:00~20:00

● **망가노모리 이케부크로점** – 만화책, 애니메이션 전문점

○ **위치** : 이케부크로역 10분 거리, 선샤인시티 건너편의 도큐핸즈 뒤쪽
○ **시간** : 10:00~22:00

● **K-BOOKS 이케부크로점** – 만화, 동인지 애니메이션 캐릭터 상품 전문

○ **위치** : 이케부크로역 10분 거리, 선샤인시티 맞은편 암럭스 도요타 옆
○ **시간** : 12:00~20:00

● **K-BOOKS 아키하바라점** – 만화, 동인지 애니메이션 캐릭터 상품 전문

○ **위치** : 아키하바라역 광장 앞 아키하바라회관 건물 3층
○ **시간** : 11:00~20:00

▶ K-BOOKS 매장

▶ 만다라케 이케부크로점

▶ 애니메이트 아키하바라점

❺ 남자들을 위한 여행지

남자들이 좋아할만한 도쿄의 여행지로는 단연 아키하바라다. 게임, 컴퓨터 관련 상품의 최대 밀집 지역이기도 하며 애니메이션이나 만화 관련 상품을 취급하는 곳이 집중된 곳이라 도쿄에 발을 내딛으면 대부분 이곳만은 거쳐 간다. 하지만 전자제품뿐만 아니라 보다 다양한 먹을거리와 볼거리를 원한다면 아키하바라 보다는 오히려 신주쿠가 더욱 매력적이다. 신주쿠에는 일본을 대표하는 전자제품 쇼핑몰인 빅 카메라와 요도바시 카메라 매장이 있으며 가부키쵸와 같은 유흥 장소까지 즐비하다. 술 한 잔이 생각난다면 신주쿠 역사 주변의 작은 일본식 주점에서 저렴한 가격에 즐길 수 있다. 아키하바라 근처에도 저렴한 가격의 술집이 있다. 아키하바라역에서 한두 정거장 거리의 대학가에 가면 비교적 싼 술집이나 음식점을 찾을 수 있다. 물론 신주쿠의 아저씨들이 좋아할만한 분위기와 아키하바라의 학생들이 좋아할

것 같은 분위기는 대학로와 남대문 시장 주변 정도로 비교하면 될 것 같다.

▶ 신주쿠의 저렴한 선술집들

▶ 아키하바라의 골목

▶ 신주쿠의 가부키쵸 입구

자동차는 남자들의 대표적인 관심사인데 이케부크로의 도요타 자동차 쇼룸도 좋지만 오다이바의 도요타 자동차 쇼룸이 더욱 매력적이다. 도쿄에는 도요타 자동차에서만 대형 쇼룸을 두 개나 가지고 있다. 오다이바에서는 대부분의 도요타 자동차를 직접 만지고 타볼 수 있을 뿐만 아니라 운전대를 잡고 직접 몰아볼 수 있는 체험 코스까지 마련되어 있다. 또한 오래된 세계의 명차를 보거나 자동차 관련 기념품도 구입할 수 있다. 닛산 등의 다른 자동차 쇼룸도 도쿄에 있지만 대부분 소규모이고 얼마 되지 않는 차량을 보는 정도에 만족해야 하기에 그다지 추천할만한 곳은 아니다.

▶ 오다이바의 도요타 자동차 쇼룸

▶ 쇼룸에서의 시운전 모습

▶ 이케부크로의 도요타 쇼룸

❻ 여성들을 위한 여행지

패션 소품이나 저렴한 가격대의 의류를 사고자 한다면 하라주쿠로 발길을 옮기게 마련이다. 이곳은 작은 매장이 대거 밀집한 곳으로 여러 브랜드의 옷을 한자리에 모은 셀렉트숍부터 브랜드숍에 이르기까지 다양하다. 특히 코스프레 의상이나 영화에서나 볼 수 있는 개성있는 옷들도 쉽게 만날 수 있다. 흔히들 하라주쿠에 가면 작은 숍이 밀집한 다케시타도리를 찾는다. 이곳도 좋지만 하라주쿠 아래쪽의 오모테산도에는 여기가 하라주쿠인가 싶을 정도로 다케시타도리와는 사뭇 다른 고급스러운 상점과 다양한 명품 매장을 만날 수 있으며, 윈도우 쇼핑만으로도 들려볼만한 거리이다. 또한 다양한 패션 관련 상품을 만날 수 있는 곳인 시부야는 일본의 젊은 이들로 늘 북적이는 곳으로 일본의 젊은 패션을 한눈에 감상할 수 있다. 하라주쿠가 중소형 매장 중심이라면 시부야는 마치 한국 동대문의 밀리오레 같은 시부야 109와 백화점 등 대형 상가들이 주를 이룬다. 또한 로프트나 도큐핸즈 혹은 그와 유사한 백화점급 생활 잡화를 취급하는 곳이 많아 둘러보는 재미도 상당하다.

▶ 패션 아이콘 하라주쿠 다케시타도리

▶ 오모테산도 거리의 명품 매장들

▶ 대표적인 패션타운 시부야 109

▶ 무인양품점

▶ 로프트

백화점과 명품 가게가 밀집된 긴자도 볼거리가 풍부한 곳이다. 유라쿠쵸역 주변의 니시긴자와 같이 작은 가게들이 모인 쇼핑몰도 있으며 무인양품에서 심플한 생활 소품을 구입할 수도 있다. 도쿄 여행 중 가장 인상적인 장소는 단연 오다이바인데 마치 쇼핑을 위해서 만들어진 섬이라고 할 수 있을 정도로 취급하는 물건의 종류가 다양하다. 특히 비너스 포트는 여성을 위한 쇼핑몰이란 꼬리표답게 취급하는 상품뿐만 아니라 내부 인테리어가 단연 돋보인다. 쇼핑 후에 이국적인 느낌의 해변을 산책하거나 레인보우 브릿지나 자유의 여신상을 배경으로 사진을 찍기에도 좋은 곳이다.

▶ 포토 존으로 알려진 오다이바 자유의 여신상과 레인보우 브릿지

▶ 비너스 포트의 아름다운 실내 전경

1-3 도쿄로 가는 여러 가지 방법들

>> 도쿄 여행에 대한 정보를 알아보기 위해 여행사 홈페이지에서 여행상품의 일정을 찾아보면 '전일 자유일정'이라는 문구가 거의 대부분 들어가 있다. 자유여행에 왜 여행사가 필요할까 하는 생각이 들 정도로 도쿄 여행 상품은 패키지 상품이란 단어가 어색하기 짝이 없다. 그렇다면 과연 도쿄의 명소들을 관광버스를 타고 여행 가이드가 친절하게 안내해주는 상품은 없을까?

▶ 도쿄여행 패키지는 대부분 항공원과 호텔만 제공한다.

분명 가이드가 안내하는 여행이 있기는 있다. 하지만 한국인에게는 해당사항이 없다. 고쿄 등의 주요 관광지를 다니다 보면 관광버스에서 대거 쏟아져 나오는 사람들을 쉽게 볼 수 있는데, 십중팔구 중국인이거나 시골에서 서울 구경 온 사람들처럼 일본의 각 지방에서 도쿄로 여행 온 일본인들이다. 한국 여행사에서 판매되는 대부분의 도쿄 여행 상품은 자유여행을 위한 상품들이다.

▶ 중국 관광객은 도쿄 여행도 단체로 오는 경우가 많다.

여행사에서 판매하는 상당수의 일본 여행 상품은 단지 비행기표와 호텔만을 묶어서 판매하는 것으로 도착 후에 아무도 마중나오지 않으며 공항에서 호텔까지 알아서 가고 구경하거나 먹을 것까지 스스로 해야하는 여행 패키지들이다. 물론 모든 일본 여행 상품이 그런 것은 아니다. 오사카나 교토 등 다른 지역을 여행하는 상품 중에는 가이드와 관광버스를 타고 다니는 상품도 있다. 그러나 이들 상품 역시 일정에 도쿄가 포함되어 있다면 여지없이 도쿄에서의 일정은 자유여행으로 채워지곤 한다. 그것은 아마도 도쿄가 누구나 쉽게 다닐 수 있는 편리한 지하철과 잘 구비된 길 안내 정보 등 여행자를 배려한 도시이기에 가능한 것이라 생각한다.

♪ 비행기로 떠나는 도쿄

>> 도쿄로 가는 가장 일반적인 방법은 김포공항이나 인천공항을 통해 비행기를 이용하여 하네다나 나리타 공항으로 가는 것인데, 배를 이용해서 갈 수도 있다. 단, 배로 갈 때에는 도쿄까지 바로 갈 수는 없고, 모두 부산에서 출발해 시모노

세키나 후쿠오카, 오사카 등에서 내려 다시 도쿄까지 가는 신칸센이나 버스를 타고 이동해야 한다. 비행기를 이용하면 이동 시간도 2시간 내외로 짧지만 배를 이용하면 그만큼 시간이 오래 걸린다. 일본의 여러 도시들을 여행하는 경우가 아니라면 도쿄 여행은 사실상 비행기가 유일한 방법이다. 일본

▶ 도쿄 여행은 보통 인천공항에서 출발하여 나리타공항에 도착한다.

으로 가는 비행기는 인천공항과 김포공항 모두에서 출발이 가능하다. 제주공항에서도 출발하는 비행기가 있긴 하지만 인천공항 등을 경유하여 가는 방법이 많고 일부 노선만이 도쿄로 바로 갈 수 있다. 지방에서 출발하는 경우 부산을 제외하고는 여행사의 패키지 상품이 적기 때문에 비행기와 호텔을 별도로 예약하여 가는 방법을 이용해야 한다. 부산을 제외한 서울이 아닌 다른 지역에서 도쿄를 여행하고자 한다면 차라리 KTX 등으로 서울로 이동한 뒤, 다시 공항으로 가는 방법이 비용이나 시간을 줄일 수 있다. 비용에 크게 좌우되지 않거나 마일리지를 이용한다면 지방 공항에서 출발하는 것도 괜찮다.

○ 한국 ↔ 도쿄 노선을 취항하는 국내 공항
– 인천공항, 김포공항, 김해공항, 제주공항

○ 도쿄 ↔ 한국 노선을 취항하는 일본 공항
– 하네다공항, 나리타공항

대부분의 일본 여행 패키지는 인천공항을 이용하지만 국내선만 운행하는 김포공항에서도 많지는 않지만 해외노선을 운행한다. 일본 또한 국내선 위주로 운행되는 하네다공항과 국제선이 운행되는 나리타공항으로 나뉜다. 한국에서 도쿄로 가는 비행기는 대부분 인천공항에서 나리타공항으로 가는 노선과 김포공항에서 하네다공항으로 가는 두 가지 노선이다. 인천-나리타 간 노선은 비교적 항공기 선택의 폭이 넓고 시간대도 다양한데 비해 김포-하네다 간 노선은 아시아나항공과 대한항공 정도만이 있으며 시간대 선택의 폭도 적다. 이 때문에 인

▶ 김포공항의 유일한 국제선은 하네다행

▶ 나리타공항과 도쿄를 연결하는 케이세이 스카이라이너

천–나리타 노선은 할인 항공권이 많아 여행 경비를 많이 줄일 수 있지만 김포–하네다 노선은 비싼 편이다. 여행사에서 내놓는 패키지 상품 또한 이같은 가격 조건이 적용된다. 다만 국내나 일본 내에서 이동할 때 김포–하네다 노선의 비용이 저렴한 편이고 도쿄 시내로 들어가는 이동 시간이 절반 정도밖에 되지 않는 장점이 있다.

Tip 배편으로 가는 일본

배편으로 일본에 가려면 부산에서 출발한다. 이곳에서 시모노세키나 후쿠오카, 오사카 등 갈 곳을 정할 수 있다. 물론 부산까지는 열차나 승용차로 이동하고 일본에서는 다시 버스나 기차를 타고 가야하는 여정이다. 비용은 계절이나 날짜에 따라 다를 수 있으며 날씨에 따라 출항 여부가 결정되므로 미리 날씨를 알아보고 선택해야 한다.

○ 팬스타라인(부산 ↔ 오사카)

부산과 오사카를 오가는 유일한 배편으로 600명 정원의 초대형 유람선이다. 팬스타 드림과 써니 두 개의 배가 날짜별로 격일 운행되며, 팬스타 드림은 다다미 룸을, 팬스타 써니는 침대칸으로 이루어졌다. 보통 4~6명이 묶을 수 있는 룸도 있지만 20명 이상을 수용할 수 있는 대형 룸도 있다. 팬스타는 오후 4~5시쯤 출발하여 다음날 아침 10~11시 사이에 오사카 항에 도착한다.

– 운항 시간 : 17시간 예약 문의 : 051–442–5153

○ 카멜리아(부산 ↔ 후쿠오카)

부산에서 후쿠오카의 하카다 항까지 운항한다. 룸은 4인실부터 12, 11, 16, 24, 37인실 등 비교적 다양한 편이다. 탑승 시간은 오후 7시지만 실제 출발은 오후 10시 30분이며 다음날 새벽 6시에 후쿠오카 하카다 항에 도착하여 아침 8시쯤에 하선할 수 있다.

– 운항 시간 : 7시간 30분 예약 문의 : 051–442–1707

○ 코비, 뉴비틀(부산 ↔ 후쿠오카)

카멜리아처럼 후쿠오카의 하카다항까지 가는 배편으로 2시간 55분이면 도착하는 당일 도착 가능 쾌속선. 선박의 규모는 대형 유람선과 달리 작다. 물 위를 떠서 항해하는 배로 마치 일반 승용차를 탄 것 같은 승차감이라서 배 멀미를 걱정할 필요는 없다.

– 운항 시간 : 2시간 55분 예약 문의 : 051–441–8200

○ 부관페리(부산 ↔ 시모노세키)

부산에서 후쿠오카보다 가까운 시모노세키 항까지 운항하는 대형 유람선. 시모노세키 근처에는 공업도시 고쿠라(小倉)가 있고 1시간 거리에 후쿠오카가 위치해 있다. 이 노선은 주변 관광지로 쉽게 갈 수 있는 교통편의와 저렴한 비용 때문에 사람들이 애용하는 노선이다. 성희호와 하마유라는 두 개의 유람선을 격일로 운항한다.

– 운항 시간 : 12시간 30분 예약 문의 : 051–466–7408

○ C&크루즈(부산 ↔ 고쿠라)

후쿠오카 및 규슈의 새로운 노선인 C&크루즈는 2008년에 새로 생긴 노선으로 고쿠라의 모지항까지 운항하는 노선이다. 다른 배편보다 저렴한 가격과 새로 만들어진 노선답게 쾌적한 환경을 갖추고 있지만 여행상품으로 만들어진 노선은 다른 배편보다 적은 편이다.

– 운항 시간 : 9시간 30분 예약 문의 : 051–468–9100

저렴한 1박 3일 밤도깨비 여행

>> 전세기로 새벽에 출발해 이른 아침에 도착하고 올 때 역시 새벽녘에 도착하는 패키지 상품이 바로 밤도깨비, 올빼미, 반딧불이 등의 여행으로 알려진 패키지들이다. 밤도깨비 여행은 시간 여유가 없는 직장인들을 위해 만들어진 상품으로 주말을 이용해 다녀오는 여행 상품이다. 상품에 따라 다를 수 있지만 퇴근 후 금요일과 토요일의 경계에서 비행기를 타고 가서 토요일 1박을 하고 일요일 오후에 돌아오거나 또는 일요일과 월요일의 경계에 다시 서울로 돌아오는 실제로는 2일 관광인 1박 3일의 여정인 셈이다.

실제 2일인 여행 코스 외에 2박 4일의 여정도 있는데 이 또한 실제로는 3일간의 여정이다. 사실상 호텔에서 1박 또는 2박을 하기 때문에 비용이 저렴할 것 같지만 사실 따지고 보면 그렇지도 않다. 1박 3일 여정의 밤도깨비 여행 비용과 2박 3일의 인천-나리타를 이용한 비용이 같거나 오히려 밤도깨비 쪽이 비쌀 때가 많다. 그 이유는 항공료가 비싼데도 있지만 일본에서 지내는 하룻밤 호텔 요금이 일반적인 패키지 상품보다 비싼 곳일 때가 많기 때문이기도 하다. 그외 가격이 더욱 저렴한 경우도 더러 있는데 이는 패키지에 포함된 호텔 등급이 비교적 낮은 곳이다.

특별한 공휴일이나 휴가가 적은 일반 직장인들에게 밤도깨비 상품은 매력적인 상품이지만 체력적인 부담이 따른다. 주 5일 근무자나 토요일에 휴가를 내야만 가능한 도깨비 여행은 금요일 근무가 끝난 후 미리 싸놓은 짐을 가지고 공항에 오후 10시 전후까지는 가는 것이 좋다. 보통 새벽 3시~4시 전

▶ 밤도깨비 여행자에게 편리한 24시간 맥도널드

후에 출발하기 때문에 미리 잠을 자두는 것이 필요하며, 생활 패턴이 달라지기 때문에 체력 관리에도 신경을 써야한다. 또한 돌아올 때에도 보통 새벽에 도착하여 직장이나 집으로 가야하는 부담이 있어 여행 후유증이 남을 수도 있다.

Tip 밤도깨비의 대안 주말여행?

밤도깨비 여행의 단점은 수면을 제대로 취하지 못한 상태에서 이틀간을 강행군해야 한다는 점이다. 또한 귀국 후에 밀려오는 피곤함 때문에 후유증이 적지 않은데 이를 보완한 주말 여행 상품들을 종종 볼 수 있다. 일명 주말여행으로, 밤도깨비 여행과 큰 차이는 없지만, 소금 더 여유 있게 스케줄을 잡고 비용을 늘리는 방법이다. 토요일 새벽에 도착하는 밤도깨비 여행과는 달리 금요일 저녁 무렵 도착해서 호텔에 체크인하고 1박을 한 뒤 토요일 관광을 하고 다시 토요일 1박을 하여 일요일 저녁쯤에 돌아오는 코스이다.

▶ 24시간 운영하는 신주쿠와 시부야의 돈키호테

▶ 개인 공간을 갖춘 시부야의 24시간 PC방

밤도깨비 여행은 출발, 도착 시의 부족한 취침 시간과 교통, 그리고 어정쩡한 빈 시간들을 짜임새 있게 연결하는 것이 관건이다. 그러므로 여행 상품을 예약할 때 공항에서의 교통수단도 함께 예약하거나 꼼꼼한 사전 체크가 중요하다.

도쿄에 도착한 후에도 바로 예약된 호텔에 투숙할 수 없다. 보통 호텔 체크인 시간이 오후 2시~4시이므로 짐을 호텔 근처 전철 코인락이나 호텔 프론트에 맡겨 놓고 여행을 시작하면 된다. 일본 상가들이 대부분 오전 10시 이후에 문을 열기 때문에 실제 여행은 10시 이후부터나 가능하다. 그전에는 24시간 영업하는 곳을 미리 체크하여 이용하거나, PC방이나 온천탕 등에서 쉬는 것도 다음 여행을 위한 지혜이다.

○ 밤도깨비 여행 시 주의할 점

– 공항에 있는 식당들은 다른 곳에 비해 비싼 편이다. 그러므로 공항으로 이동하기 전에 식사를 해두거나, 간식을 싸가지고 대합실 등에서 먹는 것이 좋다.

– 밤도깨비 여행이 시작될 무렵의 공항 면세점은 이미 영업 시간이 끝난 상태이다. 꼭 면세점에서 선물 등을 구입해야 한다면 미리 시내 면세점에서 구입한 후 공항의 물품 인도장에서 받는 것이 좋다. 물품 인도장은 야간에도 영업을 한다.

– 출국 수속은 생각보다 시간이 많이 걸린다. 그러므로 여유 있게 출발 시간 전에 도착해야 한다. 혹시 너무 일찍 왔다싶으면 주변에 부탁한 후 잠깐 잠을 자두는 것도 좋다.

비행기 출발 시간에 따라 달라지는 도쿄 여행

출발 도착 시간에 따라 같은 날짜지만 여행 내용은 전혀 다를 수 있다. 가장 이상적인 것은 오전에 출발하여 점심 때 도착하고, 서울로 갈 때는 저녁 8시쯤 떠나는 비행기를 이용하는 방법이다. 이렇게 하면 낭비되는 시간을 최대로 줄일 수 있는데 짧은 여행에서는 매우 중요한 요소이다. 여기에 오후 2시~4시에 이루어지는 호텔 체크인 시간과 일정에 포함될 여행지 중 미술관이나 공원의 경우는 입장 시간이 정해져 있기 때문에 이를 감안해서 여행 계획을 짜야한다. 문제는 원하는 비행 시간에 맞는 여행 상품이 많지 않다는데 있다. 별도로 비행기와 호텔을 각각 예약하는 것이 아니라면 될 수 있는 한 하루를 모두 쓸 수 있는 상품을 선택하는 것이 효율적이다.

1-4 도쿄에서 잠자기

>> 도쿄의 자유여행은 의외로 피곤한 일정이 되기 쉽다. 하루 종일 걸어 다니기 때문에 저녁에 숙소로 돌아오면 다리는 퉁퉁 붓고 발바닥은 저리고, 피곤함에 지쳐 자기가 바쁘다. 숙소는 선택에 따라 비용이 천차만별이지만, 편안한 잠자리와 질좋은 아침식사는 여행자의 기분을 풀어주는 활력소가 된다.

비즈니스호텔

>> 도쿄 여행을 할 때 여행자들이 가장 많이 선택하는 곳이 비즈니스호텔이다. 명색이 호텔이라 가격이 그다지 저렴하지는 않다. 하지만 막상 들어가 보면 이곳이 호텔이라는 사실이 믿기지 않을 정도로 단촐하고 비좁은 욕실이 딸린 작은 방이 전부인 사실에 놀라기도 한다. 도쿄

▶ 여행자들이 선호하는 비즈니스호텔

의 살인적인 부동산 가격 때문인지 어느 정도 이상의 고가 호텔이 아닌 이상 1박당 1만 엔 이하인 비즈니스호텔 룸의 품질은 물론 외형까지 똑같을 때가 많다. 대부분의 일본 여행 패키지 상품에 포함된 호텔은 비즈니스호텔이 많고, 그 비용이 2명을 기준으로 설정되어 있다.

패키지 여행 상품을 선택하면 정해진 호텔에서 자야 하겠지만 별도로 비행기 표를 구입한 경우에는 여행사나 호텔 예약 전문 사이트에서 호텔만 예약할 수 있다. 다만 현지의 가격과 상당한 차이가 날 경우가 많다. 현지에서 직접 비즈니스 호텔을 예약하는 가격에 비해 국내에서 인터넷으로 예약할 경우 원래 가격의 20~40%까지 저렴하다. 그러므로 비즈니스호텔은 현지에서 예약하지 말고 한국에서 예약하도록 하자. 행여 빈 객실이 없을 수도 있는데 인터넷이나 패키지 상품을 통한 호텔 예약의 경우 최소 3일 전까지만 예약을 받기 때문에 여행 일정 1주일 전까지는 예약을 해야 한다. 노트북을 가지고 간다면 인터넷을 사용할 수 있는 호텔을 예약하는 것이 바람직하다. 호텔에 따라 유선 인터넷만 지원하기도 하며 인터넷 사용 요금을 별도로 요구하는 곳도 있다.

▶ 저렴한 비용 때문에 많이 찾는 싱글룸

일본의 호텔은 투숙비가 룸의 크기와 형태에 따라서도 차이가 있지만 숙박하는 사람의 수에 따라 달라지기도 한다. 대부분 침대가 있는 룸이지만 일부는 다다미로 된 방을 갖춘 곳도 있다. 또한 보통 싱글룸이라 해도 슈퍼싱글 침대가 설치된 곳도 많으며 이를 두 명이 이용하기도 하고 혼자 이용하기도 한다. 즉 싱글룸이 트윈룸으로 언제든지 변신할 수 있는 셈이다. 두 명이 이용할 경우 두 개의 싱글룸 비용보다는 다소 저렴하다. 이처럼 숙박하는 사람 수에 따라 가격이 책정되기 때문에 대부분의 비즈니스호텔은 호텔 룸으로 들어가는 입구에 카운터가 마련돼 부정 사용을 방지하고 있는 곳도 있다.

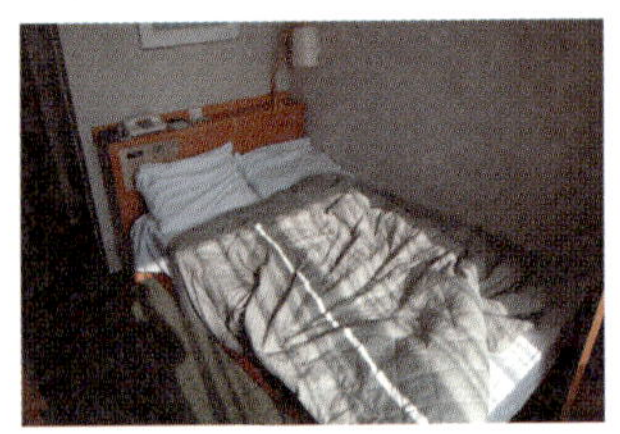
▶ 슈퍼싱글 침대를 제공하지만 인원 수에 따라 가격이 추가된다.

▶ 객실 안의 간이 냉장고

▶ 냉난방, 실내 조명 컨트롤러

호텔 객실에는 기본적으로 침대 외에 작은 화장대와 텔레비전, 냉장고 등이 제공된다. 텔레비전의 경우 기본적인 공중파를 제공하지만 별도의 카드를 구입하면 유료채널도 시청할 수 있다. 복도나 엘리베이터 앞에 유료채널을 볼 수 있는 카드를 구입할 수 있는 자판기가 있으며, 요금은 하루에 1,000엔 정도이다. 대부분 성인방송이나 스포츠채널, 영화채널 등이 서비스 된다. 냉장고 안에는 주로 음료와 캔 맥주 등으로 채워져 있으며, 혹여 이용하면 체크아웃 시 추가 비용만 지불하면 된다. 또한 호텔에 따라 텅 빈 냉장고만 있는 곳도 있는데 이곳에 구입한 음료 등을 넣어두면 편리하다.

▶ 유료TV 시청 단말기

▶ 유료TV 시청을 위한 카드

▶ 유료TV 카드 자판기

오래 전 필자가 잘 아는 친구 중에 일본으로 처음 신혼여행을 다녀 온 신혼부부가 있었는데, 그 친구의 경험담을 듣고는 한참을 웃은 적이 있었다. 친구는 호텔에 묵으면서 귀국하는 날 객실 냉장고에 있는 술과 음료수를 모두 가방에 싸서 가지고 나왔다고 한다. 호텔 프론트에서 체크아웃 할 때 정산 금액을 보고 기겁을 한 그는 객실 냉장고에 들어있던 각종 음료와 술이 호텔 숙박비에 포함된 것인 줄 착각했던 것이었다. 처음 해외여행을 하는 이들에게는 있을 수 있는 일이지만, 호텔 객실 냉장고에 있는 음료나 술은 유료임을 다시 한 번 주지하기 바란다. 호텔의 냉난방은 잘되어 있는 편으로 대부분 24시간 제공되며 사용자가 임의로 온도를 조절할 수 있도록 침대 옆에 컨트롤 장치가 마련되어 있다.

비즈니스호텔은 조명까지 제한을 두는 경우가 많다. 객실 내부의 천장 조명이 아예 들어오지 않도록 되어 있는 대신 침대나 화장대 주변에 스탠드 형태의 간접 조명이 마련되어 있다. 화장실 역시 변기와 욕조 세면대가 거의 붙어 있을 정도로 작다. 하지만 드라이어를 비롯해 비누와 샴푸는 물론 1회용 칫솔, 치약, 면도기 등이 제공되며 1회용 제품은 매일 새것으로 교체해준다. 객실 내에서 컵라면을 끓여 먹거나 커피나 녹차 등을 마실 수 있도록 전기주전자와 티백 형태의 커피와 녹차도 제공되는데 세면대의 물을 사용하면 된다. 얼음이 복도에 따로 마련된 곳도 있다. 이외에도 잠옷 대용으로 사용할 수 있는 유타카를 제공한다.

▶ 녹차나 커피를 마실 수 있도록 전기 주전자가 제공된다.

▶ 천정에 조명이 없는 대신 침대 등에 스탠드가 마련돼 있다.

▶ 아담한 화장실

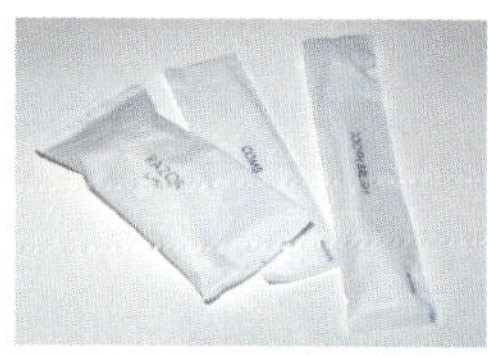

▶ 1회용 세면용품은 매일 교체된다.

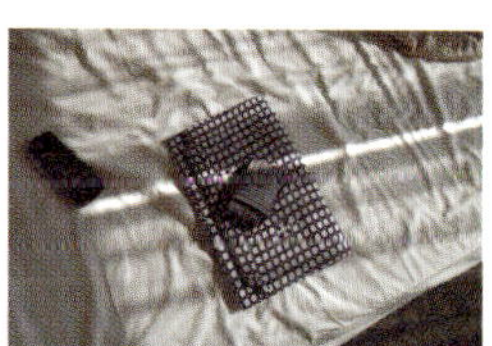

▶ 유타카도 매일 교체된다.

Tip **캡슐호텔**

층층이 쌓인 작은 부스에 들어가 잠을 청할 수 있는 캡슐호텔은 저렴할 것 같지만 생각과는 다소 차이가 있을 수 있다. 물론 비즈니스급 호텔 등에 비해 약간 저렴하지만 가격 차이가 많이 나지 않고 불편해 그다지 추천할만한 곳은 아니다. 캡슐호텔의 숙박 비용은 시간에 따라 다르고 사우나나 안마 시설이 함께 있으며, 대부분 남자 손님만 받는다.

○ **대표적인 캡슐호텔**
– 시부야 : Capsule Inn 시부야 www.capsuleinn.jp
– 신주쿠 : 신주쿠구청 앞 캡슐호텔 www.ars-shinjuku.com
– 에비스 : 시에스타 www.hotel-siesta.com

객실 청소는 보통 매일 오전 10시 정도에 시작되므로 이전에 외출하는 것이 좋다. 늦잠을 자고 싶으면 객실 문고리에 달린 "Do Not Disturb" 팻말을 걸어두자. 그러면 방해하지 않고 나중에 청소를 해준다. 그리고 호텔 밖으로 나갈 때는 키를 프론트에 맡기면 된다. 비즈니스호텔은 대부분 조식이 제공되는데 방값이 비싼 호텔이라면 뷔페식이 제공되지만, 가격이 저렴한 경우에는 빵과 주스, 샌드위치 등의 간단한 식사만 제공한다. 일부 호텔은 양식을 제공하기도 하며 화식(일식)으로 바꿀 경우 추가 비용을 요구하기도 한다.

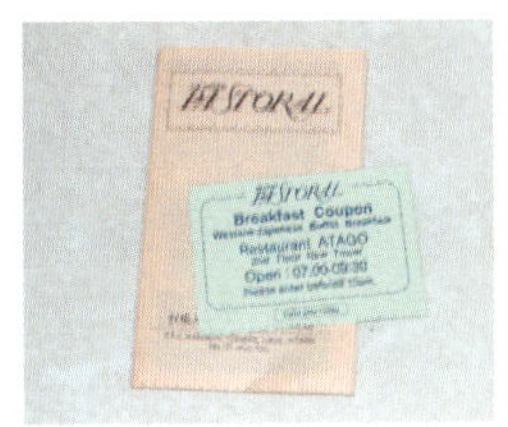

▶ 체크인 시 주는 호텔 조식권

저렴한 민박

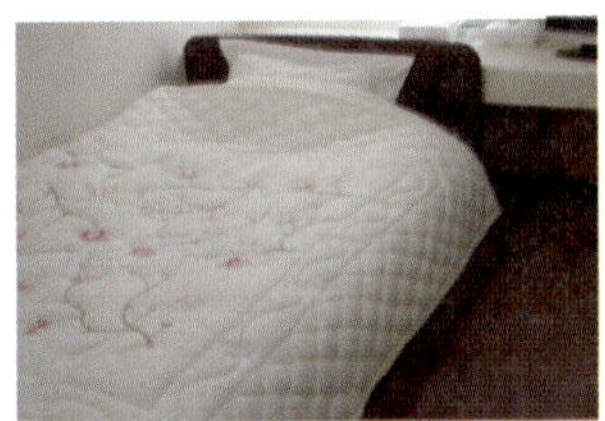

>> 민박의 장점은 저렴하다는 점이다. 아주 저렴한 곳은 비즈니스호텔의 절반 정도의 비용으로 숙박이 가능하며 한국인이 운영하는 곳도 많기 때문에 다양한 서비스를 받을 수 있다. 민박은 특성상 친절도와 시설의 차이가 많이 나기 때문에 맘에 드는 곳을 신경 써서 예약해야 한다. 도쿄의 민박업체들은 거의 홈페이지를 통해 예약을 받고 있기 때문에 사전에 예약을 할 수 있다. 여행사의 패키지 상품 중에도 호텔 대신 민박을 선택할 수 있는 곳이 있다. 또한 민박은 주로 온라인 입금을 선호하고 신용카드를 받지 않는 곳이 대부분이며, 온라인 입금하거나 예약금을 한국에서 지불하고 현지에서 나머지 금액을 엔화로 지불하기도 한다.

한국인이 운영하는 민박은 대부분 원룸이나 주택이 많다. 좀더 안락한 환경을 원한다면 콘도식을 추천한다. 민박은 업체마다 서비스 차이가 있는데 일부 민박은 여성 전용 시설을 운영하기도 한다. TV는 물론 PC까지 갖추어진 곳이 많고 민박의 매력은 취사가 가능하다는 점인데 가스레인지나 전자레인지, 냉장고, 심지어 밥통을 비롯한 취사도구를 갖추고 있어서 먹을거리를 미리 준비해가면 직접 조리해서 먹을 수도 있다. 세탁기를 갖추고 있는 곳도 있지만 업체에 따라 유료로 운영되기도 한다. 그외 샴푸, 비누, 치약, 드라이기 정도가 제공된다.

호텔과 같이 민박도 체크인과 체크아웃 시간이 정해져 있다. 하지만 호텔과는 시간대가 조금 차이가 있다. 민박은 호텔에 비해 찾기 어려운 주택가 등에 위치한 경우가 많아 민박집 근처의 역주변까지 오면 픽업 서비스를 해주므로 찾아가는 데 큰 어려움은 없다. 한국인이 운영하는 민박이라면 언어소통도 원활하기 때문에 다양한 정보를 얻을 수 있다. 맛집이나 길을 모를 때 쉽게 물어볼 수 있으며 공연이나 전시회를 관람하고자 할 때 티켓 구매를 대행해 주기도 하고 일정 비용을 지불하면 도쿄 여행의 가이드까지 해주기도 한다. 다만 이러한 서비스 차이는 민박마다 다르고 시설의 차이가 있기 때문에 민박을 선택할 때는 미리 정보를 알아보고 결정하자. 여자들끼리 가거나 여성 혼자 여행할 때는 민박이 불편할 수 있으나 굳이 민박을 이용한다면 여성 전용 민박을 추천한다.

민박은 호텔과 마찬가지로 한방에 묶는 인원수에 따라 가격이 달라진다. 예를 들어, 혼자 잘 경우 1박에 8,000엔이면 2인의 경우 4,000엔, 3인은 3,000엔의 비용이 들어간다. 물론 2인이라면 두 명의 비용이 각각 4,000엔 이기에 결국 8,000엔의 비용이 필요하다. 민박은 대부분 한방의 인원이 최대 4명 정도가 많고 한명이 단독으로 묵어도 4명이 묵는 방과 같은 방을 사용하게 된다. 일명 도미토리(Dormitory)라는 것도 있는데 도미토리는 낯선 사람들과 함께 사용하는 기숙사식 숙소이다. 새로운 여행자 친구들을 만날 수 있는 기회도 있지만, 공동으로 생활해야 하는 불편함과 도난 사건도 종종 발생하는 단점도 있다.

Tip **밤도깨비 여행으로 이른 아침에 도착 했을 때는?**

만약 짧고 저렴한 밤도깨비 패키지로 도쿄를 방문한다면 새벽녘에 하네다공항에 도착하게 된다. 아침 일찍 도착하지만 호텔은 2시 이후에나 체크인이 가능하고 갈 곳조차 마땅치 않기 때문에 여행 시간을 효율적으로 안배해야 한다. 먼저 이동하기에 불편한 여행자의 짐을 호텔 등에 보관하는 방법부터 찾아보자. 호텔은 직원이 상주한 채 24시간 운영되므로 예약된 호텔 프런트에 바우처만 보여주면 손쉽게 짐을 맡길 수 있다. 그렇지 않으면 호텔 인근의 지하철 역사 코인락에 임시 보관한 뒤 다시 찾으면 편리하다. 다음은 새벽부터 시작된 밤도깨비 여행에서 오전 시간을 짜임새 있게 활용하기 위한 곳이다.

○ **오다이바** – 오다이바 상점들은 대부분 10시 이후에 오픈한다. 대신 오다이바 해변을 거닐거나 피로를 푸는 차원에서 오오도에 온천을 방문하여 개운하게 온몸을 적셔보자.

○ **우에노** – 우에노 공원은 항상 개방된 공원이므로 공원을 산책하거나 시노바즈 연못가를 거닐어 보자.

○ **츠키시 어시장** – 긴자에 있는 도쿄의 명물 어시장이다. 사람 사는 맛이 나는 어시장을 둘러본 후에 시장하다면 싱싱한 초밥을 사먹을 수도 있고 그리 멀지 않은 곳에 위치한 고쿄를 구경하기에 적당하다.

○ **신주쿠** – 항상 인파로 넘쳐나는 신주쿠는 새벽녘까지 영업하는 음식점도 제법 있다. 특히 쇼핑몰 돈키호테는 24시간 영업을 하므로 부담 없이 눌러볼 수 있다.

○ **시부야** – 쇼핑몰 돈키호테와 HMV 시부야점에는 24시간 영업하는 PC방 컨셉의 휴식공간도 있다. 이곳은 시간당 가격에 따라 잠깐 수면도 청할 수도 있고, 또한 이용료에 음료수 등의 비용이 포함되어 있어 부담 없이 쉴 수 있다.

1-5 도쿄에서 밥 먹기

>> 일본의 물가가 비싸다고 하지만 사실 먹는 것만 놓고 본다면 한국과 큰 차이는 없다. 매일 패밀리 레스토랑만 갈 수 없는 것처럼 일본 여행 중에 비싼 덴뿌라(튀김)나 스시만 매일 먹을 수도 없다. 그러므로 가격도 매우 저렴하고 비교적 우리의 입맛과 그리 다르지 않은 맛있는 음식들을 알아두면 유용하다.

일본의 식당은 한국과 달리 밑반찬이 거의 없다. 한국처럼 기본 밑반찬이 메뉴에 따라 나오는 메뉴와 그렇지 않고 주문한 음식 하나만 달랑 제공되기도 한다. 심지어 미소로 만든 된장국이 포함된 메뉴는 그렇지 않은 메뉴보다 가격이 비쌀 때가 있다.

라멘이나 규동(덮밥)을 시켜도 김치는 나오지 않으며 김치가 들어간 메뉴는 가격이 비싸다. 일본 식당은 자판기 등을 이용한 선불제 음식점이 많다. 어떤 식당은 메뉴를 선택하여 주문하고 식사하는 후불제이지만 체인점 식당은 먼저 식권 자판기에서 원하는 음식을 미리 계산하여 식권을 제출하는 선불제이다. 식권 자판기를 사용하는 음식점은 원하는 음식을 선택한 식권만 주면 주문과 관련한 아무런 대화 없이도 식사가 가능하다. 다만 음식점에 따라 자판기에 사진이 없는 곳도 있으므로 몇 가지 일본의 기본 음식 이름 정도는 알아두고 가면 편리하다.

▶ 식당 앞의 식권자판기

▶ 백화점 지하의 식품코너

Tip 숟가락이 없어요

일본 어느 음식점을 가나 숟가락 구경하기란 정말 어렵다. 미소 된장국에서 덮밥에 이르기까지 모두 젓가락으로 먹어야 한다. 숟가락만큼 구경하기 힘든 것 중 하나가 포크인데 일부 체인 우동집의 경우 어린이를 위해 포크를 갖추고 있지만 대부분의 일본 음식점에서는 숟가락과 포크를 구경할 수 없다. 이 때문에 어린이를 동반하고 있다면 미리 포크나 숟가락을 챙겨가는 것이 좋다. 젓가락 또한 모두 나무로 된 일회용 젓가락이다.

📍 일본의 주요 식당 체인점

● 요시노야(Yoshinoya)

일본 여행 가이드 책 상당수에 그 위치까지 표시된 곳이 요시노야이다. 규동(소고기덮밥) 전문점인 요시노야는 해외에도 지점이 있을 만큼 일본에서 가장 흔한 식당 체인이다. 가장 흔한 음식점이기 때문에 찾기도 쉽고 저렴하게 식사를 해결할 수 있다. 더구나 24시간 연중무휴로 영업하므로 밤늦게 허기를 채우기에도 편리하다.

규동을 기본으로 하고 있지만 광우병 파동 이후 돼지고기를 주재료로 한 덮밥인 부타동도 있으며 카레덮밥 등 덮밥류가 메뉴의 대부분이다. 배가 고프다면 곱배기(오오모리, 大盛り)를 주문할 수도 있으며 다른 식당과는 달리 후불제이다.

 ○ 요시노야의 주요 메뉴

 부타동(돼지고기덮밥) : 보통 330엔, 대 430엔

 부타기무치동(돼지고기김치덮밥) : 보통 380엔, 대 480엔

 규동(소고기덮밥) : 보통 420엔, 대 540엔

 프레인 카레 : 보통 290엔, 대 390엔

 가츠카레(돈가스 카레) : 보통 590엔, 대 690엔

 야키니 테-쇼쿠(불고기 정식) : 보통 530엔, 대 650엔

 야키자카나 테-쇼쿠(생선구이 정식) : 400엔

○ 요시노야의 메뉴와 가격 :
www.yoshinoya-dc.com/brand/menu.html

Tip 요시노야에서 음식 주문하기

① 식당에 들어서면 별도의 서빙을 하지 않고 주문을 받을 수 있도록 바(Bar) 형태의 좌석으로 이루어져 있다. 좌석에 앉으면 물을 갖다준다.

② 메뉴판을 보고 주문을 한다. 일본어를 몰라도 메뉴판의 음식 사진을 손으로 가리켜 쉽게 주문할 수 있다. 따로 주문을 안 하면 보통을 주지만 많이 먹고 싶거나 적게 먹고자 한다면 주문 시 양을 선택할 수 있다. 표준 양이 아닌 경우 주문할 음식 다음에 보통은 나미모리, 큰 사이즈는 오오모리, 특대 사이즈는 토쿠모리라고 붙여서 주문하면 된다.
예) 부타동 토쿠모리 구다사이!

③ 주문한 음식이 나오면 젓가락을 꺼내 입맛에 맞도록 앞에 있는 양념을 뿌려서 맛있게 먹는다. 식사 중에는 계란이 함께 나오는 경우도 있는데 이는 날계란이다. 이것을 덮밥 위에 올려서 비벼 먹으면 더욱 고소하게 먹을 수 있다.

④ 다 먹은 후에는 영수증에 적힌 금액만큼 계산을 하고 나가면 된다.

● 마츠야(Matsuya)

마츠야는 요시노야와 비슷하지만 조금 더 다채로운 메뉴를 갖추고 있다. 가격도 저렴하고 소고기덮밥이나 카레덮밥은 물론이고 불고기 정식이나 일본에서 가장 흔하게 먹을 수 있는 자반연어 정식도 있다. 가격은 290엔의 저렴한 가격부터 있으며 대부분의 메뉴에 일본식 된장국인 미소가 제공한다. 24시간 연중무휴이며 도쿄 시내 도처에 체인점이 많다. 마츠야는 요시노야와 달리 자판기를 이용한 선불제로 운영한다.

▶ 마츠야 매장 앞의 식권자판기

○ 마츠야의 주요 메뉴

규동(소고기덮밥) : 보통 350엔

부타동(돼지고기덮밥) : 보통 290엔

치킨카레 : 보통 290엔, 대 390엔

비빈동(일본식 비빔밥) : 390엔

규—야키니쿠(소불고기, 밥 제공) : 630엔

낫토—테—쇼쿠(낫토정식) : 350엔

– 사께 테—쇼쿠(연어정식) : 490엔

○ 마츠야의 메뉴와 가격 : www.matsuyafoods.co.jp/menu

Tip 마츠야에서 음식 주문하기

① 마츠야는 식당 입구의 자판기에서 먹고 싶은 음식의 식권을 뽑아 주문하는 방식이다. 자판기는 일본어로 적혀 있지만 사진이 함께 있기 때문에 주문에는 별 어려움이 없다. 식권을 가지고 식당으로 들어간다.

② 식당에 들어서면 별도의 서빙을 하지 않고 주문을 받을 수 있도록 바 형태의 좌석으로 이루어져 있다. 종업원에게 식권을 주고 좌석에 앉으면 물을 갖다 준다.

③ 음식이 나오면 입맛에 맞는 양념을 뿌려서 맛있게 먹으면 된다.

④ 다 먹은 후에 그릇은 따로 치울 필요 없이 그대로 나가면 된다.

● 텐동텐야(Tenya)

텐동은 밥 위에 튀김과 소스를 얹어서 먹는 음식으로 텐동텐야는 대표적인 텐동 전문점이다. 텐동텐야의 음식은 요시노야나 마츠야의 음식보다 좀더 한국 사람들의 입맛에 잘 맞는 편인데 가격이 조금 비싼 것이 흠이다. 일본에서는 튀김을 덴뿌라라고 부른다. 야채는 물론 새우나 생선 등 다양한 재료를 튀거서 간장 소스와 함께 먹는데, 맛이 담백하고 고소해서 느끼한 일본 음식이 맞지 않은 사람도 좋아할만하다. 텐동텐야는 체인점임에도 불구하고 24시간 영업이 아닌 보통 오전 11시부터 밤 9시 전후까지 영업한다. 마찬가지로 식사시에 미소가 제공되며 가장 기본적인 새우와 호박, 강낭콩 튀김이 올려진 텐동의 경우 500엔, 우동과 함께 나오는 세트 메뉴의 경우 750엔 정도에 먹을 수 있다. 또한 원하는 튀김만을 추가시킬 수도 있어 입맛에 맞는 덴뿌라를 맛볼 수 있다. 요시노야처럼 식사 후 돈을 지불하지만 주방을 마주보는 형태의 테이블이 아닌 일반 식당의 테이블도 있어 주문한 음식을 서빙하여 준다.

 ○ 텐동텐야의 메뉴와 가격 : www.tenya.co.jp

▶ 여름 생선이 추가된 텐동

▶ 정식 세트

▶ 우동 정식 세트

● 하나마루 우동

하나마루 우동은 패스트푸드점 형태의 점문점으로 아무고명 없이 면과 국물만 있는 '가케우동'의 값이 100엔으로 가장 저렴하다. 다른 우동도 대부분 400엔 정도로 저렴한 가격에 맛도 좋은 편이다. 크기 또한 소, 중, 대식 등의 양에 따라 주문할 수 있기 때문에 원하는 양만큼 먹을 수 있다. 저렴한 가격이지만 면발이 굵고 국물 맛이 좋은 편이여서 간단한 식사에 적당하다. 체인식이지만 요시노야처럼 매우 많은 체인을 가지고 있지는 않다. 시부야, 신주쿠와 같이 사람이 많이 모이는 곳에는 여러 개의 지점이 있으며 아키하바라나 신바시 등에도 지점이 있다. 우동뿐만 아니라 주먹밥이나 튀김, 오뎅, 카레라이스, 규동(소고기덮밥)도 판매한다.

 ○ **하나마루 우동의 메뉴와 가격** : www.hanamaruudon.com

▶ 가케우동   ▶ 카레우동   ▶ 튀김우동   ▶ 주먹밥

Tip   **하나마루 우동점에서 음식 주문하기**

① 하나마루 우동은 원하는 음식을 손님이 직접 선택하고 계산 후에 먹는 방식이다. 마치 던킨도너츠에서 도너츠를 사는 방법과 비슷한데 먼저 토핑으로 사용할 튀김이나 주먹밥, 오뎅을 고른다. 취향에 따라 선택하는 것이므로 따로 고르지 않아도 상관은 없다.

② 카운터에서 우동을 주문하고 원하는 음료수를 냉장고에서 꺼낸다.

③ 선택한 음식을 카운터에서 계산한 뒤 자리에 앉아 먹는다.

● 오오토야(Ootoya)

요시노야나 마츠야가 패스트푸드 스타일의 덮밥 전문이라면 오오토야는 우리식으로 말하면 가정식 백반보다 고급스러운 식사 메뉴를 갖춘 레스토랑 체인이다. 레스토랑이라고는 하지만 가격대가 600엔~700엔대의

▶ 다양한 일본식을 한 곳에서 맛볼 수 있다.

약간 비싼 편으로 도쿄 곳곳에 지점을 두고 있다. 영업시간은 지점에 따라 다른데 대부분 오전 9시부터 저녁 10시까지 영업을 한다. 메뉴도 다양해서 40여 종이 넘는 메뉴를 제공하며 덮밥 체인들에 비해 음식이 나오는데 걸리는 시간이 조금 긴 편이다.

 ○ <u>오오토야의 메뉴와 가격</u> : www.ootoya.com

▶ 일본식 카레우동
619엔

▶ 꽁치 명태 덮밥
682엔

▶ 숯불구이 다랑어
정식 714엔

▶ 숯불구이 고등어
정식 609엔

▶ 숯불구이 햄버거
정식 714엔

▶ 숯불구이 버섯
데미소스 햄버거
정식 714엔

일본의 편의점

>> 일본은 편의점의 나라라고 해고 과언이 아닐 정도로 길모퉁이마다 하나씩 있다. 대신 우리나라처럼 작은 슈퍼마켓은 도쿄 시내에서는 찾아보기가 어렵다. 편의점에서 판매하는 음식이나 음료의 가격은 비싼 편으로 제품에 따라 오히려 자판기보다 비싼 제품도 있다. 일본의 편의점은 많은 수만큼이나 로손, 세븐일레븐, 패밀리마트, 써클 K, am/pm 등 다양한 브랜드가 있다.

일본 편의점은 자사에서 만든 음식을 판매하지만 대체로 비싼 편이기 때문에 차라리 가까운 일본 식당에서 식사를 해결하는 편

▶ 한국에서 철수한지 오래된 써클케이

▶ 지브리 입장권을 구입할 수 있는 로손

Tip 일본을 대표하는 대형마트

일본에도 국내와 다르지 않게 이마트나 롯데마트처럼 대형 마트들이 많다. 그중 대표적인 마트가 다이에와 저스코인데 이곳에서도 식료품부터 화장품, 잡화에 이르기까지 다양한 상품을 저렴한 가격에 살 수 있다. 물론 신용카드 사용이 자유롭고 식료품은 편의점보다 훨씬 싸므로 여행 기간 동안 먹을 음료수나 주전부리를 구입한 후 호텔 냉장고에 보관해 두고 먹으면 편리하다. 다만 이러한 대형 마트들은 도쿄 중심가에서는 찾을 수 없고 도심과 약 1시간 정도 떨어진 외곽에 있다는 것이 큰 단점이다. 그러므로 예약한 호텔에서 가까운 지점을 선택하여 미리 지도를 출력해 가면 쉽게 찾아갈 수 있다.

○ 도쿄 다이에 지점 – www.daiei.jp/tenpo/tokyo.htm
○ 도쿄 저스코 지점 – www.aeon.info/jusco/shopinformation/shoplist.html

이 맛이나 경제적인 부담에서 낫다. 컵라면도 매우 다양한 종류가 판매되는데 일본식 라멘을 인스턴트 형태로 만들어 놓은 컵라면의 맛은 매우 독특하므로 미리 알고 먹기 바란다. 자칫 입맛에 맞지 않아 고역스러워 할 수도 있고, 또한 맛이 대체적으로 짜고 달달하다.

독특한 일본 라멘

>> 같은 라멘이라도 식성에 따라 얼마나 다르게 맛을 내는지를 보여주는 대표적인 예가 바로 일본 라멘이다. 우리가 알고 있는 라면의 원조는 일본이다. 단지 전통 일

본 라멘을 인스턴트식으로 가공하면서 들여온 일본 인스턴트식 라멘이 우리 입맛에 맞추어져 상품화되어 만들어진 것이 우리가 먹고 있는 라면이다. 물론 인스턴트 라면의 기원이 된 오리지널 일본 라멘 또한 중국의 면 요리에서 출발했지만, 일본 편의점에서 한국 라면이 한글 이름 그대로 판매되고 있는 것을 보면 아이러니컬한 느낌을 준다.

▶ 돼지 뼈를 우린 라멘

원조 일본 라멘을 맛보는 즐거움은 여행자의 특권이지만 일본 라멘은 한국 라면과는 근본적으로 맛에 차이가 있다는 것은 몸소 먹어봐야 알 수 있다. 라멘집에서는 우리처럼 인스턴트 라면을 끓여서 주지 않는다. 일본 라멘은 생면에 돼지뼈, 닭뼈, 갖은 야채 등을 넣고 고아서 만든 육수에 여러 가지 고명을 얹어 푸짐하게 나

Tip 일본에서만 볼 수 있는 독특한 음료수

여름에 방문하는 도쿄는 더위를 싫어하는 사람이라면 "왜 내가 여기에 왔을까?" 할 정도로 무덥고 습하다. 그래서 음료수를 많이 마시곤 하는데, 일본의 편의점에 가면 우리와는 종류가 사뭇 다른 것들을 쉽게 볼 수 있다. 가장 큰 차이는 아마도 탄산음료의 다양함에 있지 않을까 싶다.

▶ 독특한 맛의 미츠야 사이다

▶ 가장 흔한 펩시 넥스

다른 것은 비슷비슷 하지만, 색다른 것은 특별한 맛이 나지 않는 탄산음료들이다. 탄산이 들어 있어 청량감을 주기는 하지만 설탕이나 다른 감미료가 그다지 없거나 약간의 이온음료의 맛이 난다.

▶ 여러 가지 탄산 음료들

▶ 녹차

▶ 흔하게 볼 수 있는 음료와 담배 자판기

오는데 한 번씩 드셔보시라. 개인적으로 후루룩 후루룩 맛있게 먹고 있는 일본인을 보고 따라 먹다가 무척 고생한 기억이 있다.

도쿄엔 일본 전국의 유명 라멘을 맛 볼 수 있는 점포가 여러 곳 있는데 일본 라멘은 크게 세 가지 종류가 있다. 처음엔 소금으로만

▶ 하라주쿠의 큐슈잔카라 라멘

간을 한 정도였지만 쇼-유라멘이라고 불리는 간장라멘이 등장하여 일본 전역으로 퍼져나갔다. 이에 맞선 미소라멘으로 불리는 된장맛 라멘이 등장하였다. 이후 오랜 기간 미소와 쇼-유라멘의 치열한 경쟁 중에 새롭게 탄생한 것이 바로 돈코츠라는 돼지의 등뼈로 우려낸 국물을 사용한 라멘이다. 도쿄에는 이 세 가지 맛의 라멘을 모두 맛 볼 수 있는 곳이 있다.

이밖에도 장어가 들어간 우나기라멘이나 닭 뼈나 마늘로 국물을 낸 라멘 등 라멘집에 따라 다른 방식의 맛을 내기 위한 나름의 노력으로 만들어진 라멘을 찾을 수 있다. 하지만 어떤 라멘을 먹던지 한국식 라면에 길들여진 사람이라면 그 특유의 맛과 냄새를 견디기 어려운 종류의 라멘도 있다.

▶ 니혼TV에서 전국의 유명 라멘집의 선발을 통해 가장 맛있는 집이 입점한 시오도메 라멘

미소라멘은 구수한 된장 냄새가 인상적이지만 된장에 말아먹는 라멘은 입맛에 따라 역겨움을 줄 수도 있다. 이 때문에 입에 맞는 일본 라멘을 먹기 위해서는 미리 정보를 찾아보고 가는 것이 좋다. 또한 일본 라멘은 500~1,000엔 정도로 가격이 비싼 편이다.

저렴한 초밥집

>> 국내에서 초밥을 양껏 먹기 위해서는 상당한 지출이 필요하지만 도쿄 여행이라면 원 없이 초밥을 저렴한 가격에 먹을 수 있는 기회가 많다. 일명 100엔 초밥인데 시부야의 츠키시 본점과 같은 유명한 곳뿐만 아니라 신주쿠 등지에 비슷한 100엔 초밥집들이 있다. 100엔 초밥집이라고 해도 모두 초밥의 종류에 따른 가격이 각기 다르다. 츠키시 본점의 경우 모든 초밥이 100엔이지만 다른 곳은 그릇에 따라 가격이 200엔 이상인 곳도 있다.

▶ 유명한 시부야의 츠키시 본점

다만 100엔 초밥집은 다른 집들과는 달리 시간 제한을 두고 일정 시간 안에 일정 접시 이상을 먹어야 하는 조건을 달기도 한다. 그리고 회전초밥 형태로 여러 명의 요리사가 초밥을 만들고 있으며, 별도로 먹고 싶은 초밥이 있다면 요리사에게 주문하여 원하는 생선으로 만든 초밥을 먹을 수도 있다. 다만 이럴 때는 서로 말이 오고가야 하므로 간단한 회화가 필요하다. 일부 초밥집은 외국인 손님, 특히 한국 여행자들을 위해 한국인 종업원까지 두는 친절함을 보이기도 한다.

▶ 100엔 초밥집은 의외로 쉽게 볼 수 있다.

▶ 다양한 초밥용 생선들

일본의 패스트푸드점

일본에서 일본 라멘이나 규동과 같은 일본 음식을 먹는 것은 자연스러운 일이다. 문제는 특유의 맛과 향이 입맛에 잘 맞지 않을 때 적응하기란 쉬운 일이 아니다. 이 때문에 한국 음식점을 찾아다니는 여행자도 종종 있는데 작은 그릇에 담긴 김치조차 별도의 요금을 내야할 만큼 비싼 가격에 망설이기 십상이다. 이때에는 의외로 햄버거 체인점과 같이 쉽게 눈에 띄는 패스트푸드점에 눈길이 가곤 한다. 일본에도 맥도날드나 KFC를 비롯해 다양한 패스트푸드점들이 즐비하다. 이중 가장 쉽게 볼 수 있는 곳이 맥도날드인데 한국과 유사한 메뉴 구성을 하고 있지만 일본에만 있는 독특한 햄버거도 맛볼 수 있다.

▶ 일본의 대표적인 패스트푸드점 맥도날드

반대로 한국에서 판매되는 메뉴 중 상당수는 일본의 맥도날드 메뉴판에서는 찾아볼 수 없는 것이 많다. 맥도날드 메뉴에서 가장 특이한 것 중 하나는 치킨을 그릴에 구워서 만든 페티를 사용한 햄버거인데 이렇게 독특한 메뉴를 먹어보는 것도 신선하다. 일본에서는 런치타임에 일정 금액으로 할인되는 행사는 없다. 아쉽게도 햄버거의 크기는 작은 편인데 같은 빅맥이라도 한국의 빅맥보다는 조금 작다.

롯데리아 매장 수는 맥도날드보다 적은 편이지만 비교적 신 메뉴 개발이 활발한 편이어서 새로운 햄버거를 자주 맛볼 수 있다. KFC는 아예 테이크아웃 전용 부스를 갖춘 매장도 있는데 햄버거나 치킨 등의 메뉴가 한국보다 적으며 가격도 다른 패스트푸드점에 비해 비싼 편이다.

▶ 맥도날드만큼 쉽게 볼 수 있는 롯데리아

일본의 패스트푸드점 주문 방법이나 매장 형태는 한국과 비슷하지만 약간씩 차이는 있다. 패스트푸드점에 따라 다르겠지만 감자튀김에 케첩은 제공되지 않는다. 케첩이 필요하면 달라고 요청해야만 준다. 일본어를 모르면 주문할 때 사진으로 된 메뉴판을 가리켜 주문을 해야 하는데 일본에는 세트메뉴가 벨류팩이라는 이름으로 판매되기도 한다. 또한 벨류팩 주문 시 감자튀김 대신 다른 것을 선택할 수도 있다. 한국의 많은 패스트푸드점에서는 음료를 무료로 리필해주기도 하는데 반찬 하나도 돈을 받고 판매하는 일본의 다른 식당처럼 일본의 패스트푸드점에서는 음료 리필이 되

▶ 테이크아웃 중심의 KFC

▶ 하라주쿠의 웬디스

지 않는다. 보통 햄버거 가격은 300엔 전후이며 벨류팩은 500엔 정도이다. 할인 쿠폰을 이용하면 한국처럼 일정 금액을 할인 받을 수 있고, 쿠폰은 일본 패스트푸드점 홈페이지에서 구할 수 있다.

○ 일본의 대표적인 패스트푸드점 홈페이지

- 맥도날드 www.mcdonalds.co.jp
- KFC www.kfc.co.jp
- 웬디스 www.nihon-wendies.co.jp
- 롯데리아 www.lotteria.co.jp
- 서브웨이 www.subway.co.jp
- 모스버거 www.mos.co.jp
- 퍼스트 키친 www.first-kitchen.co.jp
- 피자헛 www.pizzahut.jp
- 도미노 피자 : www.dominos.jp
- 하겐다즈 www.haagen-dazs.co.jp
- 베스킨라빈스31 www.31ice.co.jp
- 프레시니스버거 www.freshnessburger.co.jp

한국에만 있는 패스트푸드점이 있듯이 오직 일본에서만 볼 수 있는 패스트푸드점도 만날 수 있다. 바로 모스버거와 퍼스트 키친이다. 모스버거는 다른 햄버거 가게와는 달리 주문과 동시에 고기를 굽고 햄버거를 만들어주기 때문에 맛이 신선하다. 물론 요리할 때까지 기다리는 시간이 필요하다. 또한 시중을 들어주며, 바로 만들어서 나오기 때문에 여러 개의 음식을 시키거나 셋트 메뉴를 주문하게 되면 한꺼번에 음식이 나오지 않고 만들어진 순서대로 음식이 나온다. 햄버거뿐만 아니라 감자튀김이나 어니언링도 바로 튀겨서 나오기 때문에 다른 패스트푸드점과 다른 차별화된 맛을 자랑한다. 혹여 기존 패스트푸드점 햄버거 맛에 길들여진 사람이라면 오히려 맛이 좋지 않다고 할 수도 있다. 햄버거의 크기는 좀 작은 편이며 양에 비해 가격도 조금 비싼 편이다.

▶ 모스버거(300엔, 세트 메뉴 620엔)

▶ 데리야키 버거 (300엔, 세트 메뉴 620엔)

▶ 데리야키치킨 버거 (300엔, 세트 메뉴 620엔)

퍼스트 키친은 햄버거뿐만 아니라 다양한 메뉴를 갖춘 패스트푸드점이다. 햄버거는 물론이고 핫도그, 핏자, 파스타에 이르기까지 비교적 다양하다. 특히 감자튀김은 단순히 사이드 메뉴가 아닌 본 메뉴로 나올 정도로 다양한 맛을 갖추고 있다. 롯데리아만큼 매장이 많기 때문에 눈에 자주 띄는 편이며 가격도 비교적 저렴하다. 파스타는 약 360~580엔, 핏자는 크기가 작은 편으로 혼자 먹기 적당하며 가격은 보통 390~540엔 정도이다.

▶ 다양한 메뉴가 있는 퍼스트 키친

백화점 식품 코너의 저렴한 음식

>> 일본 도쿄의 백화점에도 한국처럼 식품 코너를 갖추고 있다. 물론 대부분 그날 판매할 물건은 그날 만들기 때문에 저녁 때가 되어 폐점 시간이 가까이 오면 세일을 해서 판매한다. 지하 식품 코너에서 파는 음식의 종류나 형태는 외국에 왔구나 하는 생각이 절로 들만큼 생소한 것들이 많다. 다양한 일본 음식이나 도시락 등을 저렴한 가격에 먹고자 한다면 저녁 무렵에 백화점 식품 코너를 방문해보자. 참고로 일본의 백화점은 한국보다 폐점 시간이 대체로 빠르기 때문에 여행 중 미리 시간을 체크해두자. 한국 백화점처럼 안에서 먹을 수 있는 테이블이 갖춰진 곳은 드물기 때문에 포장 후 야외 공원이나 호텔로 가지고 와서 먹어야 한다.

▶ 백화점 식품 코너의 매장들

▶ 의외로 손님이 많은 백화점 식품 코너

Tip **도쿄의 커피숍**

도쿄 여행은 사실 걸어 다니는 도보 여행이 많다. 서울의 명동, 광화문, 종로, 대학로, 강남역, 신싱동 등을 샅샅이 훑고 다닌다고 생각해보면, 도쿄 여행노 다를 것은 없다. 이렇게 걸어 다니다보면 발바닥이 많이 아픈데, 발바닥 파스를 붙여도 쉽게 가라앉지는 않는다. 그저 쉬어 갈만한 장소에서 잠시 쉬어주는 것이 가장 좋다. 공원 등 마땅히 쉴 곳이 없다면 가까운 커피숍도 좋다.

▶ 도쿄의 별다방 스타벅스

도쿄에 콩다방은 보기 어렵지만 별다방은 곳곳에 있다. 심지어 가격도 우리보다 훨씬 저렴하다. 스타벅스 같은 커피숍을 애용하는 여행자라면 충분히 좋아할 만한 곳이지만 스타벅스보다 더 흔하게 볼 수 있는 것이 도토루이다. 한국에도 도토루가 있지만 오리지

▶ 일본의 대표적인 커피숍 도토루

널 일본의 도토루는 국민 커피숍이라고 할 정도로 다양한 연령대와 많은 사람이 찾는 곳이다. 맛이나 형태가 스타벅스와는 거리가 있지만 커피를 비롯하여 아기자기한 군것질거리 가격이 매우 저렴한 편이라서 돌아다니다가 잠시 쉬기에 적당하다. 한 가지 주의할 점은 도토루는 흡연실과 비흡연실을 엄격히 분류해 놓았기에 해당 층을 정확히 선택해야 불편함이 없다.

1-6 알뜰한 여행 경비 사용법

>> 물가가 비싸다고 알려져 있는 도쿄. 실제로 그렇기도 하지만 그렇지 않은 부분도 있다. 그래서 처음 일본 여행을 계획할 때 얼마만큼의 비용이 들어갈지 감을 잡기가 어려운 것이 사실이다. 그러므로 불필요한 낭비를 막기 위해 여행 경비를 규모에 맞게 계획적으로 사용해야 하며, 만약을 대비한 비상금이나 신용카드 한장 정도는 준비해 가는 것이 좋다.

▶ 신용카드를 주로 이용한다 해도 차비나 식비는 현금으로 쓸 준비를 해야 한다.

만약 패키지 상품을 선택했다면 기본적으로 들어가는 비행기 및 호텔 등의 경비를 제외한 나머지 경비의 계산이 필요하다. 대부분 호텔에서는 아침식사만 제공되기에 점심과 저녁 식사 비용이 들 것이고, 군것질이나 음료수 등을 포함한 기본 식비, 그리고 교통비, 각종 입장료와 쇼핑 비용이 추가된다. 여행 경비는 그야말로 고무줄 같아서 비용은 마음먹기에 따라 얼마든지 조절이 가능하다. 특히 식비에서 경비의 지출 차이가 매우 크게 날 수 있다. 굳이 비싼 레스토랑을 가지 않는다 해도 한 끼 식사를 규동과 같은 음식으로 때운다면 비용은 한국 돈으로 2~4천 원에 불과하다. 하지만 돈가스나 회, 초밥 등을 먹으려면 한 끼 식비로 1인당 1만 원~3만 원이 넘을 수도 있다.

▶ 체인형 식당에서는 5천 원 이하에 식사를 해결할 수 있다.

입장료가 비싼 관광지, 가령 디즈니랜드 같은 곳을 가지 않고, 택시보다는 지하철을 주로 이용한다면 1인당 하루 4~5천 엔 정도면 충분한 경비가 될 수 있다. 여기에 쇼핑이나 선물을 사는데 필요한 비용을 5천 엔에서 1만 엔 정도만 챙겨 놓으면 적당하다. 이 여비는 비상금 역할도 할 수 있으며 경비를 초과할 경우 신용카드를 이용하면 여행 후 남는 경비를 최대한 줄일 수 있다. 도쿄에서도 신용카드를 사용하기 어려운 장소들이 있기 때문에 어느 정도의 현금은 준비해야 한다. 또한 한일간의 무비자 협정으로 인해 일본의 바뀐 입국 심사에 있어 현금 소지 여부를 체크하므로 신용카드만으로 여행 경비를 해결할 수는 없다. 그리고 선물 구입이나 쇼핑은 여행 초반에 하는 것보다는 여행 막바지에 하는 것이 환전한 돈을 남김없이 처리할 수 있는 방법이다.

▶ 도쿄 외곽으로 나갈 때는 가급적 저렴한 전철을 이용하자.

공항이용료와 유류할증료

>> 처음 해외여행을 한다면 여행사에 내는 돈이 비행기 값과 호텔 비용이 전부일 것이라고 생각하기 쉽다. 하지만 여기에 추가적인 비용이 바로 공항세와 유류할증료다. 예전에는 공항에 공항이용료를 직접 지불했지만 요즘에는 공항세와 유류할증료 등 제반 비용을 여행사에 지불하여 비행기 예약 시 함께 지불된다. 도쿄로 가기 위한 공항세와 유류할증료는 대략 6만 원 전후이며 원유값이나 환율에 따라 달라진다.

- 인천공항 이용료 : 17,000원
- 관광진흥기금 : 10,000원
- 국제빈곤퇴치기여금 : 1,000원
- 일본공항 이용료 : 2,040엔
- 유류할증료 : 편도당 28$

불포함사항

▶각종 TAX (₩130,000상당) 불포함◀
☞ NO MEAL 조건
☞ 현지 교통비 / 관광지 입장료 / 개인식비 등

▶ 여행사의 상품 설명에도 추가비용에 대한 표기가 되어 있다.

저렴한 도쿄 여행 비결

>> 경비 때문에 예산을 줄여야 한다면 도쿄에서 사용할 금액을 좀 더 정확하게 계산할 필요가 있다. 물론 여기에는 교통비와 식대와 같은 비용을 줄이는 것을 전제로 계산이 필요하다. 그리고 현재의 환율 추이를 보면 엔화 대 원화의 환전 비율이 떨어지는지 올라가는지를 확인할 수 있다. 만약 원화의 가치가 계속 올라가는 추세라면 현금보다는 카드의 사용이 보다 유리할 것이다. 이럴 때는 최소한의 환전만 하고 조금이라도 액수가 큰 금액은 카드를 사용하는 것이 현명한 방법이다. 다만 카드를 사용할 경우 어느 정도의 수수료가 더해지더라도 불필요하게 환전을 많이 하여 돈을 남기는 것보다는 이것이 오히려 경제적일 수 있다.

기본 여행 경비를 줄이는 가장 손쉬운 방법은 교통비이다. 나리타공항에서 도쿄 시내로 들어가는 방법은 여러 가지가 있는데 JR 익스프레스나 케이세이 스카이라이너와 같은 교통수단을 이용하는 것보다 케이세이 특급(京成特急)이 상대적으로 저렴하다. 물론 그만큼의 시간적 여유가 있어야 하지

▶ 저렴한 케이세이 특급

만 어떤 곳을 다닐지 계획을 세워 가까운 지역의 여행지를 묶어서 다니면 전철 비용을 줄일 수 있다. 도쿄의 전철은 구간 및 전철 종류에 따라 요금의 차이가 있다.

식비 등은 너무 아끼지 않는 것이 좋다. 도쿄 방문 목적이 특정 물건 구입이나 어느 한 곳을 가보는 것이 아니라면 먹는데 돈을 지나치게 아끼는 것은 하루 종일 걸어 다니며 몸을 힘들게 할 수 있다. 다만 일본 음식이 한국과는 차이가 있는 점을 감안해 이를 보완할만한 먹을거리를 한국

▶ 일본 맥도날드 사이트에서 다운받은 할인 쿠폰

에서 준비해 가는 것도 좋다. 또한 패스트푸드점을 이용할 경우를 대비해 쿠폰 등을 미리 준비하면 조금이나마 저렴하게 먹을 수도 있기 때문에 맥도날드나 롯데리아 등의 일본 사이트를 방문해 쿠폰을 구해보자.

▶ 아키하바라의 면세가 표시된 상점들

일본에서는 상품을 구매할 때는 5%의 소비세가 추가되는데 외국인이라도 5%의 소비세는 피해갈 방법이 없다. 단, 일부 쇼핑몰에서는 1만 엔 이상의 물건을 구입할 경우 5%의 소비세를 감면 받을 수 있다. 참고로 아키하바라와 같은 곳에서 'Duty Free'라고 표시된 많은 매장들이 있는데 이곳에서는 소비세를 내지 않아도 될지 몰라

Tip 맥도날드 쿠폰 다운로드 받는 방법

① 맥도날드 사이트에 접속한다. 그리고 왼쪽의 목록 중 SMAILE+를 클릭하자.

② Smile+화면의 하단을 보면 가로로 긴 붉은색, 푸른색의 메뉴가 있는데 이걸 각각 누른다.

③ 쿠폰은 PDF 파일로 제공되는데 아크로뱃 리더와 같은 프로그램을 통해 읽어 들여서 프린트로 출력하면 사용이 가능하다. 쿠폰을 사용할 때는 사용기간이 정해져 있기 때문에 여행 날짜에 맞춰 쿠폰을 출력하자.

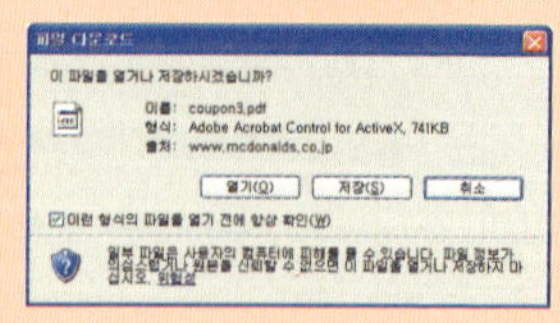

도 물건 자체의 할인 폭이 작아 오히려 비싸게 물건을 살 수도 있으므로 주의할 필요가 있다.

▶ 긴자의 애플스토어에서는 1만 엔 이상의 물품을 구입하면 세금을 공제해준다.

여행자보험은 필수

>> 대부분의 여행사 패키지 상품을 선택하면 자동으로 가입시켜주는 서비스가 여행자보험이다. 여행 중 다치거나 물건을 분실하거나 하면 이를 보상해주는 것으로 여행기간에만 보장되는 상품이다. 불미스러운 일이 생길 일은 많지 않지만 만일을 대비해 가입해 두는 것이 좋다. 여행사를 통한 상품이 아닌 별도의 항공예약을 할 경우라면 환전 시 이런 여행보험을 서비스로 제공하는 경우도 있으므로 이를 이용하면 별도의 비용을 들이지 않고도 가입할 수 있다.

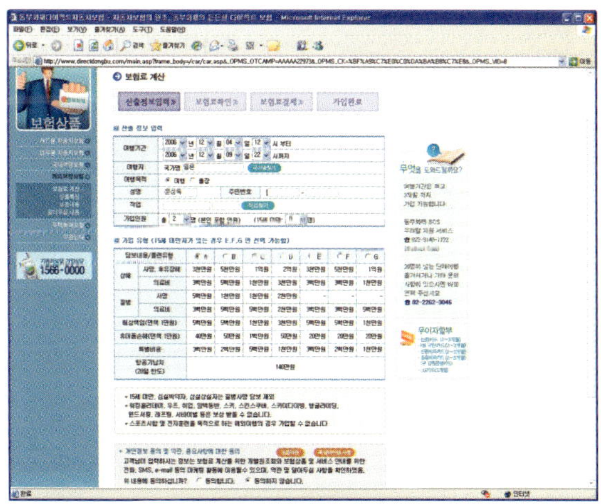

▶ 비행기표와 호텔을 따로 예약하는 경우에도 여행용 보험을 따로 가입하는 것이 가능하다.

만약 별도로 여행자보험에 가입할 때에는 보험회사의 상품을 보고 선택해야 할 것이 있다. 가입 시 직업이나 나이 등에 따라 가격이 달라질 수 있으며 여행기간에 따라서도 달라진다. 또한 가입 상품의 종류에 따라 보장받는 금액의 차이가 있으니 이를 잘 따져보고 계약해야 한다. 대부분의 여행자보험은 1만 원 이하의 비용이면 충분하다.

여행 중 보험 혜택을 받아야 하는 사태가 발생한다면 이를 증명하기 위한 문서가 반드시 첨부되어야 한다. 한국이 아닌 일본에서 발생한 일임을 증명해야 하므로 다칠 경우 병원의 진단서와 영수증이 반드시 필요하다. 원래 앓고 있던 질병은 혜택을 받을 수 없지만 감기와 같은 작은 증세도 혜택을 받을 수 있다. 또한 병원만이 아니라 약국도 가능할 수 있으니 의료비 영수증이나 약국에서 제공하는 영수증도 챙겨오도록 하자. 짐이나 물건을 도난당한 경우에도 이를 바로 신고하고 경찰서에서 신고서나 영수증과 같은 서류를 받아야 한다. 공항에서 물건을 분실하거나 코인락에서 물건이 없어진 경우에도 적용을 받을 수 있는 경우가 많다. 다만 이같은 사항은 보험사의 약관에 따라 다를 수 있으며 고가의 물건을 분실해도 그 보상금액은 훨씬 못 미칠 수도 있다.

2005 품질경영상 대통령 표창 수상 화재

보험 종목 Kind Of Insurance		해외여행보험 1	증권번호 POLICY NO.		
보험계약자 POLICY HOLDER	성명 NAME	문성욱	사망보험금 수 취 인 BENEFICIARY	성명 NAME	법정상속인
	주민등록번호 ID NO.			피보험자와의 관계 RELATONSHIP	법정상속인
	주소 ADDRESS		보험기간 POLICY PERIOD		2006/12/04 12:00부터 2006/12/09 22:00까지

피보험자 명단 INSURED LIST			여행목적 PURPOSE	일반관광
NO.	성명 NAME	주민등록번호 ID NO.	현재건강상태 / 과거상병 HEALTH CONDITION/SICKNESS HISTORY	N/ N
1	문성욱		계약일자 DATE	2006
2				

	담보내용 COVERAGE	보험가입금액 INSURED AMOUNT	
상 해 ACCIDENT	사망후유장해 DEATH OR DISABILITY	WON	50,000,000
	치료실비 MEDICAL EXPENSES	WON	5,000,000
질 병 SICKNESS	치료실비 MEDICAL EXPENSES	WON	5,000,000
	면책금액 DEDUCTIBLE		
	사망 DEATH	WON	10,000,000
배상책임 LIABILITY	면책금액 DEDUCTIBLE WON 10,000	WON	5,000,000
휴대품 BAGGAGE	면책금액 DEDUCTIBLE WON 10,000	WON	500,000
	특별비용 EXTRA CHARGES	WON	2,000,000
	항공기납치 SKY JACKING	WON	70,000
	합계보험료 TOTAL PREMIUM	WON	14,010

【보험조건】
- 해외여행보험 1 보통약관　- 특별비용담보특약
- 질병치료비담보특약　- 항공기납치담보특약
- 질병사망위험담보특약　- 배상책임담보특약
- 테러행위면책 특약　- 서기 2 0 0 0 년부담보특약
- 휴대품손해담보특약 (1조당 2 0 만원한도)

동부화재 SOS 우리말 지원 서비스
세계 어디서나 24시간 긴급한 도움이 필요할 때는
822-3140-1722 (Collect Call)

· collect call(수신자부담전화)를 선택하신후 위 번호를 누르시면 각종 서비스를 제공받으실 수 있으며, 아래의 무료직통번호를 이용하시면 더욱 편리합니다.

해외주요국 무료직통전화번호(Toll Free)

· Guam	1-888-418-1575	· Indonesia	001-803-821-07707
· Nederland	0800-022-8051	· Japan	0066-33-882-137
· Germany	0800-186-0457	· China	10800-820-0044
· Malaysia	1-800-80-7995		10800-282-0044
· U.S.A	1-888-779-7055	· Canada	1-800-469-5254
· Belgium	0800-7-2885	· Thailand	001-800-821-07702
· Switzerland	0800-55-8862	· France	0800-90-3433
· Singapore	800-8211-150	· Philippines	1-800-1821-0230
· England	0800-899882	· Hawaii	1-800-322-0180
· Italy	8008-71248	· Australia	1-800-141-560
· Hongkong	800-93-3231		

여행자 보험 청구 서비스
24시간 안내 무료전화 1-800-987-1004
E-mail:info@ticlaim.com　Website: www.ticlaim.com

웹사이트에서 청구서와 약관을 다운 받으실 수 있고, 청구문의를 할 수도 있으며 많은 유익한 정보를 얻을 수 있습니다.

【특이사항】
이 보험계약에서 보장하는 의료비는 동 비용을 담보하는 다수의 보험계약이 체결되어 있는 경우 약관에 따라 비례하여 보상합니다. 다만, 이미 가입된 보험계약에서 보상한 금액이 부담한 의료비를 초과하였을때 보험금이 지급되지 아니할수 있습니다.

취급자	전략영업부	)1566 - 0000
	전략영업부	)1566 - 0000
	나승진	)1566 - 0000

1. 발행일 : 2006년 11월 28일
2. 발행지 : 전략영업부

화재해상보험주식회사
서울시 강남구 대치동 891-10 동부금융센터
대표이사 사 장 김노완

▶ 별도로 여행자 보험을 가입하면 계약서를 메일로 보내준다.

1-7 내게 맞는 여행 상품의 선택

손쉽고 간편한 여행사 패키지

>> 여행 상품을 선택해서 가는 방법은 가장 저렴하면서도 일반화된 도쿄 여행을 선택하는 대표적인 방법이다. 여행 상품은 항공사, 호텔등급, 출발 도착 시간 등에 따라서 가격 차이가 있다. 어떤 상품을 보면 항공료보다도 싸거나 거의 항공료에 가까운 가격을 제공하는 경우도 있는데 이런 상품은 할인 항공권을 이용하거나 항공사와의 제휴 등의 방법으로 가격을 맞춘 상품들이다. 이 때문에 어느 항공사를 통해서 가느냐에 따라 가격의 차이도 클 수 있다.

▶ 여행 패키지에는 가이드북과 지도가 제공된다.

▶ 여행사에서 제공하는 여권 커버

가장 비싼 여행 상품은 국적기, 즉 대한항공이나 아시아나항공을 이용하는 상품들이며 ANA와 같은 일본 항공기가 그 다음이다. 때에 따라 저렴한 패키지는 노스웨스트나 유나이티드와 같은 도쿄를 경유해서 시카고 등으로 가는 미국 비행기들이 더러 있다. 패키지 상품의 가장 큰 매력은 한 번의 예약만으로 여행사에서 알아서 처리해준다는 점이다. 이러한 여행사 패키지는 대부분 3박 4일이거나 2박 3일과 같이 4일 이내의 상품이 주류를 이루기 때문에 장기 여행을 하고자 한다면 여행사의 패키지보다는 항공권과 호텔을 따로 예약하는 것이 좋다. (☞ 밤도깨비 여행은 본문 27쪽 참조)

저렴한 가격대의 패키지 상품은 비행기에서는 사실 큰 차이를 느끼지 못하지만 호텔에서는 차이가 있다. 호텔 시설이 그다지 좋지 않거나 위치가 맘에 안 드는 등 가격에 따른 호텔의 품질이 달라질 수 있기 때문이다. 대부분 여행자보험까지 알아서 가입해주며 일본 여행을 처음 하는 사람들을 위해 가이드북이나 지도나 지하철 노선 등을 제공한다. 하지만 이러한 예약이나 서류 처리 등만 해줄 뿐 다른 여행 상품과는 달리 도쿄 자유여행은 말 그대로 자유여행이다. 스스로 공항에서 비행기를 타고, 알아서 도쿄에서의 자유로운 여행을 하고 돌아와야 하므로 얼마나 알차게 여행 계획을 준비하느냐에 따라 여행의 성패가 달라진다.

Tip 일본 여행 상품을 취급하는 주요 여행사들

- 여행박사 – www.tourbaksa.co.kr
- 온라인투어 – www.onlinetour.co.kr
- 하나투어 – www.hanatour.co.kr
- 클럽리치 – japan.clubrich.co.kr
- 모두투어 – www.modetour.co.kr
- 엔타비 – www.ntabi.co.kr

| 상품정보 | 예정일정표 | 호텔정보 | 여권정보 |

■ 상품가격정보
- 민박팩(다인실) ₩529,000
- 아미스타 또는 아사쿠사 스카이코트 호텔급(세미더블) ₩569,000
- 치산 호텔급(세미더블) ₩599,000
- 동경 프린세스가든 호텔급(트윈) ₩629,000
12/29 출발시 요금인상됩니다

■ 출발일정보
매주금요일출발 (좌석확보!!)
12/29, 1/12, 1/19, 1/26, 2/02, 2/09

1/16일 출발일부터 항공스케줄 변경 김포출발12:00 // 하네다출발 15:35

▶ 여행사의 상품을 고를 때는 상품에 표기된 호텔에 대한 정보를 분명히 확인해야 한다.

여행 패키지의 가장 큰 비용을 차지하는 항공권 가격은 시기에 따라 다르기 때문에 전체적인 패키지 가격을 변화시키는 요인이 된다. 이 때문에 성수기인 7~8월과 추석이나 신정, 설날 연휴, 크리스마스 등 항공권 가격이 비싼 시기에는 일본 여행을 가기 좋지만 가장 비싼 시기이다. 이때 여행을 가고자 한다면 미리 예약을 해도 사실상 좋은 가격에 여행 상품을 구하기는 어렵다. 저렴한 도쿄 여행을 생각한다면 이 기간은 피하는 게 좋다. 여행 상품을 고를 때 가장 유의해야 하는 부분이 출발 시간과 도착 시간인데 가격이 저렴해도 오후 늦게 출발하는 비행기를 선택하는 것은 오히려 일정상 손해가 된다. 반드시 첫날과 마지막 날의 시간을 많이 확보할 수 있는 시간을 선택하는 것이 유리하다.

여행사에서 예약을 하게 되면 전액을 먼저 지불하지 않아도 된다. 여행사마다 조금씩 다르겠지만 일단 출발일과 상품을 선택하고 나서 일정 금액의 예약금을 지불하고 출발 10일 전 정도에 잔금을 지불할 수 있다. 예약 시에는 여권 등의 충분한

Tip 일본의 공휴일

주 5일제가 정착되고 있는 우리나라도 그렇지만, 일본인들에게도 공휴일은 같은 의미의 시간이므로 주말에 도쿄를 방문한다면 원하는 것을 보지 못하거나 불편함을 느낄 수가 있다. 그러므로 일요일을 제외한 일본의 공휴일이나 그들의 연휴 시즌은 피해 가는 것이 좋다. 특히 12월 27일부터 1월 3, 4일 정도의 연말연시나 4월 29일부터의 1주일 간의 골든위크 기간은 피하는 것이 바람직하다. 8월 15일 전후의 1주일 정도의 기간인 일본 추석에 해당하는 오봉 기간 또한 여행을 가지 않는 것이 좋다. 이 기간은 도쿄 내 상가나 쇼핑센터가 대부분 문을 닫는다.

○ 일본의 주요 공휴일

1월 1일 설날	5월 3일 헌법기념일	9월 23일 추분
1월 15일 성인의 날	5월 4일 국민휴일	10월 제 3월요일 체육의 날
1월 제 2월요일(성인의 날)	5월 5일 어린이날	11월 3일 문화의 날
2월 11일 건국기념일	7월 제 3월요일 바다의 날	11월 23일 근로감사의 날
3월 21일경 춘분	8월 13일~16일 오봉	12월 23일 천황탄생일
4월 29일 녹색의 날	9월 제 3월요일 경로의 날	

유효기간이 남아 있어야 하며 최종 예약 후 호텔 바우처나 항공권 등을 우편이나 여행사 방문을 통해 수령하거나 공항에서 받기도 한다.

내 맘대로 선택하는 비행기 따로 호텔 따로

>> 여행사 상품이라도 항공권과 호텔예약만을 합친 것에 불과하기 때문에 따로 따로 예약하는 방법도 있다. 직접 예약하면 자신이 원하는 시간대의 비행기와 항공사를 선택할 수 있을뿐더러 호텔도 더 좋거나 여행 동선에 유리한 호텔을 선택할 수도 있다. 다만 이렇게 호텔과 비행기를 따로 예약한 경우

▶ 일본 여행은 대부분 자유여행

상황에 따라 가격이 더 비싸거나 저렴할 수도 있으므로 패키지 상품에 비해 비용이 커지는 것은 감수해야 한다.

항공권은 여행사를 통해 예약하는 것이 좀 더 싼 항공권을 얻을 수 있다. 그렇지만 출발일자나 유효기간의 제약을 받을 수 있으며 체류기간이 짧거나 출발 일을 바꿀 수 없거나 환불이 불가능한 항공권 등 그 조건이 따라올 수 있다. 보통 인천-나리타 간의 왕복 항공권은 조건에 따라 24만 원~50여만 원까지 있을 정도로 가격 차이가 심하게 나며, 이 때문에 여유를 가지고 예약해야 원하는 날짜에 저렴한 항공권을 구할 수 있다.

항공사	도시	기간	구분	출발일	상품가격	
ANA NH 전일본공수	인천 - 동경(나리타)	14일	성인	08.08.23~08.09.10	302,600원	상세보기
ANA NH 전일본공수	인천 - 동경(나리타)	14일	성인	08.08.23~08.09.10	316,200원	상세보기
ANA NH 전일본공수	인천 - 동경(나리타)	14일	성인	08.07.18~08.08.22	320,000원	상세보기
ANA NH 전일본공수	인천 - 동경(나리타)	14일	성인	08.08.23~08.09.10	320,400원	상세보기
ANA NH 전일본공수	인천 - 동경(나리타)	14일	성인	08.08.23~08.09.10	323,000원	상세보기
ANA NH 전일본공수	인천 - 동경(나리타)	14일	성인	08.08.23~08.09.30	323,000원	상세보기
JAL JL 일본항공	인천 - 동경(나리타)	14일	성인	08.08.07~08.09.30	325,500원	상세보기
ANA NH 전일본공수	인천 - 동경	14일	성인	08.08.23~08.09.10	334,800원	상세보기
ANA NH 전일본공수	인천 - 동경	14일	성인	08.08.23~08.09.10	334,800원	상세보기
ANA NH 전일본공수	인천 - 동경(나리타)	14일	성인	08.08.23~08.09.10	334,800원	상세보기
ANA NH 전일본공수	인천 - 동경(나리타)	14일	성인	08.08.23~08.09.10	334,800원	상세보기
ANA NH 전일본공수	인천 - 동경(나리타)	14일	성인	08.08.23~08.09.10	336,000원	상세보기
ANA NH 전일본공수	인천 - 동경(나리타)	14일	성인	08.08.23~08.09.10	338,200원	상세보기
ANA NH 전일본공수	인천 - 동경(나리타)	14일	성인	08.08.23~08.09.10	342,000원	상세보기

▶ 여행사의 치열한 경쟁으로 인해 파격적인 가격에 항공권을 판매한다.

여유가 있다면 항공사 홈페이지를 주기적으로 살펴보는 것도 좋은 방법이다. 항공사에서도 몇 가지 제한된 옵션으로 할인된 항공권을 깜짝 세일 형태로 제공하는 경우가 있기 때문이다. 항공권은 나이에 따른 할인 혜택이 있지만 특가로 나온 항공권 중에는 아예 유아 할인이 되지 않거나 할인율이 제한되는 경우도 많다. 또한 항공권을 싸게 사려고 오후 늦게 출발하는 비행기를 선택하는 것은 오히려 손해 보는 짓이다.

호텔은 여행사를 통하거나 호텔만 전문적으로 예약해주는 사이트를 이용하면 쉽게 원하는 호텔을 예약할 수 있다. 일본 여행의 출발점은 숙박하는 호텔이 기본이다. 호텔 위치에 따라 여행자의 순조로운 여행 동선을 결정하는데 될 수 있는 한 호텔이 JR 야마노테센역 주변 중 한 곳에 있어야 불필요한 시간을 절약할 수 있다.

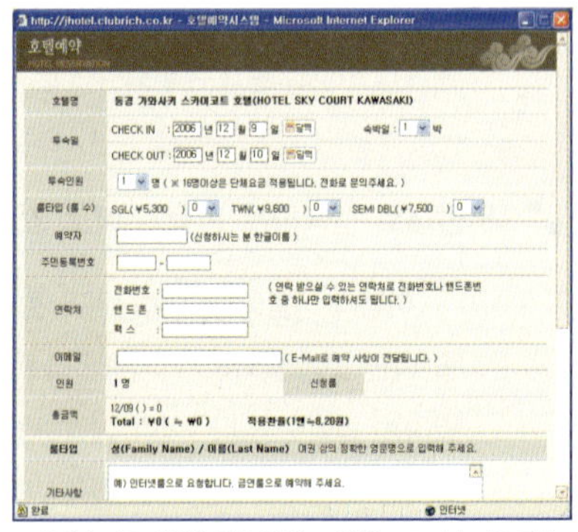

▶ 호텔만 따로 예약할 경우 원하는 지역을 고르거나 더욱 저렴한 가격을 맞출 수 있다.

마일리지 활용하기

>> 자주 해외여행을 여행을 다녔거나 항공사 제휴카드가 있다면 마일리지를 활용해보자. 항공사 마일리지 제도는 본인뿐만 아니라 직계 가족도 사용할 수 있고, 성수기를 제외하고는 시간이나 날짜에 상관없이 좌석만 남아있으면 예약이 가능하다. 더군다나 김포-하네

▶ 항공사의 마일리지 카드

다, 인천-나리타 간 모두 같은 마일리지 차감으로 다녀올 수 있어 선택의 폭이 넓다는 장점이 있다. 마일리지의 사용은 전화나 인터넷으로 예약이 가능하며 예약 후 출국 3일 정도 전까지 주요 항공사의 지점에 가서 발권하면 된다. 본인 마일리지가 아닌 가족 마일리지를 이용하고자 한다면 마일리지 본인의 동의서와 본인의 신분증을 발권 시 지참해야 한다. 단 마일리지 사용 시 공항세를 비롯한 세금은 현금이나 신용카드로 결제해야 한다. 발권한 이후에는 돈을 지불하고 구입한 항공권과 동일한 혜택을 받으며, 예약을 취소하거나 다른 날짜로 옮기는 것, 심지어 노선을 바꾸는 것도 별도의 추가 비용 없이 얼마든지 가능하다. 이러한 변경 작업은 항공사 콜센터를 통해서도 가능한데 대부분 전자 티켓을 이용하고 이를 확인하는 증명서 정도만 발권 시 지급하기 때문이다. 한 가지 주의할 것은 발권 기준이

아시아나항공 마일리지 공제표 (왕복 기준)

구분	트래블 클래스 (일반석)		비즈니스 클래스		퍼스트 클래스	
	변경 전	현행	변경 전	현행	변경 전	현행
국내선	10,000	10,000				
한일/동북아	35,000	30,000	45,000	45,000	65,000	60,000
동남아	45,000	40,000	50,000	60,000	80,000	80,000
서남아	50,000	50,000	75,000	75,000	100,000	100,000
미주·대양주	68,000	70,000	100,000	105,000	135,000	140,000
유럽	68,000	70,000	100,000	105,000	135,000	140,000
한국 경유 여행						
일본 - 동북아	45,000		50,000			90,000
일본/동북아 - 동남아	55,000		70,000			100,000
일본/동북아 - 서남아	90,000		80,000			110,000
일본/동북아 - 미주·대양주	75,000		110,000			150,000
일본/동북아 - 유럽	75,000		110,000			150,000
동남아 - 유럽	95,000		125,000			170,000
동남아 - 서남아	70,000		105,000			140,000
동남아 - 미주/대양주	85,000		125,000			170,000
서남아 - 미주/대양주	95,000		140,000			190,000
대양주 - 미주	105,000		160,000			210,000
대양주 - 유럽	105,000		160,000			210,000

▶ 한 항공사 사이트의 마일리지 공제표

마일리지 이용객은 순위 뒤에 있다는 점이다. 이 때문에 사실 좌석이 있어도 충분치 않으면 발권이 안 될 수 있으며 성수기에 마일리지를 이용할 경우 50% 정도의 마일리지를 추가 공제하므로 불리한 점도 있다. 그외 항공사별로 동맹체가 있는데 스타얼라인스나 스카이팀과 같은 것이 바로 항공사 동맹체이다. 아시아나는 스타얼라인스에, 대한항공은 스카이팀에 등록돼 있는데 이를 이용시 다른 항공사라도 같은 동맹체에 가입된 경우 마일리지를 적립할 수 있다. 일본으로 가는 경유비행기 중에는 노스웨스트와 같은 항공사도 있는데 이를 이용할 때 스카이팀에 포함돼 있어 대한항공 마일리지 적립이 가능하다.

○ 스타얼라이언스 소속

- 아시아나항공(한국)
- 전일본공수(일본)
- 싱가포르항공(싱가포르)
- 타이항공(태국)
- 에어캐나다(캐나다)
- 유나이티드에어라인(미국)
- 멕시카나항공(멕시코)
- 바리그(브라질)
- 스팬에어(스페인)
- 스칸디나비아항공

(덴마크, 스웨덴, 노르웨이 3개국 공동 국적)

- 브리티시미드랜드(영국)
- 루프트한자(독일)
- 에어뉴질랜드(뉴질랜드)
- 오스트리안에어라인그룹

(오스트리아; 오스트리안에어라인, 라우다항공, 티롤리안에어웨이즈)

○ 스카이팀 소속

- 대한항공(한국)
- 델타항공(미국)
- 아에로멕시코(멕시코)
- 에어프랑스(프랑스)
- 알리탈리아(이탈리아)
- 체코항공(체코)

Tip 주요 항공사 홈페이지

- 대한항공 : http://www.koreanair.co.kr
- 아시아나항공 : http://flyasiana.com
- 일본항공 : http://www.jal.co.kr/ko
- 전일본공수 : http://www.anaskyweb.com/kr/k
- 유나이티드항공 : http://www.kr.united.com/kr
- 노스웨스트항공 : http://www.nwa.com/kr/kr

1-8 내게 맞는 여행 계획 짜기

빡빡한 일정 vs 느슨한 일정

>> 인상적인 도쿄 여행의 성패는 계획을 제대로 짜느냐에 따라 달려 있다. 출국부터 귀국까지 어느 곳에 갈지만 계획할 것이 아니라 어디를 가고 무엇을 먹을 지까지 고려해야 여행 경비와 시간을 낭비하지 않고 알차게 다녀올 수 있다. 계획 없이 오늘은 어디 가고 내일은 어디 가고 정도의 계획만으로는 한 곳도 제대로 보기 어려운 게 여행이다. 그렇다고 무리한 계획을 세워 욕심을 내는 것도 좋은 여행이 되기는 어렵다. 3박 4일 동안 아무리 강행군해도 도쿄의 주요 관광지조차 모두 섭렵하기란 불가능하다.

우선 여행할 장소를 스케치하자. 하루에 볼 수 있는 여행지는 지하철역으로 두 군데 정도가 적당하다. 물론 관광지에 따라 서너 곳도 가능하지만, 서너 곳 전부를 모두 보기는 어렵다. 대부분의 관광지는 쇼핑몰이 많은 신주쿠나 하라주쿠와 같이 관심이 많은 지역 한두 곳 정도만 마지막 날 쇼핑이나 아쉬움을 채우기 위해 추가 방문하는 것이 적당하며 나머지 장소는 한 번 정도만 가는 것이 적당하다. 특히, 오다이바와 같은 곳은 사실 하루 종일 봐도 다 보기 어려울 정도로 볼거리가 가득한 관광지라 일정 조절이 필요하다.

▶ 복잡하게 얽힌 신주쿠의 길

▶ 하루에 다 보기 힘든 오다이바

2일 정도의 무리한 일정은 젊은 사람이라면 어느 정도 가능하지만 그 이상의 일정이라면 쉬 지쳐서 일정 후반의 계획들에 차질을 줄 수 있다. 1박 3일의 밤도깨비 여행이라면 하루에 3곳 정도의 일정도 소화할 수 있으며, 휴가철 같은 3박 4일의 일정은 하루에 두 곳 정도의 스케줄을 짜는 것이 바람직하다. 여행 동선은 날짜와 체력 등을 감안해 2~3개의 지역을 묶되, 묶을 때는 주변 지역의 여행지를 하나로 묶는 것이 교통비와 피로를 줄일 수 있는 방법이다.

> **Tip** 거리나 위치 등의 특징으로 묶을 만한 적당한 여행지
>
> | | |
> |---|---|
> | ○ 하라주쿠 – 시부야 | ○ 긴자 – 오다이바 |
> | ○ 아사쿠사 – 오다이바 | ○ 우에노 – 이케부크로 |
> | ○ 아사쿠사 – 우에노 | ○ 이케부크로 – 신주쿠 |
> | ○ 우에노 – 긴자 | |

여행 일정을 잡을 때는 다양한 재미를 느낄 수 있도록 전통적인 곳과 현대적인 곳을 골고루 체험하는 것이 좋다. 또한 JR 야마노테센이 아닌 다른 지역으로 이동할 경우 전철이 아닌 다른 교통수단을 이용해보는 것도 여행의 쏠쏠한 재미를 느낄 수 있다. 아사쿠사의 경우 도쿄 여행의 필수 코스이지만 JR 야마노테센과 연결되지 않는다. 배편을 이용해도 재미있다. 가령 신바시나 오다이바에서 유람선을 타고 갈 수 있기 때문에 색다른 도쿄 여행의 묘미를 즐길 수 있다.

▶ 아사쿠사 – 오다이바를 오가는 히미코

▶ 유료공원은 대부분 오후 4시에 문을 닫는다.

▶ 지도에 여행할 곳을 미리 체크해두자.

또한 일정을 짜면서 방문하고자 하는 관광지 개점 및 폐점 시간, 운휴일 등을 미리 알아봐야 하며, 순조롭게 갈 수 있다면 아침 일찍 식사를 마치고 9시 이후에 출발하면 된다. 참고로 유료로 운영되는 공원은 다른 곳보다 일찍 폐점하여 오후 4시면 폐점을 알리므로 시간을 충분히 고려한 후 오전과 오후, 그리고 저녁시간대에 방문할 곳들을 선택하자.

방문지에 따른 보다 자세한 동선도 필요하다. 이곳저곳 모두 가고 싶다고 해도 모두 갈 수 있는 것도 아니고, 처음 방문하는 곳은 지도상의 위치가 잘 표시되어 있다 해도 헤맬 수 있다. 그러므로 여행 동선은 지도를 보고 갈 곳을 미리 표기해두거나 예상 이동 경로를 표시해두면 편리하다.(일본 지도 검색 – www.mapion.co.jp)

Tip **도쿄 여행은 언제가 좋을까?**

비용적인 부분을 제외하고 도쿄 여행을 갔을 때 보다 많은 볼거리와 쾌적한 환경을 얻을 수 있는 시기가 있다. 도쿄의 화려한 벚꽃축제를 맞추어 가거나 여름에 벌어지는 불꽃놀이, 그리고 각종 축제일에 맞추어 가면 같은 비용으로 더 많은 즐거움을 얻을 수 있다. 벚꽃놀이를 보고자 한다면 3월 초부터 2주 정도의 기간이 가장 멋진 광경을 볼 수 있으며, 불꽃놀이는 7월 말에서 8월 초에 열린다.

○ 벚꽃놀이 명소
 – 우에노공원(JR 우에노역). 신주쿠교엔(JR 신주쿠역)
 – 스미다교엔(도쿄 메드로 긴자센 아사쿠사역)

○ 대표적인 불꽃놀이 행사
 – 스미다가와(도쿄 메트로 긴자센 아사쿠사역) – 7월 마지막 주 주말
 – 에도가와(JR 소부센 에도가와역) – 8월 초

Tip 아기 엄마들을 위한 아기용품 천국 – 아까짱혼포(アカチャンホンポ)

인터넷을 서핑하다 보면 값비싼 아기, 산모용품 때문에 고민하다가 일본 아까짱혼포에 대한 정보를 구하려는 아기 엄마들의 질문을 자주 볼 수 있다. 일본의 유아용품은 한국과 같은 제품임에도 절반 값에 불과한 것들이 많이 여행 삼아 다녀와도 경비가 빠진다는 말도 있다.

아까짱혼포는 건물 전체가 온통 산모, 유아용품, 장난감 등으로 채워진 곳으로 엄마들이 선호하는 Goon 기저귀에서부터 아프리카 유모차 등의 제품들을 파격적인 가격에 구입할 수 있다. 또한 간단한 회원 가입(외국인도 가능)으로 포인트 카드를 만들어 적립금을 활용하면 할인 혜택도 누릴 수 있고 매월 16일, 25일, 26일을 혼뽀데이로 지정하여 이때에는 포인트 적립을 3배까지 해주므로 날짜를 맞춰 가면 좀 더 유익한 쇼핑을 즐길 수 있다. 오사카는 물론, 도쿄 9개소에 아까짱혼포 매장이 있으며 JR 야마노테센 주변의 도쿄 중심가에는 2개의 지점이 있다.

▶ 아까짱혼포의 간판

▶ 매장의 다양한 아이용 식품들

▶ 아까짱혼포 포인트 카드

○ **아까짱혼포 킨시쵸점**
- 위치 : 신주쿠에서 JR 소부센(노란색)을 타고 킨시쵸(錦絲町) 역에서 내린 후 북쪽 출구 왼쪽 편으로 도보 1분
- 영업 시간 : 10:00~21:00

○ **아까짱혼포 TOC점**
- 위치 : JR 야마노테센 고탄다(五反田)역에서 도보 10분
- 영업 시간 : 10:00~18:00, 토·일 10:00~19:00

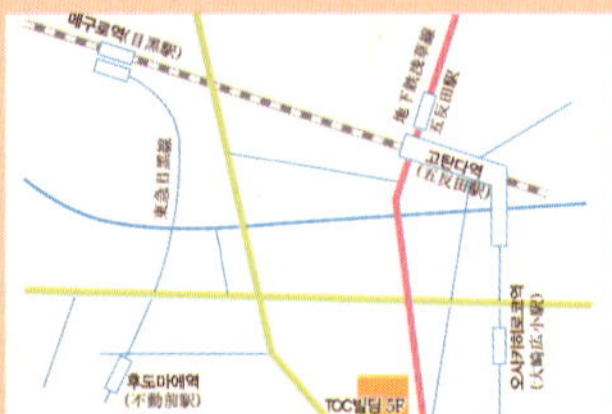

▶ 아까짱혼포 TOC점

▶ 아까짱혼포 킨시쵸점

02 준비 | **Preparation**

Departure Preparation

출국 준비

2-1 여권 준비하기

새 여권 만들기

>> 해외에 처음 나가는 여행자라면 여권부터 만들어야 한다. 여행자에게 여권은 신분증과 같아서 항공권, 호텔, 면세점 이용 등에 반드시 필요하다. 새 여권을 만들려면 도쿄 여행을 계획하기 한두 달 전에 신청하여 준비하고, 혹시 이전에 가지고 있던 여권

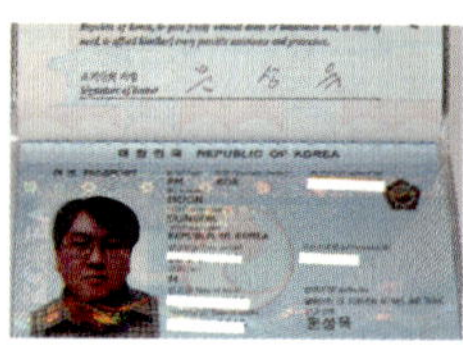

▶ 신형 여권

의 유효기간이 6개월 미만인 경우에도 때에 따라 새 여권으로 갱신해두어야 한다.

여권의 종류는 여러 가지가 있지만, 여행자는 일반 여권으로 충분하다. 일반 여권은 유효기간에 따라 10년짜리와 5년짜리가 있다. 유효기간이 긴 10년짜리 여권은 발급 비용이 55,000원이며, 5년짜리는 47,000원이다. 만약 여행자의 연령이 어리다면 커서 얼굴이 변할 수 있기 때문에 10년짜리보다는 5년짜리가 적합하다.

여권 발급에 관한 사항은 해당 구청 홈페이지의 여권 민원이나 구청 여권과를 직접 방문하여 관련 사항들을 알아보고 신청할 수 있다.

○ 여권 발급에 필요한 서류
- 여권 신청서 1장
- 주민등록등본 1부(최근 3개월 내 발급)
- 신분증(주민등록증, 운전면허증)
- 사진 2매(6개월 이내 촬영한 여권용 사진)

▶ 외교통상부 홈페이지에서도 다운 받을 수 있는 여권 신청서

참고로 여권을 만들 때 기재하는 영문 이름은 자신이 사용하는 신용카드 영문 이름과 동일하게 적는 것이 좋다. 매우 드문 경우지만 해외에서 신용카드를 사용할 때 여권을

확인하는 일이 있어서 이때 영문 이름이 서로 다르면 곤란할 수도 있기 때문이다. 각 구청의 여권과에는 영문 이름을 사용하도록 예시한 영문표가 있지만 예시된 영문 표기가 실제와는 다른 경우도 있고, 예시된 영문명으로 반드시 써야 할 규제 사항도 없다.

또한 신청자가 미성년자일 때는 부모의 여권발급동의서와 동의한 이의 인감증명서가 필요하다.(부 또는 모가 신청할 때는 면제)

여권 유효기간이 얼마 남지 않은 경우 입국이 거부될 수 있다. 이 때문에 유효기간이 얼마 남지 않았다면 재발급이 가능한데 유효기간이 1년 이내면 재발급을 신청할 수 있다.

도쿄 여행은 무비자

>> 일본은 2006년 3월 이후부터 한국인에 대한 비자가 면제되면서 90일이 단기간 여행에는 비지기 필요 없게 되었다. 물론 돌아오는 항공권이 없거나 일본 내 거주지가 불확실하고 어느 정도의 여행 경비 없이 일본에 입국할 때는 거부될 수도 있다. 일반적으로 일본의 무비자 조건은 6개월 이상의 여권 유효기간과 90일 이내 체류, 관광 목적 등에 한해서이다. 다른 이유로 일본 비자가 필요할 때에는 일본대사관에서 신청하며, 3일 정도의 기간 후에 발급된다.

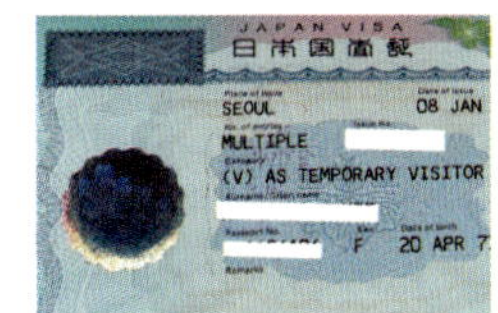

▶ 무비자 시행 이전의 일본 비자

● 비자(VISA)란 무엇일까?

비자는 여행하고자 하는 나라에서 발급해주는 일종의 입국 허가증이다. 여행 시 비자가 필요힌 나라는 어행자의 여권과 항공권, 입국에 필요한 서류와 인터뷰 등을 통해 입국 가능 여부를 판별하여 방문 목적에 따른 비자를 발행한다. 비자에는 1회 방문만 허용한 단수 비자와 정해진 유효기간 안에 자유롭게 드나들 수 있는 복수 비자가 있으며, 체류 기간이나 방문 목적에 따라 비자의 종류가 나뉜다.

2-2 짐 꾸리기

>> 짧은 여행을 할 때 가지고 갈 짐이 적을수록 몸과 마음의 부담을 줄일 수 있다. 그렇다고 과다한 짐은 아니더라도 어느 정도의 필수 짐은 필요하다. 짧은 도쿄 여행은 흔히 호텔 등의 숙박지에 큰 짐을 풀어 놓고 필수 소지품만 갖고 다니기 때문에 간단한 여벌의 옷과 비상 구급약, 카메라 등 필요한 짐만 챙겨가는 것이 좋다.

일본의 날씨는 한국과 어느 정도 비슷하지만, 여름만큼은 한국보다 더 덥고 습한 편이다. 여름에 많이 걸어야 할 여행자에게는 갈아입을 가벼운 여벌의 옷이 필요하다. 특히 자외선 지수가 매우 높기 때문에 자외선 차단제 등도 필요하다. 또한 습하고 더운 날씨 탓에 여름의 도쿄는 어딜 가도 에어컨을 틀어놓지 않는 곳이 없다. 이 때문에 에어컨 추위를 많이 타는 사람이라면 여름 감기에 걸리기 쉬우므로, 가볍게 걸칠 수 있는 긴 팔 옷도 필요하다. 반면, 겨울 날씨는 그렇게 춥지 않기 때문에 아주 두꺼운 외투까지는 필요가 없다.

일본의 호텔은 대부분 잠옷 대용으로 입을 수 있는 유타카를 제공하므로 별도의 잠옷은 필요하지 않다. 아울러 짧은 여행이라 해도 도보로 이동하는 일이 많은 도쿄 여행은 구두나 슬리퍼보다는 평상시 즐겨 신는 편한 신발이나 운동화가 적합하다.

날짜에 따라 다르지만 해외여행인 만큼 이것저것 챙길 것이 많은 것이 사실이다. 체류하는 날짜가 길면 길수록 짐은 그만큼 많아지게 마련이다. 이 때문에 가방은 충분히 큰 것을 준비하되 하나가 아닌 3가지 정도를 가지고 가는 것이 적당하다. 짐은 대부분 호텔에 놓고 돌아다니기 때문에 옷가지 등을 챙길 캐리어 형태의 가방과 빨랫감이나 기타 잡다한 물건 등을 담아올 만한 배낭을 준비하는 것이 좋다. 갈 때보다 올 때는 선물 등으로 짐이 늘어나기 때문에 빈 배낭을 캐리어 등에 넣어가지고 가면 여러모로 쓸모가 많다. 또한 지갑이나 여권, 물 등을 가볍게 담아가지고 다닐 수 있는 작은 숄더백도 필요하다. 숄더백은 최소한의 물품만을 가지고 다닐 수 있는 작은 것으로 가지고 다녀야 그만큼의 피로감을 줄일 수 있다. 일본뿐만 아니라 다른 해외여행도 마찬가지겠지만 기내에 짐을 수납하지 않으면 짐을 찾는데 시간이 허비되기 마련이다. 여행에서 시간은 돈이나 마찬가지이기에 조금 불편하더라도 기내에 수납할 수 있는 크기의 캐리어를 가지고 가는 것이 좋다.

휴대폰은 가지고 가도 상관이 없으며 일본 내에서는 캐리어에 넣어두면 그만이다. 일부 알람시계 대용으로 사용하려는 사람도 있는데 휴대폰의 시간은 통신사의 전파에 의해 설정되는 것이기에 일본에서는 무용지물이다. 로밍 서비스를 사용하는 경우 로밍이 지원되는 글로벌 폰이나 WCDMA를 지원하지 않으면 대부분 통신사에서 제공하는 휴대폰을 사용한다. 비행기에 칼이나 라이터 등은 가지고 탈 수 없고, 열쇠고리 등에서 불필요한 내용물은 분리해둔다. 또한 지갑에서 불필요한 카드나 휴대품도 모두 빼놓는다.

 ○ 여행을 떠나기 전 집안 점검 사항들

집에서 아침 일찍 급하게 공항으로 나서다 보면 꼭 필요한 것들을 빠트리고 그냥 나와 여행의 설렘을 반감시키는 일이 종종 생긴다. 이를 미리 체크하여 여행 전의 근심은 없애버리도록 하자.

– 집안 점검 사항

가스밸브 잠그기, 불필요한 전원 플러그 빼놓기, 애완동물, 창문, 대문, 현관문 단속, 가족이나 친지에게 현지 숙소 등 연락처 남겨 놓기

– 출발 전 준비물 점검 사항

여권, 항공권, 호텔 바우쳐, 비상금(한국 돈과 일본 돈, 신용카드 등) 카메라 메모리와 여분의 배터리 등

– 비상 의약품(파스나 소염 진통제, 연고, 밴드, 배탈약, 두통약, 종합 감기약)

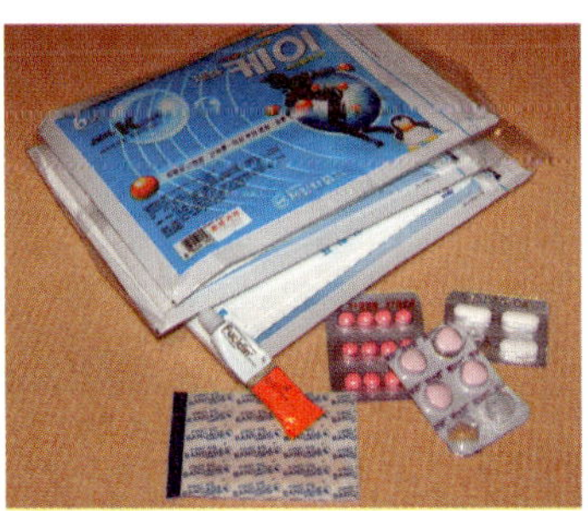

▶ 파스와 각종 상비약은 필수품

 편의점 같은 일본의 약국

일본의 약국은 우리나라의 약국 같지 않아 의외로 약을 사기가 어렵다. 일본의 약국은 마치 편의점에 가깝다. 의약품은 물론이고 간단한 생필품이나 화장품까지 판매하고 있다. 일본에서 가장 쉽게 만날 수 있는 약국은 역 주변에서 쉽게 볼 수 있는 약국 체인인 마츠모토 키요시이다.

▶ 일본의 대표적인 약국 마츠모토 키요시

2-3 추가로 준비할 것들

도쿄 여행의 필수품 - 지도와 전철 노선표

>> 도쿄 여행은 대부분 전철이나 지하철을 이용하므로 튼튼한 두 다리에 모든 것이 달렸다. 초행길에 헤매기 쉽기 때문에 반드시 잘 안내된 지도를 바탕으로 한 사전 여행 계획이 필요하다. 어느 날 어느 곳에 가서 무엇을 볼지를 정하는 것은 물론이고 같은 지역에서도 보려는 곳들과의 동선을 고려해 순서를 정해야 한다. 물론 이런 기준을 잡기 위해서는 반드시 지도와 전철 노선도가 필요하다.

▶ 지역별로 지도와 관광지가 소개된 책자

▶ A4용지 크기의 커다란 지역별 지도

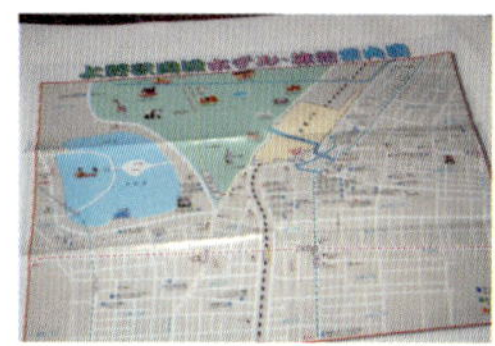

▶ 우에노의 관광지만 엄선한 관광 지도

Tip 한국에서 미리 구입하는 지브리미술관 티켓

지브리미술관에 가려면 반드시 입장권을 미리 구해야 한다. 지브리미술관 입장권은 일본에서 구입이 가능하지만 일본어를 모른다면 구입하기가 쉽지 않다. 한국에는 판매를 대행하는 업체가 있으므로 이를 통해서 미리 표를 예약하는 것이 가능하다. 예약을 할 때 날짜는 물론 시간까지 미리 정해야 하는데 지브리미술관은 하루 4회로 입장을 제한하고 있다. 이 때문에 사전에 예약을 하지 않으면 방문이 불가능하다. 일본 현지에서 입장권을 구입하고자 할 경우에도 미술관에서는 입장권을 판매하지 않으며 티켓 판매처인 편의점 로손(lawson)에 있는 단말기로 구입이 가능하다.

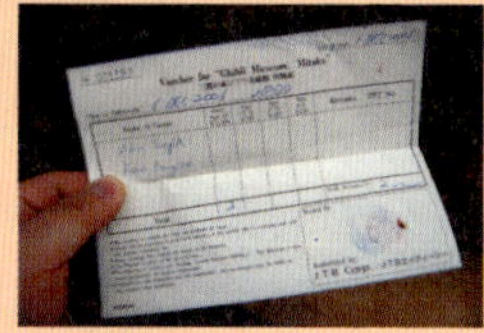

▶ 입장권과 교환이 가능한 티켓

한국에서 입장권을 구입하고자 할 때는 현재 달에서 4개월 내의 입장권까지 예약이 가능하다. 다만 1인당 6매로 구입 매수가 제한되어 있다. 구입한 입장권은 미술관에서 입장권이 아닌 입장권과 교환할 수 있는 티켓으로 바꾸어준다. 미리 구입한 바우처에는 이름과 여권 번호를 기입해야 한다. (☞ 본문 305쪽 참조)

○ 티켓 가격
- 성인 : 11,000원   - 13~18세 : 8,000원
- 7~12세 : 5,000원   - 4~6세 : 1,000원

○ 한국 내 지브리미술관 티켓 판매처 www.hiktb.co.kr

아주 상세히 나온 지도를 원한다면 서점 등에서 구입이 가능하다. 하지만 최근에 만들어진 지도가 아닌 이상 지도는 한계가 있기 마련이다. 그러므로 도쿄도청 등에서 관광용으로 만들어 무료로 나눠주는 지도나 이 책에 수록된 지도를 사용하는 것이 좋다. 도쿄도청에서 제공하는 지도는 여행사에서 상품을 예약할 때 제공되며 또한 하네다나 나리타공항에서 쉽게 구할 수 있다. 또한 신주쿠에 있는 도쿄도청 내의 관광 안내소에서도 구할 수 있다.

▶ 역마다 표시된 노선도

지도의 형태는 도쿄의 중심지가 모두 한 장에 나온 지도와 지역별로 간단한 지도와 관광명소가 소개된 두 가지가 대표적이다. 두 개 모두 있으면 좋고, 둘 중 하나를 선택한다면 전체가 나온 지도보다는 책자 형태의 지역별 지도가 보다 편리하다. 지도 위에 가고자 하는 위치를 표시해 놓고 장기 여행을 할 경우에는 지도가 떨어져 너덜거릴 수도 있으므로 한 권이 아닌 여러 권이 필요할 수도 있다.

도쿄는 다른 어떤 나라보다 전철과 지하철 노선이 복잡하다. 더구나 지하철을 바꿔 타더라도 요금을 별도로 정산하거나 심지어 내렸다 다시 타는 경우도 있다. 이 때문에 도쿄 여행에 있어 전철과 지하철 노선표는 필수품이다. 하지만 워낙 지하철 노선이 복잡하기 때문에 너무 작은 노선도는 불편하다. 또한 일본어로만 표기된 노선도가 많은데 이보다는 영문이나 한글과 일본어가 함께 표기된 노선노를 사용하는 것이 좋다. 아무리 한글로 안내가 잘되어 있는 일본의 지하철이라도 지하철 역사 내의 노선도는 대부분 일본어만 표기되어 있거나 별도의 영문 노선도가 있을 때가 많다. 또한 협소한 역사나 사설 지하철의 경우 일본어만 표기된 복잡한 노선만 있는 경우가 많다. 이 때문에 한글이나 영어로 표기되어 있어도 비교해 볼 수 있는 일본어 표기가 필요하다.

미리 알아보는 도쿄의 날씨

>> 도쿄 여행일자가 이미 정해져 있다면 어쩔 수 없지만 도쿄의 날씨가 좋지 않으면 여행 일정도 다시 점검해야 한다. 특히 비가 많이 내리는 날은 자유롭게 여행하는데 많은 지장을 주기 때문이다.

도쿄의 날씨를 알아볼 수 있는 대표적인 곳이 일본 기상청 웹사이트이다. 물론 일본어로만 나오지만 실시간으로 웹 번역 사이트를 이용하면 쉽게 이용할 수 있다. 그 외 일본의 주요 도시별로 주간 기상 정보를 제공해주는 국내 사이트를 이용하면 여행하는데 많은 참고가 된다.

○ www.jma.go.jp/jp/week/319.html : 도쿄 1주일 예보(일본어)
○ www.630.co.kr : 일본 주요 도시의 날씨 예보(한국어)
○ www.weathernews.jp : Weathernews(일본어)

환전 노하우

>> 여행에서 빠트릴 수 없는 것이 환전인데, 엔화로 바꾸기 위해 은행을 직접 방문하거나 공항의 환전소를 이용하는 경우가 많다. 대부분 환전 비용이 얼마나 차이나는지 따지지 않고 환전을 한다. 그러나, 적절한 환율 타이밍을 알고 환전하면 한 푼이라도 더 큰 차익을 얻을

▶ 공항 환전소

수 있다. 먼저 환전의 기준은 환율인데, 같은 날 같은 시간이라도 시중 은행의 환율과 공항 환전소의 환율은 다르다. 시중 은행보다 공항에서 적용하는 환율이 불리하기 때문에 가급적 미리 주거래 은행이나 시중 은행 중에서도 50~70%의 우대 환율을 적용해주는 곳에서 환전하는 것이 좋다. 만약 은행에 가기가 번거롭다면 인터넷뱅킹을 통해 환전한 후 공항 환전소에서 찾을 수 있는 서비스를 이용하는 것도 유리하다.

▶ 1,000엔

▶ 5,000엔

▶ 10,000엔

▶100엔

▶ 10엔

▶ 1엔

참고로 은행에서의 환전은 지폐만 가능하며 원하는 액면권으로 나누어 환전할 수 있다. 고액권으로 환전하기 보다는 소액 지폐 등으로 나누어 환전하는 것이 현지에서의 이용에 편리하다.

아울러 신용카드는 해외에서 사용 가능한 신용카드라야 한다. VISA나 Master 카드가 가장 적당하고 일본에서 많이 사용되는 JCB 카드도 쓸 수 있지만 국내에는 그리 흔치 않다. 해외에서 사용 가능한 카드는 상단에 INTERNATIONAL 표기가 되어 있다. 간혹 해외에서의 카드 사용으로 인한 사고를 방지하기 위해 해외 사용이 가능한 신용카드임에도 이러한 기능을 정지시킨 경우도 있는데 카드사를 통해 이를 미리 확인해 볼 필요도 있다. 그리고 해외에서 사용한 신용카드는 일시불 결제만 가능하지만 국내에 돌아와서는 이를 다시 할부로 전환할 수 있으니 카드사 홈페이지 등을 참고하기 바란다.

▶ 해외에서 사용할 수 있는 신용카드

Tip 도요타 쇼룸 E-COM Rider 시승에 필요한 국제 운전면허증

오나이바 노요타 쇼룸에는 노요타 승용자를 시운선해 몰 수 있는 E-COM Rider가 있다. 시운전을 해보려면 운전면허증이 필요한데 한국인이라면 국제운전면허가 필요하다. 국제운전면허증은 운전면허증만 있으면 국내의 각 운전면허시험장에서 발급이 가능하며 1년 동안 유효한 면허증을 받을 수 있다. (☞ 본문 153쪽 참조)

구비서류 : 운전면허증, 여권, 여권용 컬러 사진 1매
수수료 : 5,000원

Tip 현지 호텔에서 노트북PC를 사용하려면?

도쿄의 호텔 중에는 인터넷 시설이 비교적 잘 구비된 곳이 있다. 대부분 LAN 케이블을 꽂아서 사용할 수 있도록 되어 있는데 노트북과 유선으로 연결하기 위해서는 UTP 케이블이 필요하다. 물론 호텔에서 UTP 케이블을 유료로 임대해주는 곳도 있지만, 무료로 사용하려면 한국에서 준비해 가거나 주변의 요도바시 카메라나 빅 카메라 등에서 구입해도 된다. 노트북 PC를 가지고 가면 짐이 될 수도 있지만 필요한 정보를 쉽게 찾을 수 있고, SKYPE 등을 이용하여 국제전화를 저렴하게 쓸 수 있는 장점도 있다.

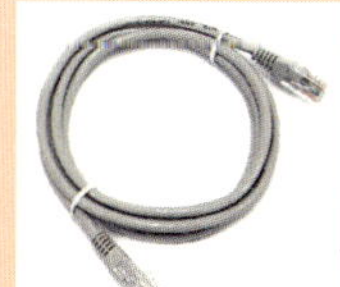

Tip 체크 리스트와 탑승 전의 할 일

인천국제공항은 여유 있게 3시간 전에 도착하는 것이 좋으나 최소한 비행기 출발 2시간 전까지 도착해도 무리 없이 탑승수속을 마칠 수 있다. 가장 중요한 것은 집에서 공항으로 가는 것이 아니라 얼마나 꼼꼼히 짐을 챙겨 가느냐이다. 아래의 표를 통해 준비물을 챙겼는지 한 번 더 살펴보자.

◉ 준비물 체크 리스트

		준비물	확인(v)
여권	여권 기간은 6개월 이상으로 충분한가?		
항공권	비행기표 날짜와 시간은 확인했는가?		
여비	계획한 예산에 따른 경비는 충분히 환전하였나? 비상용 신용카드(VISA 혹은 Master)는 챙겼는가?		
겉옷	여행지 기상과 그에 대비한 옷은 충분한가?		
속옷	갈아입을 여분의 속옷과 양말은 챙겼는가?		
가방	간이용 여행배낭이나 허리춤에 차는 전대는 챙겼는가?		
여권	여권 분실에 대비하여 여권용 사진 2매는 준비했는가?		
서류 사본	여권과 비자 사본, 그리고 항공권 사본은 따로 챙겼는가?		
카메라	카메라 및 여분의 배터리와 메모리카드 등은 충분한가?		
세면도구	호텔에 구비되지 않은 개인 세면도구는?		
휴대폰	여분 배터리 준비와 로밍서비스 신청은 끝났는가?		
필기도구	간단한 기록용 필기도구는?		
비상약	지사제, 진통제, 일회용 밴드, 파스 등의 비상용 구급약은?		
화장품	스킨, 로션, 선크림 등은 준비했나?		
기타	더운 여름이라면 선글라스나 모자도 준비하는 것이 좋다. 여행사에서 나눠준 지도나 지하철 노선도 등도 가져가면 큰 도움이 된다.		

모든 준비물 점검이 끝났다면 공항에서 도착한 후에 탑승 전까지의 일련의 과정을 수행해야 한다.

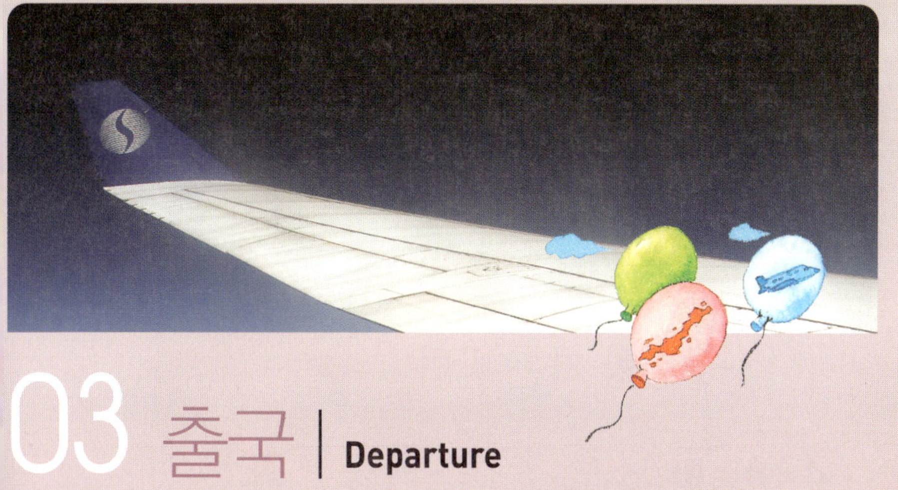

03 출국 | **Departure**

Departure >>>>>>>

출국

3-1 공항 가는 방법

공항버스 이용하기

>> 도쿄 여행은 다른 나라의 여행과 달리 간혹 김포공항을 이용하게 될 수도 있다. 김포공항에서 출발하는 도쿄행 비행기는 대부분 하네다공항으로 가며, 이 경우 인천공항으로 가는 것보다 대중 교통비를 절약할 수 있는 장점이 있다. 김포공항은 공항버스와 지하철을 모두 이용할 수 있으며, 인천공항은 각 지역에서 출발하는 공항버스는 물론, 2007년 4월에 개통한 김포공항-인천공항 사이를 운행하는 공항철도 AREX를 이용할 수 있다. 열차 요금은 3,100원이며 직통열차는 인천공항까지 28분, 일반열차는 33분이 걸린다.

공항버스는 리무진 일반버스와 리무진 고급버스가 있으며, 일반 시내버스 및 시외직행버스도 이용할 수 있다. 참고로 공항버스 요금은 국민카드와 같은 일부 신용카드로만 결제가 가능할 뿐 현금으로 지불해야 하며 공항 등의 공항버스 티켓을 구입할 수 있는 일부 지역에서만 신용카드 사용이 가능하다.

Tip 공항버스를 이용하려면

인천공항, 김포공항 리무진, 공항버스, 일반버스의 노선과 배차 시간을 확인하려면 아래의 사이트를 참고하자.

http://www.resortworld.net/faq/bus1.htm

간단한 공항 이용

● 배가 고플 때

출국심사가 끝난 후 출국장에 들어서면 비행기 탑승 시간만 기다리면 된다. 너무 일찍 공항으로 나선 탓에 식사를 걸렀다면 탑승 시간에 맞게 간단한 식사를 할 수 있는 곳이 있다. 하지만 공항 내 식당들은 대부분 가격이 시중에서 파는 음식 가격보다는 비싼 편이다. 부담이 된다면 출국장에 들어가기 전이라면 패스트푸드점에서 간단히 요기를 하고 탑승한 후 나오는 기내식을 먹으면 된다. 아쉽게도 출국장 안에는 패스트푸드점이 없다. 부지런한 사람들은 집에서 간단한 김밥을 미리 준비하여 출국장 등에서 먹기도 한다.

● 환전

앞서 이야기하였지만, 공항에서의 환전은 결코 바람직하지 않다. 일반 시중은행의 환율보다 불리하므로 급한 경우가 아니라면 가급적 미리 주거래은행 등에서 저렴한 환율로 환전을 해두자. 어쩔 수 없이 급하게 공항 환전소를 이용해야 한다면 발권을 받은 후 출국장에 들어가기 전에 미리 환전하자.

● 면세점 쇼핑

구입하려는 상품에 따라 면세점 쇼핑은 저렴할 수도 있지만, 그렇지 않을 수도 있다. 면세점 상품은 인천공항 면세점이 좋은데, 하네다공항이나 나리타공항의 면세점보다 저렴하고 상품의 구색도 다양하다. 면세 상품은 시중 대리점의 상품보다는 가격이 저렴하긴 하지만, 전자제품 등은 일본 현지가 보다 비싼 편이다. 인천공항의 면세점은 출국할 때에만 쇼핑이 가능하며 입국할 때에

는 이용할 수 없다. 도쿄에 사는 지인에게 선물할 것이 아니라면 모두 가지고 나갔다가 다시 가지고 들어와야 하는 불편함이 있다. 또한 술이나 담배는 구입 수량에 제한이 있으므로 주의해야 한다.

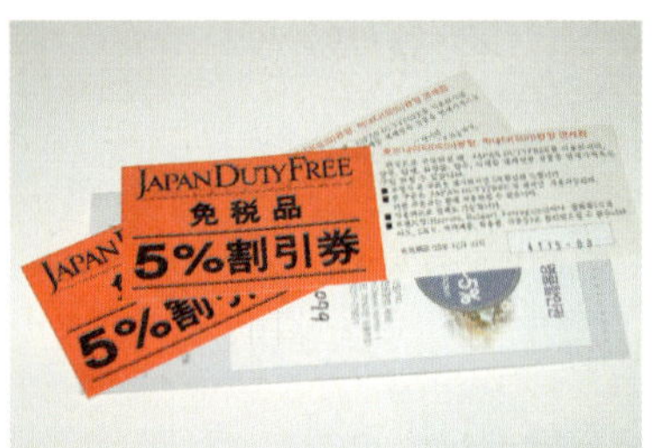

▶ 면세점 할인 쿠폰

Tip 미리 하는 국내 면세점 쇼핑

꼭 공항이 아니더라도 시내에서도 면세점을 이용할 수 있다. 대신 시내 면세점을 이용하려면 반드시 여권과 출발 날짜의 항공편을 알아야 하며, 이곳에서 구입한 물건은 바로 인수할 수 없고 공항의 면세품 인도장에서만 찾을 수 있다. 그리고 판매하는 물품도 제한이 있는데 화장품이 주류를 이루고 또한 핸드백이나 스카프와 같은 패션 소품류 등을 구입할 수 있다. 술이나 담배는 취급하지 않는다.

상품을 구입하면 면세품을 인도 받을 수 있는 영수증을 주는데 이를 공항 면세품 인도장에서 상품과 교환할 수 있다. 물론 인터넷을 통해서도 면세품을 구입할 수 있고 같은 방법으로 공항에서 영수증과 교환한다.

▶ 면세점의 멤버쉽 카드

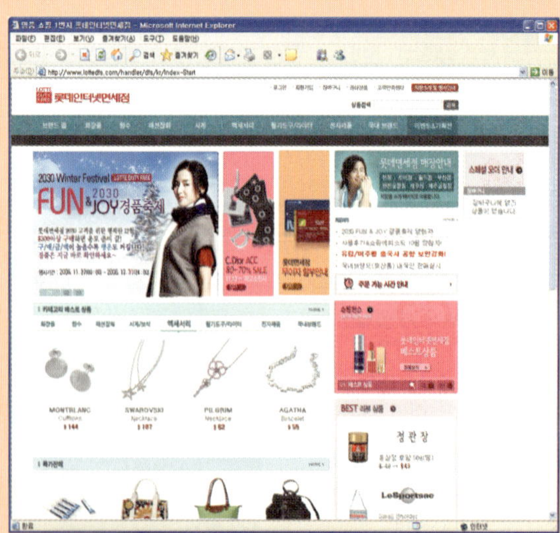

▶ 인터넷 면세점을 이용할 수도 있다.

3-2 출국 절차

탑승수속하기

>> 비행기 탑승을 위해서는 몇 가지 절차가 필요하다. 표를 미리 끊어 놓았다 해도 이것은 항공권을 바꿀 수 있는 티켓일 뿐이다. 공항에 도착하면 우선 타고 갈 항공사 카운터로 가서 티켓을 보딩패스로 교환하고 무거운 짐은 수하물로 처리해야 한다. 그리고 보딩패스를 받고나면 다시 출국장으로 들어가 보안검사와 출국심사를 받아야만 비로소 탑승수속이 끝난다. 사실 20~30분이면 끝나는 과정이지만 여행객이 많이 몰리거나 교통체증 등으로 인해 시간이 더욱 지체될 수 있으므로 충분한 여유 시간을 갖고 공항으로 이동하는 것이 좋다.

▶ 카운터의 위치

▶ 알파벳으로 표기된 항공사 카운터

▶ 전자항공권의 확인서

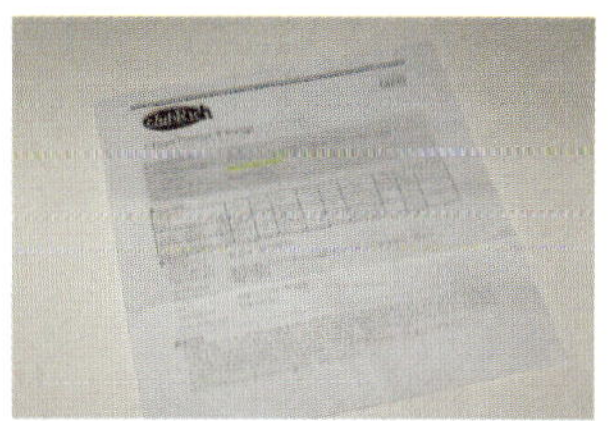

▶ 여행사에서 제공한 비행기 정보

○ 일본행 항공사의 카운터와 인천공항 연락처
- 노스웨스트항공(NW)　　H　　　　032-744-6300
- 대한항공(KE)　　　　　D, E, F　032-742-7654
- 유나이티드항공(UA)　　K　　　　032-744-6666
- 일본항공(JL)　　　　　J　　　　032-744-3601~3
- 전일본공수(NH)　　　　K　　　　032-744-3200

카운터에서 발권할 때 전자티켓은 여권이나 예약할 때 출력한 바우처만 제시하면 보딩패스를 받을 수 있지만 그렇지 않을 경우엔 비행기 표와 여권을 같이 제시해야 한다. 일찍 가서 발권할 때에는 여유 좌석이 많아 원하는 좌석을 선택할 수도 있다. 또한 보딩패스를 받을 때 짐을 비행기 화물칸에 넣어 수하물도 부칠 수 있다. 이때 나눠주는 수하물 번호가 적힌 영수증은 잘 챙기도록 하자. 혹 나중에 사고가 생길 경우 짐을 찾는데 도움이 되기 때문이다. 수하물은 무

▶ 여행사의 창구에서 보딩패스를 받고 짐을 붙인다.

게에 따라 추가 비용이 들 수도 있다. 참고로 이코노미 클래스는 20Kg까지 무료이다. 큰 짐은 기내에 가지고 들어갈 수 없으며 간단한 배낭이나 손가방에 중요한 지참물을 넣어 부칠 수하물과 구별하여 기내에 가지고 들어가면 된다.

▶ 보딩패스

항공권 발권 시 해당 항공사의 마일리지 카드가 있다면 마일리지를 적립할 수 있다. 만약 마일리지 카드가 없다면 항공사 카운터 주변의 멤버쉽 서비스를 담당하는 코너에서 바로 마일리지 카드를 발급받을 수 있으며, 탑승 후 해당 지역의 거리에 따른 마일리지를 적립할 수 있다. 보딩패스에는 영문 이름과 탑승 게이트, 그리고 좌석 번호가 적혀 있으니 잘 확인하도록 하자.

Tip 문제가 발생했어요!

① 비행기를 놓쳤다면
공항에 늦게 도착해 비행기를 놓친 경우에는 항공사나 구입한 항공권에 따라 다르다. 남은 일정의 항공편을 이용할 수 있을 수도 있고, 아니면 아예 타지 못할 수도 있다.

② 여권을 안가지고 왔거나 잃어버렸다면
여권을 가지고 오지 못하거나 잃어버리면 비행기를 탈 수 없다. 집에 놓고 와서 시간 내에 가지고 올 수 없다면 비행기 표를 다음날 이나 다른 날로 바꿔야 한다. 다만 구입한 비행기 표의 조건에 따라 교환이 안 될 수도 있다. 또한 잃어버린 경우에는 재발급을 하는데 시간이 걸리기 때문에 여행을 포기해야 할 수 있다.

③ 항공권의 이름이 여권과 다르다면
이름이 틀릴 경우 카운터에서 이름을 수정받아 재발급 받아야 한다. 다만 일정한 수수료가 들어갈 수 있다.

○ 김포공항에서 출발하기
김포공항에서 출국하는 것도 인천공항과 다를 것은 없다 단, 김포공항은 국내선이 주로 이착륙하기 때문에 국제선 청사로 가야 탑승절차를 밟을 수 있다.

① 항공사의 카운터에서 보딩패스를 받는다.

② 출국장에서 세관에 필요한 물품을 신고할 수 있다.(한국에서 가지고 가는 고가의 카메라나 노트북은 반드시 신고) 그리고 보안검사를 받는다.

③ 출국심사대에서 차례대로 출국심사를 받는다. 확인 후 여권에 출국 도장을 찍어준다.

④ 김포공항에도 면세점이 있다. 인터넷 면세점이나 시내 면세점에서 구입한 물품을 영수증을 제시하여 찾을 수 있으며 직접 쇼핑할 수도 있다.

⑤ 보딩패스에 적힌 번호의 탑승구로 이동한다.

⑥ 해당 탑승구의 좌석에 앉아 기다린 후 출발 30분 전에 탑승한다.

로밍 서비스 신청하기

>> 한국에서 사용하던 휴대전화기가 자동 로밍이 안되는 휴대폰이라면 로밍 서비스를 신청해야 한다. 로밍 서비스는 미리 신청을 할 수도 있고, 공항의 해당 통신사에서 신청할 수도 있다. 도쿄의 경우 한국과는 다른 방식이라 자동 로밍이 지원되는 휴대폰을 제외하고는 일본에서 사용할 수 없다. 그러므로 일본에서 사용 가

▶ 로밍 서비스를 이용하려면 공항의 로밍센터에서 핸드폰을 받아야 한다.

능한 휴대폰으로 바꿔 가야만 휴대폰을 사용할 수 있다. 또한 임대한 휴대폰이 보험에 가입되지 않았다면 분실 시에 단말기 요금이 청구되므로 해당 통신사의 보험 서비스를 확인한 후에 결정하자. 로밍 서비스를 전화나 인터넷으로 예약한 후 미리 택배로 받을 수도 있다. 물론 공항에서도 바로 신청하여 받을 수도 있다. 어느 통신사를 이용하든지 하루에 2,000원의 임대료가 청구되며 귀국할 때 반드시 반납해야 요금이 청구되지 않는다. 요금은 통신사에 따라 약간씩 차이가 있지만 대부분 한국으로 걸 때는 분당 600원~800원 정도며, 받는 데는 900원~2,000원 사이의 요금이 부과된다.

O 전화 거는 법(일본 – 일본)
– 지역번호 – 전화번호 → 통화
– 휴대전화 번호 → 통화

O SKT로 전화걸기(일본 → 한국)
009130010 – 82 – 상대방 전화번호(0 제외) → 통화

O KTF로 전화걸기(일본 → 한국)
'삐' 소리 날 때까지 "+" 버튼을 길게 누른 후 발신하고자 하는 전화번호를 누른다.
"+" 길게 – 82 – 상대방 전화번호(0 제외) → 통화

O LGT로 전화걸기(일본 → 한국)
003250 – 82 – 상대방 전화번호(0 제외) → 통화

● 도쿄에서 공중전화로 한국으로 전화걸기

일본의 공중전화는 국내 전용(Domestic)과 해외로 걸 수 있는 International Telephone이라고 표기된 국제용이 있다. 지폐와 동전을 모두 사용할 수 있으며 전화카드를 이용해서 전화를 걸 수도 있다. 효율적으로 사용하려면 통화 후 거스름돈이 반환되지 않는 동전이나 지폐보다는 1,000엔짜리 전화카드를 쓰는 것이 좋다.

그 외 수신자 부담(콜렉트 콜)으로 전화를 걸 수 있다. 수신자 부담 전화는 번호를 누를 필요 없이 교환원에게 한국 내 전화번호를 알려주면 확인 후 연결해준다. 또한 수신자 부담 전화는 데이콤이나 한국통신의 것을 이용해도 된다. 이는 일본의 수신자 부담과는 달리 동전을 넣고 전화를 걸 수 있는 상태를 만든 뒤 00539-821(한국통신), 00539-822(데이콤)를 누르면 사용할 수 있고, 통화 후 전화기에 넣은 동전은 반환된다.

요즘에는 도쿄의 국제전용전화기에는 한글로 사용법을 표기한 것이 많아 어렵지 않게 한국에 전화할 수 있다.

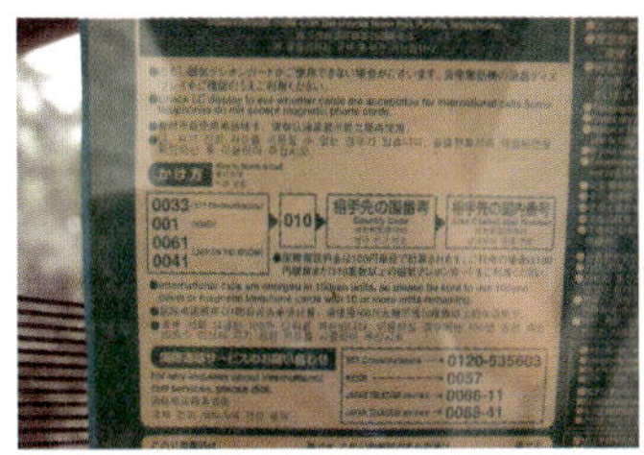

▶ 한글 사용법이 표기된 국제전용전화기

▶ 일본의 공중전화 부스

○ 국제전화 거는 법

먼저 전화카드를 구입한 후 수화기를 든 채 전화카드를 넣는다. 그리고 다음과 같이 전화번호를 누른다. 지역번호나 휴대폰 번호를 입력할 때 앞자리 0번은 빼고 입력해야 한다.

– 일반전화로 걸 때
0033(NTT) + 101 + 82 + 한국 지역번호 + 전화번호
001(KDDI)
0061
0041
ex) 02-123-456으로 전화를 건다면 001 + 101 + 82 + 2 + 123456

– 휴대전화로 걸 때
0033(NTT) + 101 + 82 + 1(10, 17, 19, 18) + 전화번호
001(KDDI)
0061
0041

▶ 공중전화카드

ex) 010-123-456으로 전화를 건다면 001 + 101 + 82 + 10 + 123456

▶ 공중전화카드 자판기

▶ 일본 국내용 공중전화기(DOMESTIC)

▶ 국제용 공중전화기(INTERNATIONAL)

출국심사와 세관신고

▶ 출국장에 들어가기 전에 한 번 더 여권과 탑승권을 확인한다.

>> 출국장 안에 들어서면 보안검색대를 통과해야 하는데, 통과 전에 미리 세관에 신고할 물품이 있다면 신고서를 작성하여 신고부터 하자. 해외로 가지고 나가는 물건이 고가의 제품이고 한국에서 구입한 것임이 증명되지 않으면 해외에서 구입한 물건으로 오인을 받아 입국 시 세금을 징수당할 수도 있다. 그러므로 고가의 노트북이나 DSLR 카메라 등은 미리 신고하고 출국하는 것이 좋다. 신고서를 작성하여 제출하면 세관원이 카메라나 노트북의 모델명과 고유번호를 적은 후 서류 한 장을 넘겨준다. 아울러 한 번 세관에 신고한 제품은 다음 출국 시에는 별도의 신고 없이 가지고 나갈 수 있다.

보안검색대는 공항의 보안 상황에 따라 다르긴 하지만 주머니에 있는 소지품까지 모두 꺼내놓고 검색을 받는다.

▶ 세관 신고대

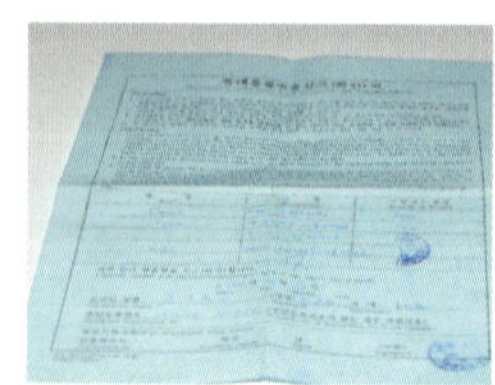

▶ 세관신고서

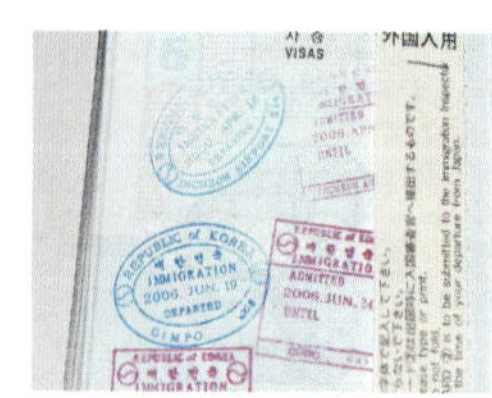

▶ 입국과 출국 시 스탬프를 찍어준다.

출국심사대는 외국인용과 내국인용으로 구분되어 있으며, 내국인 심사대에서 차례대로 출국심사를 받으면 된다. 출국심사를 받을 때는 여권과 보딩패스를 보여주면 된다.

비행기 탑승하기

>> 탑승할 때에는 안내방송이 나온 후 비즈니스 클래스 승객이 먼저 탑승한 후에 이코노미 클래스의 장애인과 어린이 동반자를 먼저 입장시키고 나머지 승객들이 타게 된다. 탑승 시에는 보딩패스를 제시한 후 좌석이 표시된 영수증 부분만을 돌려받는다.

▶ 출국장에 설치된 무빙워크

▶ 출국장 내에 별도로 마련된 흡연실

▶ 출발 상황을 표시하는 안내

▶ 출발 30분전까지 탑승구는 닫혀있다.

▶ 탑승구와 연결된 비행기

▶ 돌려받은 보딩패스로 좌석을 확인할 수 있다.

▶ 기내에서의 짐은 좌석 윗칸에 넣는다.

3-3 기내에서

>> 기내에 들어간 후에 자주 꺼낼 가벼운 짐은 좌석 밑에, 무거운 짐이라면 좌석 상단의 짐칸에 넣으면 된다. 비행기의 이착륙 때에는 반드시 안전벨트를 잠그고 이륙한 뒤 안전벨트등이 꺼지면 안전벨트를 풀 수 있다. 그 외 이착륙 때에 주의해야 할 몇 가지가 있는데, 휴대전화를 사용할 수 없으며, 기타 전자제품의 사용도 금지다. 또한 이륙 전에는 등받이를 젖히지 말고 모두 펴야 하며 탁자도 이륙 후 안전벨트등이 꺼지기 전까지는 펼 수 없다.

▶ 기내의 모습

한국에서 도쿄까지는 이착륙 시간을 포함해 약 1시간 반 정도가 걸린다. 짧은 시간이지만 간단한 기내식과 음료도 제공된다. 또한 시간에 따라 약간 다르지만 탑승 시 입구에 여러 가지 한국 신문과 일본 신문이 제공되므로 원하는 신문을 골라 볼 수 있다. 아울러 기내에서도 면세품을 살 수 있는데 좌석 앞에 꽂혀 있는 카탈로그를 보고 면세품을 선택하여 승무원에게 주문하면 편리하게 구입할 수 있다.

출입국신고서 작성하기

>> 예전에는 출국할 때 출국신고서를 작성했으나 지금은 전산화가 되어 따로 작성할 필요가 없다. 하지만 일본에 입국할 때에는 일본 입국신고서와 출국신고서를 모두 작성해야 한다. 비행 중에 어느 정도 시간이 지나면 승무원들이 일본 입국에 필요한 용지를 나누어주는데 이것이 일본의 출입국신고서이다. 출입국신고서는 영어와 한자로 기재할 수 있으며 빠짐없이 정확하게 기록해야 입국심사를 할 때 다시 쓰거나 세세한 질문을 받지 않는다. 출입국신고서를 잘못 썼다면 승무원에게 다시 받아 작성하면 되고, 여의치 않으면 공항에 도착한 후에 입국심사대 주변의 출입국신고서가 비치된 곳에서 작성해도 된다. 출입국신고서의 좌측은 출국 시 필요한 출국신고서이고 우측은 입국 시 필요한 입국신고서이다. 양쪽 모두 뒷부분까지 빠짐없이 쓰고 입국신고를 할 때 제출하면 출국신고서에 해당하는 부분을 잘라서 여권에 붙여준다. 또한 일본에서 출국할 때는 별도의 출국신고서를 쓰지 않고 붙여준 출국신고서를 그대로 사용한다.

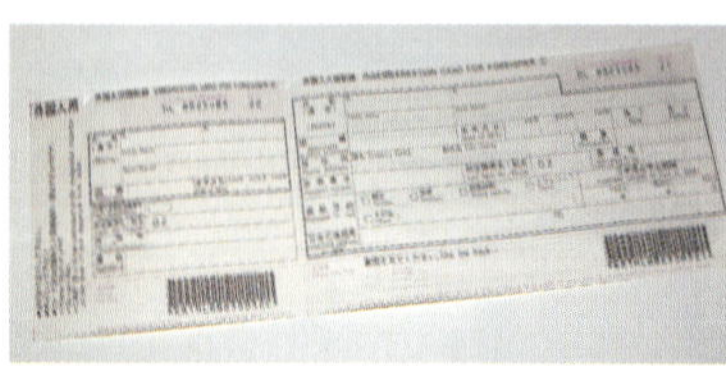
▶ 일본 출입국신고서

 ○ 출입국신고서 쓰는 법

– 앞장

- 이름 : 한자와 영문 이름을 모두 쓴다. 氏에 한자 성, 名에 한자 이름을 쓴다. 영문 이름을 적는 부분에는 Family name에는 성을, Given name에는 이름을 적는다. 영문 이름은 여권의 이름과 동일해야 한다.
- 국적(國籍 Nationality) : KOREA라고 적는다.
- 생년월일(生年月日 Date of Birth) : 생일을 숫자로 적는다. 쓸 때 일, 월, 년의 순서대로 적고, 두 자리가 아닐 경우 0을 붙여서 쓴다.
- 성별 : 男, 女 중 해당되는 부분에 체크한다.
- 주소(Home Address) : 국내 주소를 영어로 적는다. 적는 순서는 최소 단위가 앞쪽으로 나오도록 적는다.
- 직업(Occupation) : 영문으로 적는다. 학생이라면 Student라고 쓴다.
- 일본 내 숙소 : 일본에서 체류할 거주지, 즉 호텔 이름과 전화번호를 적는다.
- 여권번호 쓰기(Passport No.) : 여권번호를 적는다.
- 항공기편명(Flight No./Vessel) : 타고 가는 비행기의 편명을 적는다. 편명은 보딩패스에 적혀 있다. 이때 주의해야 될 것은 입국신고서에는 현재 타고 있는 비행기명을 출국신고서에는 한국으로 돌아오는 비행기의 편명을 적어야 한다.
- 체류기간(Intended Length of stay in Japan) : 일본에 얼마간 체류할 것인지를 적는다. 6일이라면 day 부분에만 6이라고 적는다.
- 공항 이름을 쓰는 부분에는 모두 INCHEON이나 KIMPO를 적는다. Port of Embarkation은 한국에서 출발할 때의 공항이름을 Port of Disembarkation에는 한국으로 돌아갈 공항 이름을 적는다.
- 방문 목적(Purpose of Visit) : Travel을 체크한다.
- 서명(Signature) : 서명을 한다.

– 뒷장

뒷장에는 질문에 대답하는 난이 마련돼 있는데 모두 2번의 いいえ(아니오)에 체크를 한다. 마지막 질문은 현금을 얼마만큼 가지고 왔는지를 물어보는데 가지고 온 엔화 숫자를 적고 엔에 체크한다.

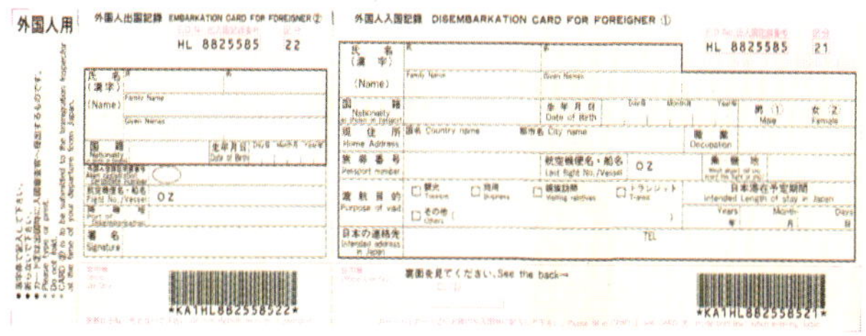

▶ 출입국신고서 앞면

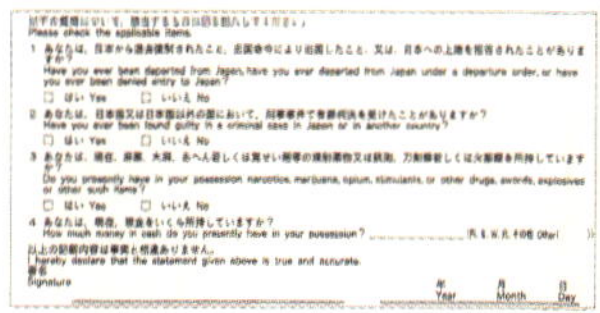

▶ 출입국신고서 뒷면

3-4 도쿄 입국하기

>> 여행 목적이 관광이고 돌아가는 항공권을 갖고 있으며, 출입국신고서를 빠짐없이 작성했다면 입국심사에서 별도의 질문을 받을 일이 없으므로 주눅들 필요는 없다. 나리타공항에 착륙하면 인천공항처럼 아주 긴 통로를 거쳐 한참을 가야 입국심사대가 나온다. 하네다공항인 경우에는 여객터미널에 바로 내리지 않고 공항 활주로에 내린 다음 연계된 순환버스를 타고 입국장이 있는 터미널로 이동하게 된다. 하네다공항은 일본의 국내선 중심의 공항이라서 해외노선은 김포-하네다 노선 밖에 없다.

▶ 하네다공항의 착륙 모습

입국심사

>> 입국심사대는 한국과 마찬가지로 일본인용과 외국인용(Foreigner)으로 구분되어 있다. 작성한 출입국신고서와 여권을 가지고 순서를 기다리면 된다. 여행객이 많을 경우 아주 오랫동안 지루하게 줄을 서야 하는데, 만약 빨리 심사를 받고 싶다면 일본인용 바로 옆에 있는 외국인용 심사대쪽에 줄을 서는 것이 좋다. 일본인용 심사대는 비교적 빨리 끝나기 때문에 자국인 심사가 끝나면 옆줄의 외국인용 여행객들을 일본인용 심사대에서 심사해주기 때문이다. 순서가 오면 심사관에게 여권과 출입국신고서를 함께 제출하면 된다. 특별한 경우가 아니라면 거의 질문을 하지 않지만 간혹 출입국신고서의 내용이 부정확하거나 부실하면 방문 목적이나 체류기간, 머무를 곳, 그리고 돌아갈 항공권 등을 보여 달라는 등의 질문을 받을 수 있다. 이럴 때는 당황하지 말고 꺼내기 쉬운 손가방에서 항공권이나, 바우처 등을 보여주면 된다. 입국에 문제가 없다면 여권에 허가된 날짜가 표기된 스티커를 붙여주고 스탬프 도장을 찍어준다.

▶ 비행기에서 내리면 한참을 걸어야 입국심사장에 도착한다.

▶ 공항에서부터 친절하게 한국어 표기를 볼 수 있을 만큼 도쿄에는 한국어 이정표가 표기된 곳이 많다.

▶ 나리타공항의 입국심사장

▶ 하네다공항의 입국심사장

▶ 입국 시는 스티커를 붙여주고 출국 시는 스탬프를 찍어준다.

● 달라진 일본의 입국심사

2007년 11월 20일부터 일본 입국 절차가 여행자들에게 불편하게 바뀌었다. 예전에는 입국장에서 입국심사관에게 여권과 출입국신고서만 제출하면 심사가 끝났지만 지금은 이를 제출한 후에 입국심사관이 방문자의 지문을 날인하고 사진까지 찍는 과정이 포함되었다.

지문은 양손 집게손가락을 지문인식기 위에 올려놓은 다음 지문인식기 위쪽에 있는 카메라를 쳐다보면 사진이 촬영된다. 만약 입국심사 때 이 지문날인과 사진촬영을 거부하면 퇴거명령을 받아 한국으로 되돌아가야 한다. 한편, 요건에 따라 지문날인과 사진 촬영을 면제받을 수도 있지만 아주 특별한 경우일 뿐 대부분의 여행자는 이러한 불편함을 감수해야 한다. 지문날인 면제 요건은 다음과 같다.

① 특별 영주자

② 16세 미만인 자

③ 외교 및 공용 체류 자격에 해당하는 자

④ 행정기관의 장이 초빙하는 자

⑤ ③ 또는 ④에 준한 자로서 법무성 령으로 정하는 자

수하물 찾기

>> 입국심사가 끝나면 수하물이 있는 경우 수하물 코너로 가서 부친 짐을 찾자. 수하물 코너는 전광판을 통해 해당 비행기 편명과 함께 위치가 표시되므로 어디서 찾아야 할지 당황할 필요는 없다. 타고 온 비행기 편명이 적힌 컨베이어 벨트에서

▶ 타고 온 비행기편명과 함께 표시되는 수하물 전광판

▶ 수하물이 나오는 컨베이어 벨트

짐이 나오기 시작하면 자신의 짐을 찾아 세관검사대로 향하면 된다. 간혹 짐이 늦게 나오면 30분 이상 걸릴 때도 있으며, 만약 자신의 짐이 나오지 않거나 하면 공항 수하물 분실신고소(BAGGAGE CLAIM)에 가서 수하물을 맡겼을 때 받은 택이나 영수증을 제시하면 된다. 그래도 짐을 찾지 못했다면 분실증명서를 받고 짐을 찾을 경우 연락 가능한 호텔 연락처 등을 적어서 준다. 분실 수하물은 보통 화물 운송협약이나 보험을 통해 보상 받을 수 있다.

세관검사

>> 수하물을 찾은 뒤에 공항에서 마지막으로 거쳐야 할 곳이 세관검사대이다. 세관신고서 작성은 2007년 초부터 시행되었는데, 기내에서 미리 작성하거나 입국심사장에서 작성하여 입국심사장을 통과한 후 공항 세관원에게 제출하면 된다. 다만 세관심사에서 여러 가지 질문

▶ 세관검사 시 특별한 경우가 아닌 이상 간단한 질문에 대한 답만 하면 통과된다.

을 받을 수도 있다. 주로 어느 곳에 머무는지, 며칠 동안 머물지 등을 영어로 물어본다. 이럴 때에는 호텔 바우처 등을 제시하면 된다. 그리고 가방을 열어 내용물을 검사하기도 하는데 이는 혹시 반입해서는 안 되는 물건을 가지고 가는지 등을 검사하는 정도이므로 질문에 대한 답변만 제대로 하면 문제없이 통과할 수 있다. 원래는 일본 내로 반입이 가능한 물건의 양이나 종류에 제약이 있기에 혹시나 이런 물건을 가지고 있는 상황에서 짐 검사를 할 경우 벌금을 물 수도 있다. 특히 면세점에서 구입한 물건이 많다면 조심해야 한다.

○ 일본으로 1인당 가지고 올 수 있는 물건의 양
– 담배 20갑(2보루), 파이프용 담배 100g
– 술 3병
– 향수 2온스

04 대중교통 | **Public Transportation**

Public Transportation

대중교통

4-1 공항에서 도쿄 찾아가기

나리타공항에서 도쿄 찾아가기

세관심사를 통과하고 공항 입국장으로 나온 후부터는 본격적인 목적지를 찾아 나서면 된다. 나리타공항이 도쿄 바로 옆에 있으면 좋으련만 아쉽게도 도심까지 들어가려면 한참을 가야한다. 나리타공항에서 도쿄 도심까지는 약 65km로 도쿄 도심으로 가려면 여러 가지 교통수단 중 하나를 선택해야 한다. 가장 일반적인 교통수단은 열차와 공항버스이며, 여행자들은 대부분 편리한 열차를 타고 도쿄로 들어간다.

▶ 나리타공항의 입국장

● 저렴한 비용의 케이세이 특급

▶ 케이세이 특급의 내부

▶ 케이세이 특급

도쿄 도심까지 가는 가장 저렴한 방법은 단연 케이세이(京成) 전철이다. 이것을 타고 도심까지 들어가서 JR 전철로 갈아타면 가고자하는 목적지를 어렵지 않게 찾아갈 수 있다. 케이세이 전철은 입국장에서 지하로 연결된 전철 승강장 쪽으로 가면 나온다. 승강장 매표소에서 자판기로 표를 구입하고 개찰구를 지나 다시 지하로 내려가면 열차를 탈 수 있다. 케이세이 전철의 매력은 저렴한 가격이다. 종착역인 도쿄의 우에노까지 1,000엔이며, 내부는 일반 전철과 같다. 하지만 중간에 정차하는 역이 많아 종착역까지 대략 1시간 반 이상 걸리는 것이 흠이다. 케이세이 열차는 특급과 급행, 보통이 있는데 정차하는 역에 차이가 있을 뿐 가격은 모두 똑같다. 시간대가 맞아 특급을 탈 경우 약 20분 정도 시간을 단축할 수 있다. 일반 전철과 다르지 않기 때문에 지정좌석은 없고 짐도 적당히 알아서 챙겨 타야 한다.

만약 목적지가 JR 야마노테센(山手線)을 갈
아타고 가야할 곳이라면 종착역인 우에노역
까지 가지 않고, 우에노역 전의 니뽀리역에
서 내리면 된다. 니뽀리역에 내린 후에는 역
밖으로 나가 다시 JR 우에노역으로 연결되
는 JR 야마노테센으로 바꿔 탈 수 있다.

▶ 열차 내 도착지에 대한 정보 표시

 ○ 케이세이 전철 타는 법

① 케이세이 전철을 타려면 공항 대합실의 에스컬레이터를 이용해 지하
로 내려간다.

② 지하로 내려오면 스타벅스 등 커피숍이 모여 있고, 이곳의 승차권 판
매소 또는 자판기를 이용해 전철표를 구입한다.

③ 구입한 표를 개찰구로 통과시킨 후 다시 승강장으로 내려가 열차를
타면 된다.

○ www.keisei.co.jp/keisei/tetudou/keisei_ko/html/o_express.html

● 편하고 빠른 케이세이 스카이라이너

비싸지만 편하고 빠르게 도쿄 도심으로 가려면 우에노역까지 약 1시간 정도 걸리는 1,920엔짜리 케이세이 스카이라이너를 타면 된다. JR 나리타 익스프레스 보다 저렴하지만 지정좌석이기 때문에 목적지까지 편하게 앉아 갈 수 있다. 또한 음료자판기, 화장실, 화물 칸 등의 편의시설과 흡연 칸도 따로 마련되어 있어 애연가들은 대부분 스카이라이너를 탄다.

도쿄 시내의 JR 야마노테센(山手線)과 연결된 니시닛뽀리(西日暮里)나 우에노에서 하차하면 도쿄의 목적지를 손쉽게 찾아갈 수 있다. 케이세이 전철과 같은 곳에서 타지만 승차권은 자판기뿐만 아니라 별도의 티켓 판매처에서 구입할 수 있다. 참고로 티켓을 구매할 때 흡연 칸으로 할 건지 비흡연 칸으로 할 건지를 묻기도 하므로 대비해두도록 하자. 운행 간격은 30분 정도로 시간대가 다소 긴 편이며, 티켓에 표시된 열차 시각에 맞춰 지정된 좌석에 앉을 수 있다.

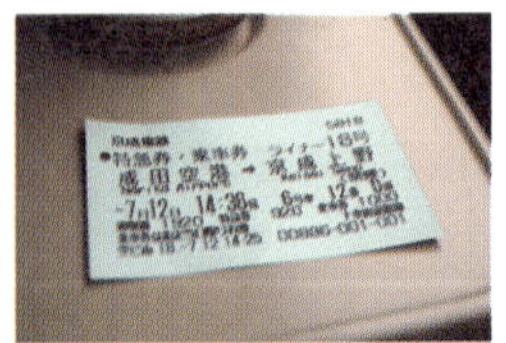

▶ 케이세이 스카이라이너 승차권

▶ 케이세이 스카이라이너 내부

▶ 도착지를 알리는 전광판

▶ 좌석마다 설치된 간이 탁자

▶ 캐리어 등을 보관할 수 있는 짐칸

▶ 객차 사이에 마련된 편의시설

 ○ 케이세이 스카이라이너 타는 법

① 케이세이 스카이라이너 표는 공항터미널 매표소나 지하 승강장 쪽에서 구입할 수 있다. 표를 구입할 때는 목적지를 말하고, 흡연 여부를 선택할 수 있다. 승차시간을 안내받고 표를 받으면 된다. 이곳은 간단한 영어로도 대화가 가능하다.

② 에스컬레이터를 타고 지하 개찰구로 이동한다.

③ 지하 개찰구 주변에도 매표소와 자판기가 있다. 표를 가지고 승강장
으로 이동한다.

④ 승차권을 개표한 후 승강장에 들어가 정차시각에 맞게 열차에 오르면
된다.

● ·JR 나리타 익스프레스와 ·JR 쾌속 에어포트 나리타

▶ 나리타 익스프레스

JR 특급 나리타 익스프레스(成田エクスプレス)는 나리타공항에서 도쿄 도심으로 가는 열차 중 가장 비싼 교통수단이다. 도쿄역까지 갈아타는 번거로움 없이 한번에 가기 때문에 매우 편리하지만 요금은 2,940엔이며, 소요 시간은 약 1시간 20분 정도이다. 좌석제인 만큼 편안하게 갈 수 있고, 도쿄역 외에 신주쿠나 이케부크로 등으로 바로 갈 수도 있다. 이때에는 비용이 추가되어 3,110엔이다. 승차권은 보통객실 외에 도쿄역까지 4,980엔의 그린샤와 5,380엔의 그린샤 개인실이 있는 고급 승차권도 있다.

만약 목적지가 도쿄역이라면 케이세이 열차보다는 약간 비싸지만 갈아타는 비용을 감안하면 1,280엔의 JR 쾌속 에어포트 나리타가 있다. 이는 JR 특급 나리타 익스프레스와 같은 구간을 달리는 열차로 속도가 느린 점 외에는 차이가 없다. 다만 열차 운행 간격이 1시간에 1대 꼴로 시간을 맞추어 타야 한다.

● 공항 리무진

공항리무진은 업무상 공항리무진과 바로 연결된 도심 호텔에 숙박이 예약되어 있다면 모를까 일반 여행자들에겐 추천할만한 교통수단이 아니다. 공항 입국장 바로 앞에서 출발하므로 목적지까지 쉽게 갈 수는 있으나, 교통이 막히면 시간이 더 걸릴 수 있다. 막히지 않으면 도심까지 약 1시간 30분 안에 도착할 수 있다. 보통 3,000엔 정도에 배차 간격은 10분이다. 공항리무진 승강장은 국제 터미널 1, 2청사 어디에서든 쉽게 탑승할 수 있다.

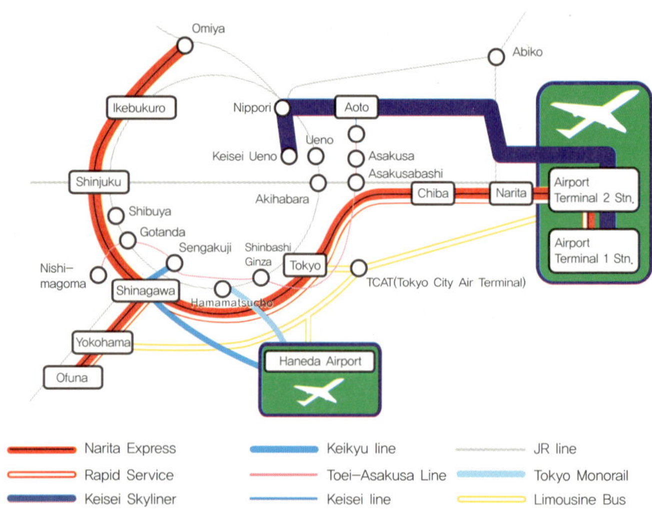

하네다공항에서 도쿄 찾아가기

>> 하네다공항은 도쿄 도심으로부터 약 16km 정도 밖에 떨어지지 않아 도쿄 중심가로 가는데 비교적 용이하다. 일본 국내선 중심의 공항이기 때문에 국제선을 이용하는 승객들은 다소 불편함 점도 있다. 가령 공항에서 출국 수속을 마치고 나오면 국내선 청사 쪽으로 별도의 셔틀버스를 타고 다시 이동을 해야 도쿄 도심으로 갈 수 있는 교통편을 만날 수 있다. 하네다공항에서 도쿄 도심으로 가려면 가장 많이 이용하는 모노레일과 게이큐센, 그리고 공항리무진이 있다.

▶ 하네다공항의 무료 셔틀버스 정류장

▶ 모노레일과 게이큐센 타는 길

● 모노레일

도쿄 모노레일은 하네다공항에서 도쿄 도심으로 가는 가장 일반적인 교통수단이다. 이 모노레일을 타고 JR 야마노테센과 연결되는 하마마츠쵸역까지는 20여 분이면 도착한다. 요금은 470엔으로 비슷한 노선의 게이큐센보다 조금 비싼 편이다. 모노레일은 지상으로만 운행하기 때문에 창밖의 풍경을 감상할 수 있어 좋다.

❶ 하네다공항 터미널 지하로 내려가면 모노레일과 게이큐센을 승차할 이정표가 나타난다. 서로 타는 방향이 다르므로 방향을 정확히 보고 이동하자.

❷ 모노레일을 타기 위해서는 승차권 자판기를 이용해야 한다.

❸ 터치스크린으로 된 자판기 화면의 버튼을 눌러 승차권을 구입하면 되고 상단에 English를 선택하여 영어로 된 화면을 볼 수도 있다. 승차 인원이 표기된 화면 왼쪽 버튼을 선택하고 하차할 곳을 선택한 뒤 요금을 아래쪽 투입구에 넣으면 승차권이 나온다.

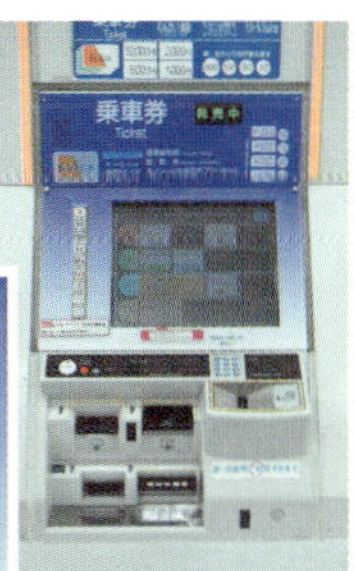

❹ 승차권을 가지고 개찰구를 통과한 뒤 열차를 타면 된다. 일반 지하철과는 달리 열차 앞쪽에 짐을 보관할 수 있도록 짐칸이 마련돼 있다.

❺ 하마마츠쵸역에서 내려 개찰구를 통과한 뒤 다시 JR 야마노테센으로 갈아 탈 승강장으로 이동하면 된다. 같은 방법으로 목적지에 따른 JR 야마노테센 표를 끊고 개찰하여 원하는 목적지로 가면 된다.

● 게이큐센과 공항리무진

게이큐센은 도쿄의 사철(私鐵) 노선의 하나로 하네다공항에서 JR 야마노테센으로 환승 가능한 시나가와(品川)까지 400엔에 갈 수 있는 저렴한 노선이다. 소요 시간은 20분 전후이며, 특히 도에이 아사쿠사센이나 케이세이 전철과 연결되기 때문에 긴자나 아사쿠사로 바로 가고자 할 때 매우 편리하다. 국내선 터미널 지하 2층으로 내려가서 게이큐센 티켓을 구입한 후 지하 3층에서 탑승하면 된다. 시나가와(品川)에서 갈아타는 것도 매우 편리하여 개찰구에서 연결 통로로 나가면 바로 JR 야마노테센을 탈 수 있다. 주의할 점은 종착역이 시나가와가 아닌 그 전 역인 노선도 간혹 있으므로 확인하고 타기 바란다.

하네다공항에도 리무진 버스가 있다. 도심까지 거리가 짧은 만큼 요금도 최대 1,200엔 정도로 저렴하다. 하네다의 공항리무진 역시 호텔과 연계된 노선이라 업무상 리무진이 정차하는 호텔로 바로 가려면 편리하다.

▶ 하네다공항에서 시나가와(品川)를 오가는 게이큐센

4-2 호텔 체크인

호텔 체크인하기

>> 일본의 호텔들은 종류에 관계없이 체크인은 동일하다. 호텔에 도착하면 로비의 프론트로 가서 가져 온 호텔 바우처를 제시하면 된다. 그러면 일종의 숙박계가 되는 용지의 작성을 요구한다. 이 용지에 체크인에 필요한 이름과 연락처 등을 기재하여 제출하면 객실 호수와 조식을 할 수 있는 호텔 레스토랑의 위치 등을 말해주고 호텔 키를 내어 준다. 이때 조식용 쿠폰도 숙박일에 맞게 한꺼번에 주므로 아침식사 때마다 한 장씩 사용하면 된다.

▶ 체크인 시 기록할 용지

호텔 체크인 시간은 대부분 오후 3시 이후가 된다. 이 때문에 아침 일찍 공항에 도착한 여행자들은 다른 곳에서 시간을 때우곤 하는데, 시간적으로 체크인 시간과 큰 간격이 없다면 체크인을 해주기도 한다. 도쿄의 호텔 키는 대부분 카드 키로 열고 들어가며 주로 객실 현관 옆에 있는 곳에 카드를 꽂아야 객실에 전원이 들어오게끔 되

▶ 객실 현관에 카드 키를 꽂으면 실내 점등이 된다.

어 있다. 물론 아직까지 열쇠를 사용하는 곳도 있다. 외출할 때는 프론트에 키를 맡겨야 하다. 오전의 호텔 청소 시간은 대부분 10시 정도이며, 청소할 때 타월이나 일회용 위생용품 등은 모두 새것으로 교체해준다. 그러므로 외출 전에 자신의 소지품 등은 캐리어에 넣어 잠근 후 옷장이나 객실 한 귀퉁이에 정리해 두고 나가면 된다.

아울러 떠나는 날 체크아웃을 할 때는 '체크아웃 플리스'라고 프론트 직원에게 말하면 정산 과정을 거친 뒤 나갈 수 있다. 만약 체크아웃 시 객실 냉장고 안의 음료나 술을 마셨다면 이것도 정산해야 한다.

호텔 시설물 이용하기

>> 호텔 객실에는 기본적으로 침대 외에 작은 화장대, 텔레비전, 소형 냉장고 등이 제공된다. 텔레비전은 공중파와 별도의 카드를 구입하면 볼 수 있는 유료용 프로그램도 시청할 수 있다. 주로 객실 복도나 엘리베이터 앞의 자판기에서 유료 TV 카드를 구입할 수

▶ 유료 TV 시청을 위한 단말기

있다. 유료 TV 이용료는 하루에 1,000엔으로 주로 성인방송이나 스포츠채널, 영화채널 등을 볼 수 있다. 소형 냉장고 안에는 각종 음료수와 캔 맥주, 그리고 인스턴트 안주들이 채워져 있다. 물론 이용하면 체크아웃 시 비용을 지불하면 된다. 가격은 시중보다 비싼 편이고, 비어 있는 곳도 있다. 호텔 근처 편의점이나 호텔 매점에서 저렴하게 음료 등을 구입한 뒤 함께 넣어 놓고 마셔도 괜찮다. 도쿄의 호텔은 냉난방 시설이 24시간 제공되며 투숙객이 온도나 시간 등을 조절할 수 있도록 침대 옆에 컨트롤러가 마련돼 있다.

▶ 유료 TV용 카드 자판기

▶ 유료 TV 시청을 위한 카드

그 외 화장대 중앙 서랍 안에는 호텔 이용에 대한 가이드와 명함, 메모지, 그리고 성경이나 코란 등이 비치되어 있는 곳도 있다. 조명은 대부분 침대나 화장대 주변의 스탠드를 이용한 간접조명으로 컨트롤러로 밝기를 조절할 수 있다. 아울러 커피포트를 이용하여 컵라면을 끓여 먹거나 커피, 녹차 등을 타서 마실 수 있다.

4-3 도교의 대중교통 수단

도쿄의 전철과 지하철

>> 도쿄 여행의 기본 교통수단은 전철이며, 지하철은 비교가 되지 않을 정도로 거미줄처럼 얽혀 있다. 더군다나 환승이나 운행, 요금 정산 방식이 한국과는 다르기 때문에 잘못하면 길을 잃거나 불필요한 지출을 할 수도 있다. 도쿄의 전철은 JR이라고 부르는

국영노선(야마노테센, 츄오센, 소부센 등)과 시테쓰라 하여 민간에서 운영하며 주로 도쿄 외곽을 다니는 사철(케이세이, 오다큐센, 도큐도요코센 등), 그리고 전 구간은 아니지만 지하로만 다니는 지하철로 나뉜다. 지하철은 크게 시에서 운영하는 도에이(都營)와 민영의 도쿄 메트로(구 에이단 營團)으로 나누어 운행하고 있다. 문제는 이러한 연계노선이 모두 다른 시스템으로 운행되고 있기 때문에 환승할 때 표를 두 번 끊어야 하는 불편도 따른다.

도쿄에 처음 가는 초보 여행자라면 복잡한 도쿄의 지하철 타기가 매우 불편할 수 있다. 물론 이 책에서 소개하는 도쿄 여행지는 초보자가 지하철이나 전철을 잘 이용할 수 있도록 JR 야마노테센 역사 주변에 있는 관광지를 위주로 소개하고 있다. 다행히도 우리가 알고 있는 대부분의 도쿄 명승지나 관광지는 JR 야마노테센(山手線)에 위치하고 있다. 하지만 꼭 가볼만한 아사쿠사나 외곽에 있는 호텔의 경우 JR 야마노테센이 아닌 다른 노선을 이용해야 하므로 도쿄 지하철이나 전철 노선에 대한 사전 숙지가 필요하다.

▶ 도쿄의 시내버스

▶ 요금이 비싼 택시

JR 전철은 JR 야마노테센 외에 도시 중앙을 가로지르는 JR 츄오센(中央線)과 소부센(總武線)이 있다. 환승역에는 이러한 여러 개의 JR 전철이 한꺼번에 지나기 때문에 각각의 노선별로 색상을 다르게 하고 열차뿐만 아니라 이정표에도 그대로 적용한다. JR 야마노테센은 녹색으로 표기돼 있으며 JR 츄오센은 주황색, JR 소

부센은 황색으로 표기되어 있다. 또한 게이힌도우호쿠센은 남색, 게이요센은 붉은 색이므로 복잡한 역사에서 타고자 하는 노선의 색상을 분명하게 파악해야 한다.

○ 도쿄의 전철과 지하철
- **JR센** : 야마노테센, 츄오센, 소부센, 게이힌도우호쿠센, 게이요센 등
- **도쿄 메트로(구 에이단)** : 긴자센, 치요다센, 마루노우치센, 히비야센 도자이센, 유라쿠쵸센, 한조몬센, 난보쿠센
- **도에이 지하철** : 아사쿠사센, 오에도센, 미타센, 신주쿠센
- **사철** : 케이세이, 오다큐, 도큐도요코센

○ JR 야마노테센 이외 지역을 찾아갈 때에 이용해야 할 노선
- **아사쿠사** : 지하철 긴자센
- **오다이바** : 모노레일 유리카모메
- **진보쵸** : 지하철 한죠몬센
- **록폰기** : 지하철 히비야센
- **아카사카** : 지하철 치요다센
- **디즈니랜드** : JR 게이요센

다양한 노선이 5개씩 연계되는 환승역은 역사의 크기가 매우 넓기 때문에 자칫 방향을 잃기도 한다. 도쿄의 주요 지하철역에는 친절하게 한국어 표기도 되어 있긴 하지만, 길을 잃을 수도 있으므로 헷갈리는 역에서는 이정표가 될만한 것들을 눈여겨보는 지혜가 필요하다.

거리에 따라 다른 전철 요금

>> 일본 지하철은 거리에 따라 가격이 다를뿐만 아니라 운행하는 회사마다도 모두 조금씩 요금이 다르다. 그래서 잘못 타면 190엔 정도면 갈 수 있는 지역을 300엔이 넘게 들 수도 있다. 교통비를 줄이려면 같은 지역에 있는 곳을 묶어서 이동하는 것이 불필요한 낭비를 줄일 수 있는 방법이다.

● **어떤 것이 유리할까? – 1일 승차권 vs 매번 표사기**

여행안내서 등을 보면 교통비를 줄이기 위해서는 매번 표를 사는 것보다 1일 패스를 권장하는 경우가 많다. 하지만 실제 어느 곳을 다니느냐에 따라 1일 패스의 가치는 달라진다. 숙소에서 출발해 원하는 여행지까지 도착하면 대부분 근처에 내려서 도보로 관광을 하게 마련이다. 그러므로 하루에 어떤 스케줄로 얼마만큼의 관광지를 다니느냐에 따라 1일 패스가 유리할 수도 있고, 그렇지 않을 수도 있다.

관광지 한 곳을 집중적으로 보게 될 경우 하루에 지하철로 이동할 수 있는 역의 숫자는 2개 또는 많아야 3개를 넘지 못한다. 이런 경우에는 700엔이 넘는 1일 패스보다 오히려 매번 표를 구매하는 편이 경제적이다. 반면 3곳 이상을 이동하거나 거리가 먼 곳으로 자주 이동해야 하는 코스라면 1일 패스를 구입하는 것이 유리하다.

● 보다 저렴하게 사용할 수 있는 승차권(도쿄 내 관광승차권 무료 지역)

○ 도쿄도 구내 패스(Tokunai Pass) : 성인 730엔, 어린이 360엔
하루 동안 도쿄의 23개구 내의 JR 보통 열차를 제한 없이 탈 수 있는 패스이다.
– 구입처 : 미도리노 마도구치(예약 티켓 취급소) 및 일부 역의 승차권 자동발매기
(신주쿠, 이케부크로, 우에노, 닛뽀리, 아키하바라, 도쿄, 시나가와, 고탄다)

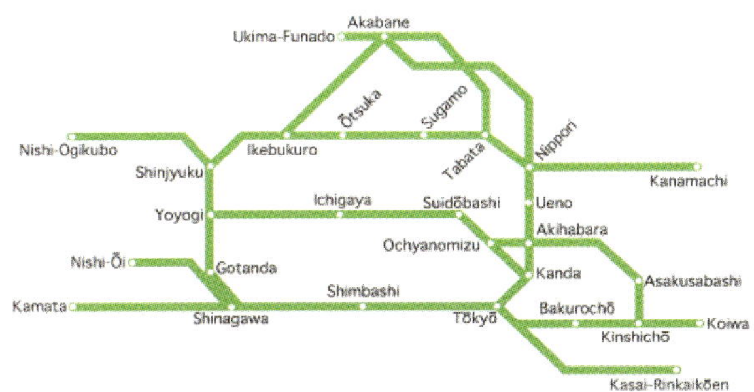

○ 도쿄도 내 관광승차권(Tokyo Furii Kippu) : 성인 1,580엔, 어린이 790엔
도쿄도 구내 패스와 비슷하지만 여기에 Tokyo Metro(도쿄지하철주식회사) 및 도에이(都營) 지하철을 하루 동안 제한 없이 이용할 수 있는 패스이다. 여기에 도쿄도 교통국이 운영하는 버스(심야버스 제외)도 이용할 수 있다.
– 구입처 : 미도리노 마도구치(예약 티켓 취급소) 및 View Plaza(여행 서비스센터)

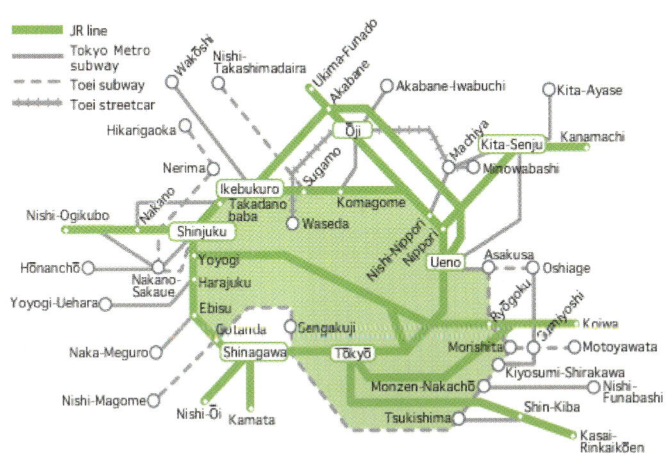

도쿄 여행의 기본 라인 – JR 야마노테센(山手線)

>> JR 야마노테센은 도쿄 여행의 근간이 되는 노선으로 이 책에 소개된 대부분의 관광지를 다닐 수 있다. 마치 한국의 지하철 2호선처럼 순환하는 노선이므로 도쿄 중심가를 모두 지날뿐더러 나리타나 하네다공항에서 오거나 나가기도 편리하다. 단, 이동하고자 하는 역사와 반대 방향으로 이동하지 않도록 분명한 방향을 확인하고 타야한다. 오른쪽으로 도는 소토마와리(外回リ)와 왼쪽으로 도는 우치마와리(内回リ)의 표시를 잘 확인해야 한다. 29개의 역으로 구성된 JR 야마노테센은 한 바퀴를 순환하는데 약 1시간이 걸리고 요금은 거리에 따라 다르다.

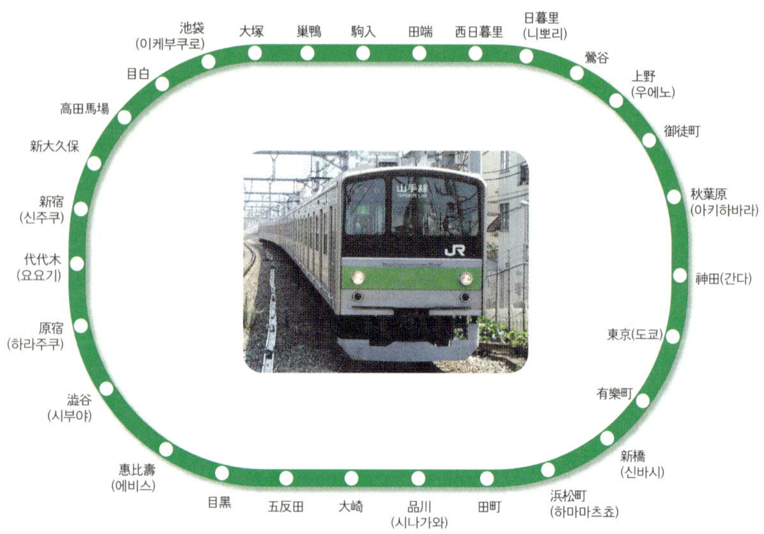

JR 야마노테센 열차는 문에 두 개의 액정 모니터가 설치돼 있는데 광고는 물론이고 내려야할 역이나 남은 역별 소요 시간 등을 일본어와 영어로 표기해 알려 주기 때문에 조금만 주의하면 내려야 할 곳을 놓칠 염려는 없다.

● JR 야마노테센 역별 시각표 – www.jreast.co.jp/estation

▶ JR 야마노테센의 전차 안에는 두개의 LCD로 다양한 정보를 제공한다.

Tip 초보 여행자의 지하철 타기

① 방법은 한국의 지하철 승차 방법과 크게 다르지 않다. 표는 거의 대부분 자동판매기에서만 판매한다. 자판기가 여러 대 설치된 곳의 위쪽을 보면 열차 노선이 적혀 있는데 이중에서 이동할 지역을 찾고 금액이 얼마인지를 확인한다. 노선도는 한자로만 표기된 곳도 있지만 JR 야마노테센은 영어로만 표기된 노선도도 함께 붙어있다.

② 표를 끊을 수 있는 자판기는 터치스크린으로 동작되며, JR 전철에 설치된 자판기는 영문도 지원한다. 화면 오른쪽 상단을 보면 English라고 표기된 버튼이 있다. 이 버튼을 누르면 모든 기능이 영어로 표기된다.

▶ 영문으로 바뀐 상태

③ 화면 밖의 왼쪽을 보면 사람 수가 표시된 버튼이 있는데 인원수를 선택하면 그에 맞게 자동으로 금액과 표가 처리된다. 화면 왼쪽 맨 위에 있는 'JR Line Ticket'을 누른다. 그러면 화면에 금액이 표시되는데 가고자 하는 지역에 해당하는 요금을 선택한다. 만약 1일 패스를 구입하고자 한다면 화면 왼쪽 메뉴 중 Discount Ticket를 선택하고 730엔 티켓을 구입하면 된다.

④ 화면 밑을 보면 빨간색의 LED에 금액이 표기되고 그 아래의 동전을 넣는 부분에 구멍이 열린다. 해당하는 동전을 모두 넣으면 숫자가 0으로 변하고 자동으로 동전 투입구가 닫히면서 아래에서 표와 잔돈이 나온다.

⑤ 열차표는 오래 전 한국에서 구멍을 뚫어 사용했던 표처럼 보이지만 뒷면 전체가 마그네틱으로 처리되어 있어서 우리의 지하철 표와 비슷한 기능을 갖고 있다. 목적지 개찰구를 찾은 뒤에 표를 넣고 들어가자. 전철의 특성상 상행선과 하행선이 있게 마련인데 JR 야마노테센은 어느 쪽을 타던 결국 원하는 거리까지 가겠지만 보다 빨리 가려면 어떤 방향으로 갈지를 미리 알고 타는 곳을 찾아야 한다.

▶ 전철표 앞면

▶ 전철표 뒷면

⑥ 열차는 평일 낮 시간에는 붐비지 않아 아무렇게나 타지만 출근 시간에는 타는 쪽 사람이 한쪽으로 몰려 있고 전동차의 문이 열리면 반대쪽으로 사람이 몰려 나온다. 지하철을 탄 뒤 원하는 역사까지 가지 않고 다른 곳으로 가는 경우 역사 개찰구에 정산하는 곳의 역무원에게 표를 주고 나머지 차액을 지불하면 내릴 수 있다.

⑦ 일본의 지하철 내에서는 거의 휴대폰을 사용하지 않는다. 또한 크게 떠들거나 이야기하는 사람도 거의 없다. 이동 시 출구 쪽 화면에 나타나는 화면을 잘 보면 갈 곳까지의 시간이 표시되어 있으며 영어로도 표기가 되므로 내릴 곳을 미리 확인해 놓자.

복잡한 지하철 파악하기

>> 도쿄의 지하철은 크게 도쿄도에서 운영하는 도에이(都營)와 민영인 도쿄 메트로(구. 에이단)로 나뉜다. 도에이 노선은 4개 노선에 불과하지만 도쿄 메트로 노선은 8개의 노선(1개 노선 추가 신설 중)으로 구성돼 있다. JR 전철과는 달리 지하철 노선은 환승 시 지하철 티켓을 다시 구입해야 한다. 물론 거리에 따라 금액이 다르게 책정된다는 것을 알아두자.

▶ 도에이 지하철의 승차권 자판기도 JR과 같다.

▶ 도에이 지하철의 내부에는 안내 장치가 드물다.

도에이 노선의 운임은 170엔~360엔, 에이단 노선의 운임은 160엔~300엔 정도이다. 또한 노선별로 열차 및 환승역을 표시하는 색상이 구별돼 있어 쉽게 찾을 수 있다. JR 야마노테센을 주로 이용할 경우 사실 지하철을 탈 일이 별로 없지만 아사쿠사처럼 꼭 가볼만한 곳을 이용하고자 한다면 에이단 지하철의 긴자센을 타야 한다. 긴자센은 아사쿠사는 물론 우에노, 간다, 시부야까지 갈 수 있어 JR 야마노테센을 이용하는 것보다 빠르고 편리하다. 일부 지하철 노선을 이용할 때는 주의가 필요한데 토자이센(東西線)의 경우 장거리 구간이기 때문에 일부 역에서는 정차하지 않는 경우가 있다. 그러므로 가고자하는 역에 정차하는지를 확인해야 한다.

● 도에이(都營) 지하철 노선표 – 4개 노선

Ⓐ 도에이아사쿠사센(都營浅草線)
Ⓢ 도에이신주쿠센(都營新宿線)
Ⓘ 도에이미타센(三田線)
Ⓔ 도에이오에도센(都營江戸線)

○ 야마노테센(山手線)

JR센(JR線)

총거리 18.3km, 핑크색

Ⓐ 도에이아사쿠사센(都營浅草線)

	번호	역명
	0	니시마고메(西馬込)
	2	마고메(馬込)
	3	나카노부(中延) – 토큐오오이마치센(東急大井町線)
	5	토고시(戸越)
○	7	고탄다(五反田) – 토큐이케가미센(東急池上線)
	9	타카나와다이(高輪臺)
⓪	11	센가쿠지(泉岳寺)
Ⓜ②	13	미타(三田)
Ⓖ④	16	나이본(大門)
Ⓖ⑥	18	신바시(新橋)
Ⓗ	20	히가시긴자(東銀座)
LTD Express	21	타카라쵸(寶町)
ⒼⓉ⑨	23	니혼바시(日本橋)
Ⓗ	25	닌교쵸(人形町)
⑫	26	히가시니혼바시(東日本橋)
	28	아사쿠사바시(淺草橋)
Ⓔ	29	쿠라마에(藏前)
Ⓖ⑮	31	아사쿠사(淺草)
Ⓩ⑱	34	오시아게(押上)

총거리 23.5km, 연두색

Ⓢ 도에이신주쿠센(都營新宿線)

	번호	역명
Ⓔ JR	0 0	신주쿠(新宿)
Ⓜ	1	신주쿠산쵸메(新宿三丁目)
	3	마고메(馬込)
ⓎⓃ JR	4 6	이치가야(市ケ谷)
ⓉⓏ	8	쿠단시타(九段下)
ⒾⓏ	7 10	진보쵸(神保町)
ⓂⓄ	12	오가와마치(小川町)
	13	이와모토쵸(岩本町)
Ⓐ	11 15	바쿠로요코야마(馬食横山)
	16	하마마치(浜町)
	13 18	모리시타(森下)
LTD Express	19	키쿠가와(菊川)
Ⓩ	21	스미요시(住吉)
	23	니시오오시마(西大島)
	17 25	오오시마(大島)
	27	히가시오오시마(東大島)
	21 29	후나보리(船堀)
	32	이치노에(一之江)
	34	미즈에(瑞江)
	37	시노자키(篠崎)
소부센(總武線) 게이세이센(京成線)	30 41	모토야와타(本八幡)

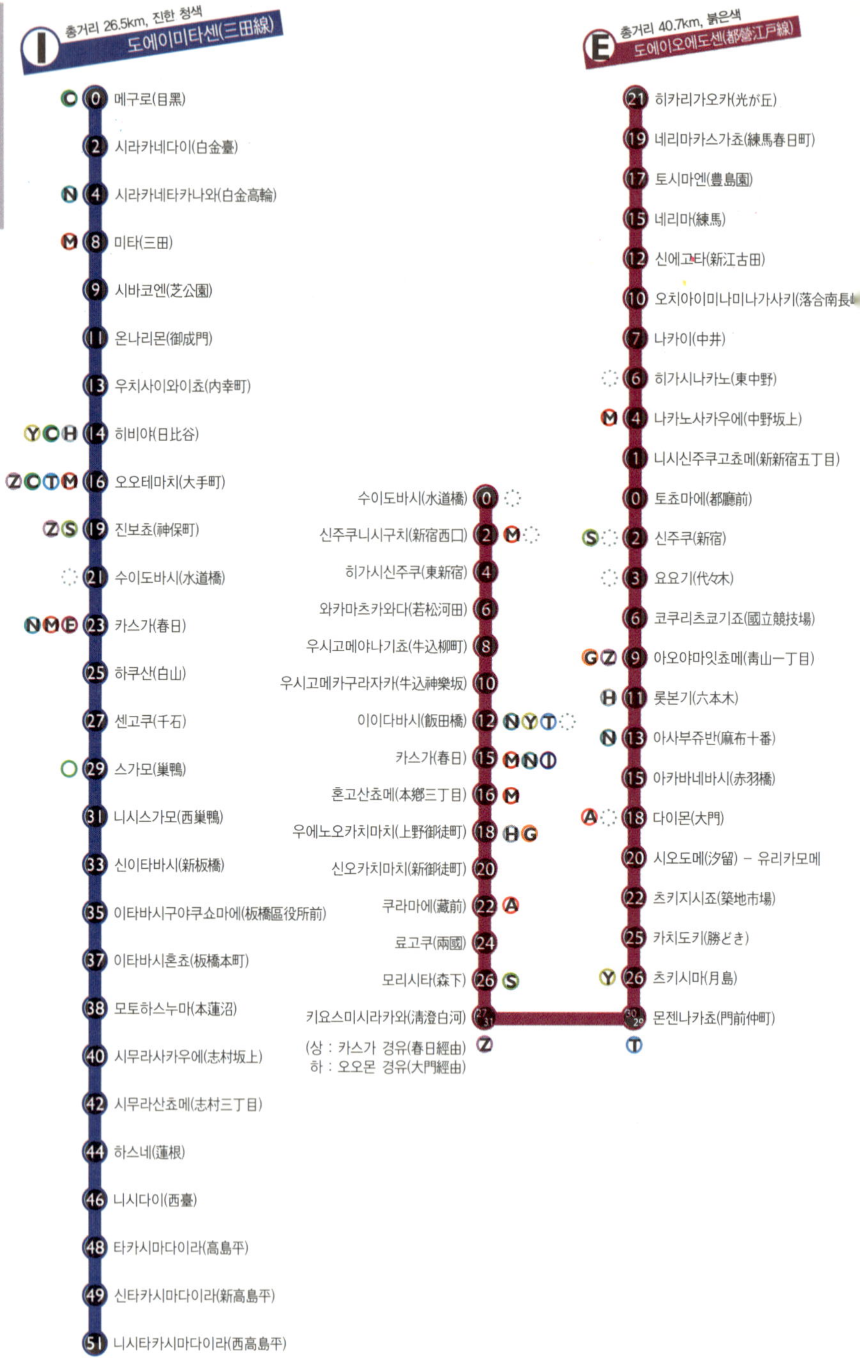

총거리 26.5km, 진한 청색
도에이미타센(三田線)

총거리 40.7km, 붉은색
도에이오에도센(都營江戸線)

도에이미타센(三田線)

0	메구로(目黑)
2	시라카네다이(白金臺)
4	시라카네타카나와(白金高輪)
8	미타(三田)
9	시바코엔(芝公園)
11	온나리몬(御成門)
13	우치사이와이쵸(内幸町)
14	히비야(日比谷)
16	오오테마치(大手町)
19	진보쵸(神保町)
21	수이도바시(水道橋)
23	카스가(春日)
25	하쿠산(白山)
27	센고쿠(千石)
29	스가모(巢鴨)
31	니시스가모(西巢鴨)
33	신이타바시(新板橋)
35	이타바시구야쿠쇼마에(板橋區役所前)
37	이타바시혼쵸(板橋本町)
38	모토하스누마(本蓮沼)
40	시무라사카우에(志村坂上)
42	시무라산쵸메(志村三丁目)
44	하스네(蓮根)
46	니시다이(西臺)
48	타카시마다이라(高島平)
49	신타카시마다이라(新高島平)
51	니시타카시마다이라(西高島平)

도에이오에도센(都營江戸線)

0	수이도바시(水道橋)
2	신주쿠니시구치(新宿西口)
4	히가시신주쿠(東新宿)
6	와카마츠카와다(若松河田)
8	우시고메야나기쵸(牛込柳町)
10	우시고메카구라자카(牛込神樂坂)
12	이이다바시(飯田橋)
15	카스가(春日)
16	혼고산쵸메(本鄉三丁目)
18	우에노오카치마치(上野御走町)
20	신오카치마치(新御走町)
22	쿠라마에(藏前)
24	료고쿠(兩國)
26	모리시타(森下)
27·31	키요스미시라카와(淸澄白河)

(상 : 카스가 경유(春日經由)
하 : 오오몬 경유(大門經由)

21	히카리가오카(光が丘)
19	네리마카스가쵸(練馬春日町)
17	토시마엔(豊島園)
15	네리마(練馬)
12	신에고타(新江古田)
10	오치아이미나미나가사키(落合南長崎)
7	나카이(中井)
6	히가시나카노(東中野)
4	나카노사카우에(中野坂上)
1	니시신주쿠고쵸메(新新宿五丁目)
0	토쵸마에(都廳前)
2	신주쿠(新宿)
3	요요기(代々木)
6	코쿠리츠쿄기죠(國立競技場)
9	아오야마잇쵸메(靑山一丁目)
11	롯본기(六本木)
13	아사부쥬반(麻布十番)
15	아카바네바시(赤羽橋)
18	다이몬(大門)
20	시오도메(汐留) – 유리카모메
22	츠키지시죠(築地市場)
25	카치도키(勝どき)
26	츠키시마(月島)
30·29	몬젠나카쵸(門前仲町)

● 도쿄 메트로(에이단) 지하철 노선표 - 8개 노선

- Ⓨ 유라쿠쵸센(有樂町線)
- Ⓒ 치요다센(千代田線)
- Ⓖ 긴자센(銀座線)
- Ⓜ 마루노우치센(丸ノ内線)
- Ⓝ 난보쿠센(南北線)
- Ⓩ 한조몬센(半藏門線)
- Ⓗ 히비야센(日比谷線)
- Ⓣ 토자이센(東西線)

- ◯ 야마노테센(山手線)
- ⟨JR⟩ JR센(JR線)

총거리 14.3km, 등색(橙)
긴자센(銀座線)

- 01 시부야(澁谷)
- 02 오모테산도(表參道)
- 03 가이엔마에(外苑前)
- 04 아오야마잇쵸메(靑山一丁目)
- 05 아카사카미츠케(赤坂見附)
- 06 타메이케산노오(溜池山王)
- 07 토라노몬(虎ノ門)
- 08 신바시(新橋)
- 09 긴자(銀座)
- 10 쿄바시(京橋)
- 11 니혼바시(日本橋)
- 12 미츠코시마에(三越前)
- 13 간다(神田)
- 14 스에히로쵸오(末廣町)
- 15 우에노히로코지(上野廣小路)
- 16 우에노(上野)
- 17 이나리쵸(稻荷町)
- 18 타와라마치(田原町)
- 19 아사쿠사(淺草)

총거리 24.2km, 붉은색
마루노우치센(丸ノ内線)

- 01 오기쿠보(荻窪)
- 02 미나미아사가야(南阿佐ケ谷)
- 03 신코엔지(新高円寺)
- 04 히가시코엔지(東高円寺)
- 05 신나카노(新中野)
- 06 나카노사카우에(中野坂上)
- 07 호난쵸(方南町) / 07 니시신주쿠(西新宿)
- 08 나카노후지미쵸(中野富社見町) / 08 신주쿠(新宿)
- 09 나카노신바시(中野新橋) / 09 신주쿠산쵸메(新宿三丁目)
- 10 신주쿠교엔마에(新宿御苑前)
- 11 요츠야산쵸메(四谷三丁目)
- 12 요츠야(四ツ谷)
- 13 아카사카미츠케(赤坂見附)
- 14 콧카이기지도오마에(國會議事堂前)
- 15 카스미가세키(霞ケ關)
- 16 긴자(銀座)
- 17 도쿄(東京)
- 18 오오테마치(大手町)
- 19 아와지쵸(淡路町)
- 20 오차노미즈(御茶ノ水)
- 21 혼고산쵸메(本鄕三丁目)
- 22 코라쿠엔(後樂園)
- 23 묘가다니(茗荷谷)
- 24 신오오츠카(新大塚)
- 25 이케부크로(池袋)

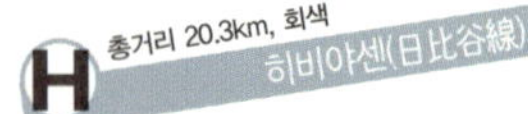

01 나카메구로(中目黑)
02 에비스(惠比壽)
03 히로오(廣尾)
04 롯본기(六本木)
05 카미야쵸(神谷町)
06 카스미가세키(霞ケ關)
07 히비야(日比谷)
08 긴자(銀座)
09 히가시긴자(東銀座)
10 츠키지(築地)
11 핫쵸오보리(八丁堀)
12 카야바쵸(茅場町)
13 닌교쵸(人形町)
14 코텐마쵸(小傳馬町)
15 아키하바라(秋葉原)
16 나카오카치마치(仲御徒町)
17 우에노(上野)
18 이리야(入谷)
19 미노와(三ノ輪)
20 미나미센쥬(南千住)
21 키타센쥬(北千住)

01 요요기우에하라(代々木上原)
02 요요기코오엔(代々木公園)
03 메이지진구우마에(明治神宮前)
04 오모테산도(表參道)
05 노기자카(乃木坂)
06 아카사카(赤坂)
07 콧카이기지도오마에(國會議事堂前)
08 카스미가세키(霞ケ關)
09 히비야(日比谷)
10 이주우바시마에(二重橋前)
11 오오테마치(大手町)
12 신오차노미즈(新御茶ノ水)
13 유시마(湯島)
14 네츠(根津)
15 센다기(千駄木)
16 니시닛포리(西日暮里)
17 마치야(町屋)
18 키타센쥬(北千住)
19 아야세(綾瀬)
20 키타아야세(北綾瀬)

T 총거리 30.8km, 푸른색 토자이센(東西線)

- 01 나카노(中野)
- 02 오치아이(落合)
- 03 타카다노바바(高田馬場)
- 04 와세다(早稻田)
- 05 카구라자카(神樂坂)
- 06 이이다바시(飯田橋)
- 07 쿠단시타(九段下)
- 08 타케바시(竹橋)
- 09 오오테마치(大手町)
- 10 니혼바시(日本橋)
- 11 카야마쵸(茅場町)
- 12 몬젠나카쵸(門前仲町)
- 13 키바(木場)
- 14 토요쵸(東陽町)
- 15 미나미스나마치(南砂町)
- 16 니시카사이(西葛西)
- 17 카사이(葛西)
- 18 우라야스(浦安)
- 19 미나미교토쿠(南行德)
- 20 교토쿠(行德)
- 21 묘덴(妙典)
- 22 바라키나카야마(原木中山)
- 23 니시후나바시(西船橋)

Y 총거리 28.3km, 금색 유라쿠쵸센(有樂町線)

- 01 화코오시(和光市)
- 02 치카테츠 나리마스(地下鐵成增)
- 03 치카테츠 아카츠카(地下鐵赤塚)
- 04 헤이와다이(平和臺)
- 05 나가카와다이(永川臺)
- 06 코타케무카이하라(小竹向原)
- 07 센카와(千川)
- 08 카나메쵸(要町)
- 09 이케부크로(池袋)
- 10 히가시이케부크로(東池袋)
- 11 고코쿠지(護國寺)
- 12 에도가와바시(江戶川橋)
- 13 이이다바시(飯田橋)
- 14 이치가야(市ケ谷)
- 15 코오지마치(麴町)
- 16 나가타쵸(永田町)
- 17 사쿠라다몬(櫻田門)
- 18 유라쿠쵸(有樂町)
- 19 긴자잇쵸메(銀座一丁目)
- 20 신토미쵸(新富町)
- 21 츠키시마(月島)
- 22 토요스(豊洲)
- 23 타츠미(辰巳)
- 24 신키바(新木場)

Z 한조몬센(半藏門線)
총거리 16.8km, 보라색

- 01 시부야(澁谷)
- 02 오모테산도(表参道)
- 03 아오야마잇쵸메(青山一丁目)
- 04 나가타쵸(永田町)
- 05 한조오몬(半藏門)
- 06 쿠단시타(九段下)
- 07 진보오쵸(神保町)
- 08 오오테마치(大手町)
- 09 미츠코시마에(三越前)
- 10 스이텐구우마에(水天宮前)
- 11 키요스미시라카와(清澄白河)
- 12 스미요시(住吉)
- 13 킨시쵸(錦糸町)
- 14 오시아게(押上)

N 난보쿠센(南北線)
총거리 21.3km, 청록색

- 01 메구로(目黒)
- 02 시로카네다이(白金臺)
- 03 시로카네타카나와(白金高輪)
- 04 아자브쥬반(麻布十番)
- 05 롯본기잇쵸메(六本木一丁目)
- 06 타메이케산노오(溜池山王)
- 07 나가타쵸(永田町)
- 08 요츠야(四ツ谷)
- 09 이치가야(市ケ谷)
- 10 이이다바시(飯田橋)
- 11 코라쿠엔(後樂園)
- 12 도다이마에(東大前)
- 13 혼코마고메(本駒込)
- 14 코마고메(駒込)
- 15 니시가하라(西ケ原)
- 16 오오지(王子)
- 17 오오지카미야(王子神谷)
- 18 시모(志茂)
- 19 아카바네이와부치(赤羽岩淵)

○ 도쿄 지하철의 첫차와 막차 시간

도쿄 지하철의 첫차 시간은 5시~5시 30분 정도에 시작된다. 물론 지역이나 지하철 노선에 따라 다르지만, 막차 시간 또한 한국과 큰 차이가 없다. 참고로 출근 시간 즈음에는 러시아워로 엄청난 인파가 이동하므로 조금 여유를 두고 움직이는 것이 좋다.

도쿄에서 택시타기

>> 도쿄의 택시 요금은 소문을 들어 알고 있겠지만, 매우 비싸다. 기본 요금은 지역마다 차이가 있지만 대부분 660엔(2Km 기준) 정도로 지하철이나 버스 등의 다른 교통수단에 비해 매우 비싼 편이다. 또한 274m마다 80엔이 가산되기 때문에 장거리보다는 단거리 이동에 적합하다.

일본 택시의 가장 큰 특징은 한국과 달리 자동문이라서 손님이 문을 열고 닫지 않아도 된다. 한국 여행자들은 습관이 되어 직접 열고 닫는 버릇이 종종 나타나지만, 자동문임을 명심하자. 또한 합승이 없고 인원수에 상관없이 미터기 요금만 지불하면 되므로 가까운 지역을 여러 명이 이동한다면 지하철이나 버스보다도 저렴할 수 있다. 다만 야간 할증 요금이 있어서 밤 10시 이후에는 요금이 더 비싸다.

▶ 도쿄의 택시

도쿄에서 버스타기

>> 일본어를 전혀 모른다면 도쿄에 처음 방문한 여행자가 버스를 타는 깃이 쉽지 않다. 지하철은 노선 안내를 영어로 표기한 경우가 많은데 비해 도쿄의 버스노선은 매우 짧은 편이고 그만큼 노선도 많기 때문에 일본어를 모르고 처음 가는 여행자는 헤매기 쉽다. 도쿄의 버스는 사설버스가 주를 이루지만 도쿄도에서 자체적으로 운영하는 도에이 버스도 있다. 버스 노선은 일반적으로 지하철 역사에서 주로 출발하여 지하철이 다니지 않는 곳까지 가는 노선이 많다.

도에이 버스의 가장 큰 장점은 정액제라는 점이다. 탑승과 동시에 200엔(어린이 100엔)을 요금함에 넣으면 요금함이 요금을 자동으로 계산하여 차액을 돌려준다. 사설 버스는 버스 뒤쪽에서 탑승하고 앞쪽에서 내릴 때 금액을 지불하게 되는데 탑승 시 탑승한 정

▶ 버스 노선번호 앞에 적혀있는 한자는 버스 출발지의 지하철역의 앞자를 표시한 것이다.

류장이 표시된 딱지를 이용해서 이동한 거리만큼 요금표를 기준으로 계산을 한다. 물론 현금이 아닌 버스카드를 이용할 수도 있는데 일정액이 적립된 카드를 요금기에 넣으면 이동한 거리만큼 계산된다. 또한 현금보다 보너스 혜택이 있거나 환승 시 할인 혜택이 있는 카드도 있다. 노선 안내는 지하철처럼 화면뿐만 아니라 방송으로도 하며 내릴 역에서 정차 버튼을 누르면 내릴 수 있다.

Tip 신기한 지하철 방송의 숨은 의미와 지켜줘야 할 에티켓

지하철 안이나 역사에서 열차를 기다릴 동안엔 여러 가지 일본어 방송 멘트를 들을 수 있다. 가령, 야마노테센(山手線)의 경우

次は 有樂町 有樂町です゜
つぎは ゆうらくちょう ゆうらくちょうです゜
쯔기와, 유라쿠쵸, 유라쿠쵸(역)데스.
이번(역)은 유라쿠쵸, 유라쿠쵸(역)입니다.

혹은,
間もなく 有樂町 有樂町です゜
まもなく´ゆうらくちょう´ゆうらくちょうです゜
마모나꾸, 유라쿠쵸, 유라쿠쵸데스.
곧 유라쿠쵸, 유라쿠쵸(역)입니다.

이 방송 멘트에는 재미있는 것이 숨어 있는데, 그중 하나가 행선지에 따라 남자 목소리로 방송하기도 하고 여자 목소리로 방송하기도 한다는 점이다. 남자 목소리로 방송할 때에는 우에노 도쿄 방면으로 가는 열차를 의미하고, 여자 목소리로 방송이 나오면 신주쿠, 시부야 방면의 열차를 의미한다.

또한, 일본은 우리와는 달리 전철에서의 에티켓에 차이가 있다. 가장 대표적인 것이 휴대전화 사용에 대한 것이다. 진동은 물론이고 객차 내에서의 통화는 매너 없는 행동으로 시민들에게 바로 주의를 받곤 한다. 짐을 가지고 탈 때 짐을 좌석에 놓는 것도 예의에 어긋나는 행동이다. 우산도 바닥에 놓지 않고 자신의 가랑이 사이에 끼우는 것이 일반적이다. 그리고 아이들을 의자에 앉힐 때에는 반드시 신발을 벗긴다.

05 쇼핑 | **Shopping**

S h o p p i n g >>>>>>>

쇼핑

5-1 무엇을 살까?

>> 쇼핑은 여행자에게 빼놓을 수 없는 큰 즐거움이다. 특히 일본은 쇼핑의 천국이라고 할 만큼 사고 싶은 것도 많다. 처음 도쿄를 여행하는 여행자라면 한국에서는 구할 수 없던 다양한 상품에 눈이 갈 것이다. 하지만 사전 준비를 철저히 해야 저렴하고 알뜰한 쇼핑을 할 수 있음을 기억해두자.

쇼핑은 저녁 8시까지?

>> 여행 일정을 짤 때 꼼꼼하게 확인해야 할 것이 바로 쇼핑할 곳의 영업 시간이다. 박물관이나 식당처럼 쇼핑몰도 영업 시간이 있기 때문에 너무 늦게 이동하면 헛걸음을 할 수도 있다. 도쿄의 쇼핑몰은 대부분 일찍 문을 닫지만 그렇지 않은 곳도 의외로 많다. 백화점이야 한국처럼 8시면 문을 닫지만 돈키호테와 같은 매장은 새벽까지도 영업을 하며, 특히 사람이 많이 찾는 시부야나 신주쿠 매장은 밤늦게까지 영업을 할 때가 많다. 대신 오전에 문을 여는 시간이 늦는 경우가 많은데 하라주쿠의 일부 매장에는 거의 점심때가 다되어서야 개점을 한다. 오전에는 아사쿠사의 센소지와 같은 사찰이나 고쿄나 메이지진구와 같은 시간에 관계 없이 언제든지 볼 수 있는 장소를 먼저 보는 것이 효율적이다.

▶ 늦은 밤까지 여는 시부야의 상가들

▶ 오전에는 한산한 하라주쿠 다케시다도리

▶ 시간에 자유로운 고쿄

S h o p p i n g

일본을 기억할만한 선물들

>> 해외여행을 가게 되면 으레 주변 사람들에게 작은 선물이라도 하나씩 해야 할 때가 많다. 이런 경우라면 일본 전통 공예품이나 액세서리 등은 가격도 저렴하고 기념 선물로도 손색이 없다.

● 일본 전통이 깃든 종이 학용품

긴자에는 종이를 이용해 만든 공예품이나 학용품을 판매하는 곳이 있다. 이곳의 상품들은 비교적 비싼 편이지만 일본 색채가 강하면서도 쓸만한 선물들이 많기로 유명하다. 반면 큐쿄도에서는 현대적인 색채의 전통 문양이나 색상을 사용한 문구류와 액세서리늘을 구

▶ 큐쿄도 매장

입할 수 있다. 여름이라면 부채는 물론 수첩이나 전통 종이, 향 등을 구입할 수 있다. 이토야에서는 예쁜 엽서나 편지지 등을 구입할 수 있고, 액자나 부채, 지갑 등 종이 소재뿐만 아니라 다양한 형태의 문구류도 볼 수 있다.

비슷한 선물을 고를만한 장소로는 생활 잡화점인 도큐핸즈와 로프트와 같은 매장이 적합하다. 가격도 저렴하고 제품의 종류가 그야말로 잡화점이라고 할 만큼 많다. 두 곳 모두 체인점 형태로 로프트는 시부야에 대형 매장을 갖추고 있으며 도큐핸즈는 신주쿠와 이케부크로에서 만날 수 있다.

▶ 이토야

▶ 신주쿠의 도큐핸즈

▶ 시부야의 로프트

● 일본의 음식 상품들

먹는 즐거움은 큰 즐거움이지만 먹고 나면 그만 이기에 선물로서는 썩 내키지 않는 것이 사실이다. 하지만 연세가 많은 부모님에게 딱히 선물할만한 것이 없다면 한번쯤 일본의 맛을 음미할 수 있는 괜찮은 것들도 많다. 일본의 전통 먹거

리는 주로 과자나 떡류, 차류 등 매우 다양해 선물하기에 좋다. 일본은 선물용 과자가 다양한데 그 이유는 초대를 받는 경우 과자를 선물로 많이 사가기 때문이다.

▶ 백화점 지하 식품매장에서는 선물하기 적당한 제품을 찾을 수 있다.

포장된 양갱이나 모나카는 외형은 매우 예쁘지만 일본 특유의 달달한 느낌이 지나쳐 한두 개 이상 먹기에는 느끼하다.

녹차도 선물로 좋은 아이템이지만 가격이 비싸기 때문에 부담이 될 수도 있다. 또한 원산지나 판매처에 따라 가격 차이가 큰데 백화점 식품 코너에 가면 만족스러운 품질의 녹차세트를 구입할 수 있다. 공항에서도 팔기는 하지만 이보다는 다른 곳에서 구입하는 것이 품질이나 가격 모두 유리하다. 음식은 포장이 잘 되지 않으면 이동하기에 어렵지만 대부분 비교적 포장이 잘되어 있어 가지고 오는 데 어려움은 없다.

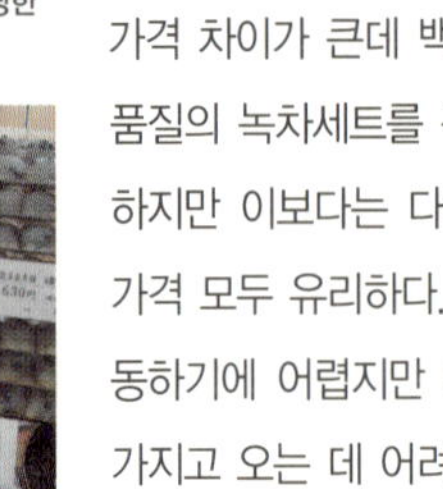

▶ 우에노역과 같이 교통의 요충지에는 선물로 살 만한 먹거리를 쉽게 만날 수 있다.

● 일본 전통 기념품

일본의 전통 기념품은 아사쿠사에서 구입하는 것이 제격이다. 아사쿠사 센소지 초입의 나카미세 거리에는 수십 개의 점포가 늘어서 있는데 일본 특산 밀집지역이라는 것을 단박에 알만큼 이국적이다.

일본 전통 공예품들은 도큐핸즈와 같은 곳에서도 볼 수가 있고 똑같은 상품을 아사쿠사와 도큐핸즈에서도 볼 수 있다. 도큐핸즈는 비교적 가격이 비싼 편이지만 때로는 아사쿠사보다 저렴한 것도 있기 때문에 가격

▶ 다양한 생활 잡화를 취급하는 로프트

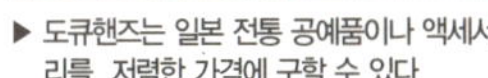
▶ 도큐핸즈는 일본 전통 공예품이나 액세서리를 저렴한 가격에 구할 수 있다.

비교가 필요하다면 이케부크로나 시부야에서 도큐핸즈를 먼저 구경한 후 아사쿠사에서 가격을 비교해 구입하는 것이 좋을 듯하다.

전자제품 알뜰 쇼핑

>> 워크맨이 유행하던 시절 일본산 전자제품은 그 인기가 하늘을 찔렀다. 전원이 맞지 않음에도 코끼리 밥솥은 일본 여행의 인기 품목 중 하나였다. 물론 요즘은 코끼리 밥솥을 사들고 한국으로 오는 여행자가 거의 없지만 정말 갖고 싶은 디자인의 일본산 가전제품은 여전히 사람들의 시선을 끈다. 디자인을 제외한다고 해도 한국뿐만 아니라 세계시장을 장악하고 있는 디지털 카메라의 대부분이 일제이다. 또한 본토에서 판매하는 가격이 한국의 판매 가격보다 매력적이다. 여전히 일본 물가는 비싸지만 전자제품만큼은 저렴하므로 여행 중에 전자상가를 들리는 것은 유용하다. 경우에 따라서는 여행 목적이 전자제품 구매인 경우도 많다. 하지만, 노트북이나 디지털 카메라를 구입하기 위해 방문했다면 약간의 주의가 필요하다. 준비 없이 무턱대고 아키하바라로 향했다면 오히려 더 비싸게 사거나 몸만 고생하고 정작 물건은 구하지도 못하는 상황이 발생할 수도 있다.

● 도쿄가 항상 싼 것은 아니다.

전자제품은 일본이 모두 쌀까? 한국에서도 여러 경로를 통해서 일본에서만 판매되는 제품을 구할 수 있다. 물론 이런 저런 수수료에 운송료를 붙이면 비싼 경우도 있겠지만 업체에서 구하는 가격에 과연 사올 수 있을지에 대해서는 성공 여부를 확신할 수 없다. 특히 컴퓨터 관련 제품

▶ 고가의 SLR 카메라 렌즈는 일본이 훨씬 저렴하다.

들은 오히려 일본보다 한국이 더 저렴한 제품도 많다. 특히 하드디스크나 메모리, 디지털 카메라에 사용되는 플래시 메모리는 일본보다 한국이 훨씬 저렴하다. 반면 디지털 카메라나 노트북과 같은 제품들의 가격은 일본이 더 저렴한 편이다.

▶ 노트북의 상당수는 한국에 없는 모델이다.

▶ IPOD 관련 액세서리는 매우 다양하다.

▶ 하드디스크나 메모리는 한국이 더 저렴하다.

▶ 비교할 수 없을 만큼 다양한 비디오 게임

카메라용 액세서리나 부품도 매우 저렴한데 한국에서는 1만 원이 넘는 SLR 카메라용 렌즈 캡과 같은 작은 부속도 1~2천 원이면 구입할 수 있다. SLR 카메라용 렌즈는 제품에 따라 가격이 천차만별이지만, 고가의 렌즈는 일본이 더 저렴하고, 오히려 저가형 렌즈는 한국이 더 저렴하기도 하다. 카메라와 렌즈로 구성된 패키지 제품은 한국에서 렌즈만을 분리해 판매하는 경우가 있는데 일본에서는 이런 일이 거의 없기 때문에 이런 렌즈는 한국에서의 판매가격이 일본보다 30~40% 이상 저렴한 기현상이 일어나기도 한다. MP3 플레이어도 전반적으로 저렴한 편으로 한국 제품임에도 오히려 국내보다 싼 경우도 많다. 반면 소니 MP3 플레이어는 생각보다 가격 차이가 많지 않다. 아울러 애플 IPOD 관련 액세서리는 일본이 더 저렴하며, 관련 상품 또한 한국과는 비교가 되지 않을 만큼 다양하다.

컴퓨터 액세서리는 매우 다양한데 양판점에 가면 여러 곳을 다니지 않아도 한 곳에서 모든 제품을 만날 수 있다. 매킨토시 관련 제품의 경우 일본이 전반적으로 저렴하며 관련 상품의 수도 훨씬 다양하다. 비디오 게임기는 원조답게 거의 원하는 모든 소프트웨어를 구입할 수 있을 뿐만 아니라 가격 면에서도 저렴하다. 미국의 XBOX 360의 경우 사실상 전 세계에서 가장 저렴하게 구입할 수 있는 곳이 일본이며, 비디오 게임 시장에서는 단연 최고의 쇼핑시장이다.

카시오나 세이코, 시티즌과 같은 굵직한 시계 브랜드는 손목시계부터 벽시계에 이르기까지 눈이 휘둥그레질 정도로 다양하다. 같은 상품을 한국의 인터넷 쇼핑몰 등을 통해서 구입할 경우 저가형 제품은 가격 차이가 크지는 않는다. 가격대가 높을수록 차이가 제법 있는데 국내의 경우 일부 중국산 짝퉁 상품이 돌아다니는 것과는 달리 양판점의 제품은 확실한 정품임을 믿을 수 있다.

▶ 시계만 전문적으로 취급하는 대형 매장

● 아키하바라 실속 쇼핑

저렴하게 전자제품이나 컴퓨터 관련 상품을 살 수 있는 곳은 단연 아키하바라이다. 하지만 아키하바라에서 물건을 구입하려면 미리 준비해야 저렴한 가격에 구입이 가능하다. 먼저, 아키하바라에서 일본의 가격 비교 사이트를 이용해 구입하고자 하는 물건을 가장 저렴하게 파는 곳을 찾는다. 이중에서 오

▶ 사전 정보를 알면 편리한 아키하바라

프라인 판매가 가능한 업체와 그렇지 않은 업체를 알아본다. 일본의 가격 비교 사이트에 나와 있는 업체 중에는 아키하바라에 매장이나 사무실을 둔 곳이 많다.

 ○ 일본의 대표적인 전자제품 가격 비교 사이트 : www.kakaku.com

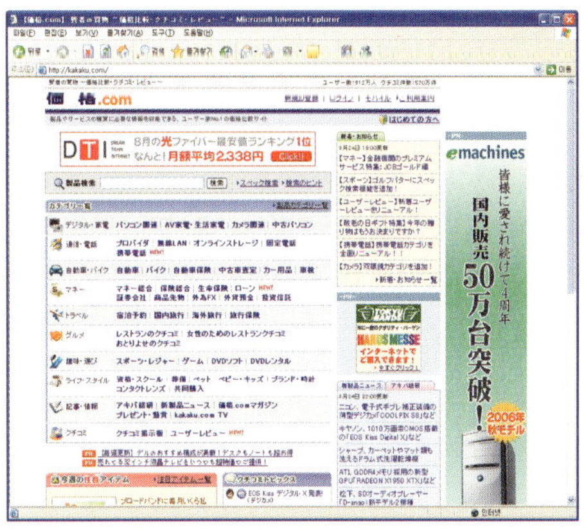

▶ 가격 비교 사이트에서 사려는 물건을 저렴하게 파는 곳을 알아둔다.

매장 판매가 가능한 업체를 몇 군데 찾아서 그곳의 위치를 파악해 둔다. 사실 가격 비교 사이트에 적혀 있는 매장의 최저가로 사기란 쉬운 일은 아니다. 게다가 아키하바라의 최저가는 신용카드가 아닌 현금으로만 가능한 금액이며 우리의 가격 비교 사이트 업체들처럼 실제 물건이 없거나 저렴한 가격의 물건인 경우 실제

일본에 갔을 때는 재고가 없을 수도 있다. 그래서 현지에서 인터넷을 이용해 변경된 정보가 없는지 확인하면 저렴한 쇼핑을 할 수 있다.

5-2 일본 3대 전자제품 전문점

>> 일본의 3대 전자제품 양판점은 업체에서 정한 정찰제를 유지하고 있다. 또한 포인트 제도 등을 통해서 1천 엔 이상 할인된 가격에 판매한다. 양판점 간의 본격적인 경쟁 체제 이후 아키하바라의 가격은 예전 같지 않을 뿐 아니라 포인트 제도는 물론 일정 금액을 할인해주는 정책 덕분에 상당수의 제품이 아키하바라보다 저렴하다. 가격이 저렴한 이유는 바로 포인트 제도인데, 빅 카메라는 요도바시나 사쿠라야와 달리 외국인에게도 포인트를 적립하여 사용할 수 있게 하고 있다.

▶ 손님이 길게 늘어선 한 양판점 앞

▶ 개점 전임에도 신제품을 사려는 모습들

빅 카메라

>> 일본인들이 비쿠 카메라라고 부르는 빅 카메라는 이케부크로(池袋) 본점을 비롯, 전국적인 유통망을 가진 대규모 양판점이다. 이름에서 알 수 있듯이 원래는 카메라를 전문으로 시작했지만 이후 전자제품부터 컴퓨터, 오디오, 통신장비, 시계와 안경, 완구, 스포츠용품, 심지어 술까지 판매하는 종합 쇼핑몰의 면모를 갖추고 있다. 도쿄에도 여러 매장이 있는데 가장 큰 매장은 이케부크로이고, 그 외 신주쿠와 긴자, 시부야에 매장을 가지고 있다.

빅 카메라의 장점은 포인트 카드에 있다. 정가의 약 10%를 적립하여 현금처럼 사용할 수 있고 품목에 따라 그 이상의 포인트를 적립해주며 적립 포인트는 바로 현금 대신 사용할 수 있다. 포인트 카드 유효기간은 마지막 사용 시점으로부터 2년까지 유효하고 일본에 2년 안에 갈 예정이 없다면 포인트를 모두 쓰고 오는 것이 좋다. 유효기간은 영수증에 표시된다.

▶ 규모가 큰 긴자의 빅 카메라

▶ 오다큐백화점에 입점한 빅 카메라 신주쿠점

▶ 빅 카메라의 포인트 카드

4만 엔짜리 디지털 카메라를 구입할 경우 4천 엔에서 많게는 8천 엔을 적립해주기 때문에 이 금액으로 액세서리나 플래시 메모리를 구입할 수 있다. 일반적인 포인트 카드를 만드는데 있어 외국인들에게는 잘 안 만들어주는 다른 업체들과는 달리 빅 카메라는 외국인도 바로 포인트 카드를 만들 수 있다. 그래서인지 외국 여행자가 일본에서 가장 저렴하게 구입할 수 있는 곳이 빅 카메라이다. 주의할 점은 카드로 구매 시 포인트가 10%가 아닌 8%만 적립된다. 빅 카메라 매장 또한 그 규모가 매우 큰 곳부터 작은 곳까지 다양하기 때문에 매장에 따라 물건의 재고나 취급하는 물건에 차이가 있을 수 있다.

○ 시간 : 10:00~21:00 연중무휴
○ 홈페이지 : www.biccamera.com

요도바시 카메라

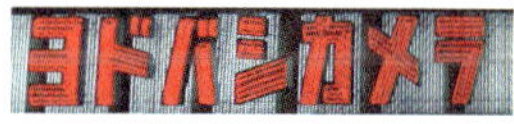

>> 빅 카메라와 함께 가장 큰 양판점을 운영하고 있는 요도바시 카메라도 빅 카메라처럼 카메라 전문으로 시작해 컴퓨터, 주변기기들, 가전제품부터 건강용품까지 취급하는 종합 양판점이디. 요도비시에는 골드 포인트 기드리는 제도기 있는데 10% 이상을 적립하여 현금처럼 사용할 수 있다. 이곳 역시 유효기간 2년이 있는 등 빅 카메라와 비슷한 시스템으로 운영한다. 하지만 아쉽게도 외국인에게는 포인트 카드를 잘 만들어주지 않는 단점이 있다. 주의할 점은 카드 구매 시 포인트가 10%가 아닌 8%만 적립된다.

요도바시 카메라는 신주쿠, 아키하바라, 우에노에 매장이 있으며, 특히 아키하바라 매장은 도쿄의 모든 양판점을 통틀어 가장 큰 7,000평 규모의 거대한 빌딩 전체를 요도바시 카메라가 사용하고 있다.

▶ 아키하바라의 요도바시 아키바

○ 시간 : 10:00~22:00
○ 홈페이지 : www.yodobashi.com

▶ 시계와 게임상품을 취급하는 신주쿠점

사쿠라야

>> 전자제품에서 출발한 양판점이지만 카메라, 가전제품, 휴대폰, 시계와 안경 등의 다양한 상품을 취급하고 있다. 신주쿠역에서 시작한 사꾸라야도 사쿠라야 포인트백 카드를 통해 빅 카메라나 요도바시 카메라처럼 10~25% 정도의 제품별 포인트 적립을 통한 가격 할인 혜택을 제공한다. 외국인에게는 포인트 카드 발급이 어려운 편이며, 이케부크로와 도쿄역, 시부야에 매장이 있다.

▶ 신주쿠의 사쿠라야 매장은 비교적 큰 편이다.

○ 시간 : 10:00~21:00
○ 홈페이지 : www.sakuraya.co.jp

▶ 시부야의 양판점 중 가장 큰 사쿠라야

● 한국에서도 A/S가 되는 제품들

애프터 서비스가 가능한 기간을 보통 워런티라고 한다. 이러한 워런티 제도는 대부분 자국 내에서만 제공이 가능하다. 하지만 노트북과 같은 포터블 제품은 해외에서의 사용이 많은 관계로 전 세계 어디서든지 보장수리가 가능하도록 월드와이드 워런티를 제공한다. 일본에서 구입한 컴퓨터 관련 제품을 포함한 대부분의 전자제품은 월드와이드 워런티를 제공하지 않는다. 만약 한국에서 사용하다 문제가 발생하면 수리할 방법이 없거나 무상수리 기간임에도 비싼 비용을 지불하고 수리를 받아야 한다. 반면 노트북이나 PDA 등 일부 제품에는 월드와이드 워런티를 제공한다. 또한 IPOD과 같은 애플 컴퓨터에서 만든 휴대용 기기들은 전 세계 어디서든 수리가 가능하기 때문에 한국에서도 무상수리를 받을 수 있다.

▶ IPOD은 월드와이드 워런티를 지원한다.

가전제품 중에는 월드와이드 워런티를 제공하는 제품이 거의 없다. 월드 와이드 워런티를 위한 수리 비용은 기본적으로 제품 가격에 포함되어 있으며 일부 제품은 자사의 제품에 대한 자신감을 토대로 이러한 서비스를 지원하기도 한다. 저가형 시계의 경우 카시오의 일부 제품만이 월드와이드 워런티를 제공하며 세이코나 시티즌의 시계는 고장날 경우 국내의 시계점 등에서 고치는 방법 밖에는 없다. 또한 월드와이드 워런티를 보장받기 위해서는 워런티 카드를 갖고 있거나 해외에서 구입한 증명서 혹은 영수증, 보증서 등의 서류가 필요하기도 하므로 일본에서 구입 시 반드시 챙겨 놓아야 한다.

● 전자제품 구입 시 전압 확인

일본의 생활가전 제품 중에 품질도 좋고 디자인이 매우 뛰어난 제품을 구입하고 싶어도 포기할 수밖에 없는 경우가 있다. 한국은 220V를 사용하지만 일본은 100V의 전압을 사용하기 때문이다. 그러나 휴대용으로 만들어진 제품 중에는 220V를 지원하는 제품도 있으므로 일본에서 전자제품을 구입할 때는 반드시 전압을 확인해야 한다. 국내에서 100V의 제품을 사용하려면 다운트랜스가 필요한데 다운트랜스 용량의 한계로 인해 많은 전류를 사용하는 밥통이나 전기드라이어기와 같은 제품은 사용에 문제가 생길 수 있다. 그러므로 100V를 사용하는 전열제품은 피하는 것이 좋다. 휴대하며 사용해야 되는 제품은 다운트랜스를 가지고 다닐 수는 없으므로 충전 방식이 아닌 이상 구입하지 않는 것이 바람직하다.

▶ 가전 제품 구입 시 사용 전압 확인은 필수

5-3 일본의 패션 트렌드 엿보기

>> 예쁜 옷이나 액세서리는 단연 하라주쿠나 시부야, 오다이바가 으뜸이다. 특히 하라주쿠는 패션 거리라고 할 수 있는 다케시다도리를 비롯해 고급스러운 제품까지 한자리에서 만날 수 있는 곳이다. 수십 개의 패션 관련 아이템을 취급하는 다케시다도리의 인기 비결은

▶ 일본의 패션 1번지, 다케시다도리

저렴한 가격과 다양한 종류의 제품에 있다. 동대문보다 가격이 저렴할뿐더러 독특한 디자인의 제품들을 볼 수 있다.

하라주쿠에는 고급화된 고가 뷰티크의 자체 브랜드 상품뿐만 아니라 여러 가지 메이커를 주인의 스타일에 맞추어 갖추어 놓은 셀렉트숍이 즐비하며 명품 직영 매장도 여러 곳이 있다. 시부야로 유행 1번지가 옮겨 갔다고 하지만 하라주쿠의 집중된 패션 아이템과 달리 시부야

▶ 유행에 민감한 라포테 하라주쿠

는 폭넓은 지역에 분포돼 있으며 패션을 선보이는 자리처럼 느껴진다. 비싼 일본의 물가에 비해 상대적으로 저렴하게 느껴지는 하라주쿠의 저가형 옷들은 원단 품질이 그다지 좋지 않은 경우가 더러 있다. 그러므로 저렴한 옷을 구입할 때는 디자인뿐만 아니라 옷의 품질도 체크해봐야 한다. 일명 켓츠 스트리트라고 불리는 곳은 보다 참신한 스타일을 갖춘 젊은 디자이너의 옷이나 패션 아이템을 볼 수 있는데 독특한 스타일이나 세련된 디자인이 돋보인다. 하라주쿠에도 패션 쇼핑몰이 여러 개 있는데 그 대표급이라 할 수 있는 라포테 하라주쿠는 새로운 유행에 민감한 사람에게 어필할 수 있는 곳이지만 가격은 비싼 편이다.

▶ 시부야의 대표적인 쇼핑몰 시부야 109

엄청난 사람이 모이는 만큼이나 많은 패션 관련 쇼핑몰이 즐비한 시부야는 대형 백화점은 물론이고 중소 크기의 매장이 대거 밀집해 있다. 특히 100여 개의 패션 관련 숍이 밀집된 시부야 109는 시부야역 앞에 있어 쉽게 찾을 수 있

고 그만큼 많은 사람의 발길이 머무는 곳이다. 한국의 동대문 상가들과 비슷하지만 가격은 비싼 편이다.

하라주쿠에서 시부야로 걸어서 내려온다면 브랜드 매장을 쉽게 찾을 수 있는데, 리바이스나 노티카 등 다양한 숍들을 구경할 수 있다.

▶ 하라주쿠에서 시부야로 걸어가면 다양한 브랜드의 숍이 밀집된 거리를 만날 수 있다.

신주쿠나 긴자 또한 쇼핑몰 밀집지역이다. 신주쿠는 서쪽의 케이오와 오다큐백화점을 비롯해 동쪽에는 이세탄백화점 등 하루 종일 보아도 질리지 않을 만큼 많은 쇼핑몰이 밀집돼 있다. 신주쿠나 시부야가 다소 복잡하

▶ 긴자의 시세이도 관련 상품을 전문으로 취급하는 THE GINZA

고 젊은 취향에 맞추어져 있는데 비해 긴자쪽 쇼핑몰은 정리된 느낌을 주지만 가격이 비싼 편이다. 특히 명품을 보다 쉽게 만날 수 있는데 구입을 원한다면 백화점뿐만 아니라 하라주쿠나 긴자의 명품 메이커 직영 매장을 이용하는 것이 좋다. 다만 가격이 면세점과 비교해 저렴하지 않는 경우가 많다.

▶ 하라주쿠 오모테산도의 명품 매장

▶ 약국에서도 화장품을 구입할 수 있다.

도쿄에서 쇼핑하기 적당한 쾌적한 환경을 갖춘 곳은 단연 오다이바의 쇼핑몰이다. 특히 비너스 포트는 여성을 위한 쇼핑몰이라는 이미지답게 유럽풍 인테리어와 여성들이 좋아할만한 쇼핑거리를 잘 갖추어 놓았다. 또한 화장품을 전문적으로 취급하는 곳도 있지만 특이하게도 약국에서 화장품을 파는 경우가 많고 체인 형태의 약국도 있다. 다양한 화장품을 쉽게 접할 수 있는 곳은 단연 백화점이겠지만 시세

이도의 화장품을 체험하기 원한다면 긴자에 있는 시세이도 직영 매장을 참고하기 바란다. 그 외 일본에서 옷을 구입할 때는 반드시 입어보고 구입하는 것이 좋다. 사이즈가 실제 크기보다 작게 나오는 경우도 많고, 체형 조건이 우리보다 좀 작은 편이기 때문이다.

5-4 일본의 대중문화 살펴보기

>> 일본 서점을 방문해보면 정말 다양한 분야의 책까지 출간되는 일본의 출판 문화를 느낄 수 있다. 일본도 대형서점을 중심으로 지점망이 발달되어 있다. 리브로나 준쿠도 서점과 같은 중형서점도 있고, 일본을 대표하는 키노쿠니야 서점도 볼 수 있다. 키노쿠니야는 신주쿠에 두 개의 체인을 가지고 있을 정도로 쉽게 볼 수 있을뿐더러 규모도 상당하다. 잡지류는 시부야의 북퍼스트가 으뜸이다. 아마도 일본에서 만날 수 있는 거의 모든 잡지를 한눈에 볼 수 있을 만큼 대규모이다.

▶ 신주쿠의 키노쿠니야

오래된 책을 찾는다면 단연 간다(神田)로 가야 한다. 아키하바라 주변에 있는 간다는 고서적과 헌책을 취급하는 서점이 대거 모여 있으며 특정 분야의 전문화된 서점도 여러 곳 있기 때문에 구하기 힘든 책을 찾아보는 묘미가 있는 곳이다. 특히 가을에서 겨울로 넘어가는 시점에는 책 축제를 하기 때문에 관심 있는 사람은 이때 가보는 것도 좋다.

▶ 다양한 잡지를 한자리에서 볼 수 있는 북퍼스트

음반이나 DVD 구입은 생각보다 저렴하지 않아 실망할 수도 있다. 한국과 마찬가지로 온라인을 통해서는 비교적 저렴하게 구입이 가능하지만 음반과 책 모두 오프라인 매장의 판매가격은 정가로 팔거나 약간 할인이 되는 정도이다. 대신 직접 눈으로 보거나 듣고 살 수 있다는 점 때문에 대형 음반매장을 찾는 것 같다. 일본을 대표하는 음반 매장은 단연 HMV로서 시부야의 HMV는 일본 최대 규모의 음반을 갖춘 곳이다. 또한 긴자나 오다이바, 아키하바라 등 주요 지역에도 매장이 있다.

▶ 간다(神田)의 고서점가

매장 숫자는 적지만 HMV 만큼이나 많은 음반과 DVD를 볼 수 있는 곳이 타워레코드이다. 긴자에 가장 큰 매장을 갖추고 있으며 중심가에서 조금 위쪽에 있어 한가롭게 음반이나 DVD를 고를

▶ 일본 최대의 음반체인 HMV

▶ HMV 버금가는 시부야 타워레코드

수 있다. 저렴한 가격의 중고 음반 및 DVD나 더 많은 할인을 받기 원한다면 시부야의 레코판 빔스가 괜찮다. 매장 규모도 제법 크고 LP나 레이저 디스크도 살 수 있으며, 최근 출간된 음반도 저렴한 가격에 살 수 있다. 중고라고 해도 실제로는 새 것 못지않은 상태다.

▶ 가격이 저렴한 레코판 빔스

● 새 것 같은 중고제품 전문섬

중고를 사고 파는 것이 체계화되어 있는 일본 특유의 특징이 잘 나타나는 매장을 이용하면 새 것 못지않은 중고제품을 구입할 수 있다. 가장 대표적인 중고 매장인 북오프는 웬만한 서점 못지않은 대규모의 서적, DVD, 음반, 게임을 취급하고 있다. 같은 상품이라도 제품의 상태에 따라 가격이 다르게 책

▶ 엄청난 양의 DVD와 서적 전문 중고 매장 북오프

정되며 중고 제품을 매입도 하기 때문에 사용하지 않는 음반이나 DVD 등을 팔수도 있다. 상태가 좋은 제품은 새 제품과 별 차이가 없으며, 중고라고 해도 새 것과 비슷한 가격에 판매된다. 이 때문에 비디오 게임은 양판점에서 할인 혜택을 받는 경우의 가격과 거의 비슷할 수도 있으므로 비디오 게임류를 구입하고자 한다면 미리 가격을 비교해볼 필요가 있다.

컴퓨터 소프트웨어나 하드웨어 중고 제품을 원한다면 소프트맵(소프맙)이 적당하다. 소프트맵은 아키하바라에 여러 매장을 갖추고 있는데 새 제품은 물론이고 중고PC나 주변기기, 노트북, 소프트웨어, 게임까지 팔고 살 수 있다. 제품의 상태에 따라 가격도 다르게 책정되므로 보다 파격적으로 할인된 가격에 새 것 같은 중고도 고를 수 있다. 중고 가격은 박스나 내용물의 유무에 따라 각각 가격이 다르게 책정된다.

▶ 다양한 중고 제품을 파는 소프맙

Tip 세금을 아끼는 지혜 – 쇼핑은 400달러 이내로

어떤 상품을 구입하든지 상품 가격에는 부가가치세와 같은 세금이 추가된다. 한국에서 판매되는 물건에는 부가가치세가 포함돼 있다. 그러나 일본에서 구입한 물건에는 대한민국 정부에 내야하는 부가가치세를 포함하고 있지 않다. 그래서 일본에서 구입한 제품이라도 국내에 반입을 하려면 부가세를 내야 한다. 여기에 상품에 따라 국내 산업을 보호하는 목적으로 부과되는 관세도 지불해야 한다. 관세와 부가가치세를 모두 합쳐서 그냥 관세라고들 부르는데 상품의 종류에 따라 관세가 달라진다.

▶ 노트북과 같은 고가의 제품이라도 항목에 따라 관세가 없고 10% 부가세만 내도 되는 제품도 있다.

관세가 아예 없는 제품도 있는데 가장 대표적인 것이 노트북이다. 노트북은 관세가 없는 대신 부가세 10%만 내면 국내로 반입이 가능하다. 이때의 과세 기준은 노트북을 구입할 때 받은 영수증으로 하기 때문에 구입 시 영수증을 잘 챙겨놓아야 한다. 만약 영수증이 없는 경우 세관의

▶ 출국 시 한국에서 가져가는 고가의 물건은 미리 세관에 신고를 하고 가는 것이 좋다.

기준을 적용하여 세금을 책정한다. 아예 세금을 내지 않아도 되는 경우도 있는데 자신이 6개월 이상 외국에서 사용한 중고품이나 입증이 가능한 기관의 연구 목적으로 들여온 것들이 해당된다. 다만 판매를 목적으로 하는 경우 중고품이라고 해도 모두 부가세 적용 대상이 된다.

외국에서 구입한 상품을 세관에 신고하고 그에 합당한 세금을 내는 것은 당연하지만 일본에서 오는 여행객 대부분이 세관 신고 없이 들여오는 경우가 많다. 외국에서 개인이 구입한 물건에는 면세 혜택이 있어 면세 혜택의 범위 내에서는 세금을 내지 않아도 된다. 면세 혜택은 미화 400불 이내로 환율에 따라 달라질 수 있겠지만 엔화로 따지면 약 4만 5천 엔 정도이다.

06 도쿄의 볼거리 | **Tourism**

Tourism

도쿄의 볼거리

6-1 오다이바 お台場

>> 도쿄의 대표적인 명소로 뽑는데 누구도 주저하지 않는 곳이 바로 오다이바이다. 도쿄 여행서에서 빠지지 않는 이곳은 놀이공간에 독특한 테마파크 형태의 쇼핑몰이 한 자리에 모인 작은 섬이다. 오다이바가 일본인은 물론 외국인에게 도쿄의 대표적 관광지로 각인된 것은 그리 오래 전 일이 아니다. 오다이바(お台場)는 막부시대에 개국을 요구하는 미국의 페리함대에 대항하기 위해 설치한 서양식 포대의 이름에서 유래되었다. 지금처럼 발전하기 전까지는 그리 볼품없이 그저 도쿄에서 윈드서핑을 타기 위한 장소에 불과했었다.

▶ 오다이바의 상징인 레인보우 브릿지

1980년대 이후 복잡한 도심의 혼잡을 줄이기 위해 계획적으로 개발한 오다이바는 처음엔 오피스 촌이었지만, 계획에 차질이 생기면서 관광객을 위한 지금의 오다이바로 변모하였다. 오다이바를 임해부도심(린카이후쿠토신, 臨海副都心)이라고 부르기도 하는데 도쿄도에서 개발한 오다이바해변공원역부터 다이바역까지의 지역을 일컫는다. 오다이바를 대표하는 관광명소는 여러 곳이 있지만 이중 덱스 도쿄 비치와 후지 텔레비전이 1990년대 중반 세워진 이후 팔레트타운을 비롯한 아쿠아시티와 메디아주가 생겨나면서부터 현재의 오바이바가 완성되었다고 보면 된다.

▶ 오다이바의 해변

오다이바의 관광 포인트

>> 작은 섬이지만 다양한 볼거리가 많아 하루를 아낌없이 투자해도 전부를 보긴 어렵다. 그래서 준비 없이 방문했다가는 단순히 오다이바해변공원역(お台場海浜公園) 주변을 배회하다가 돌아가는 경우가 많다. 이곳에는 쇼핑센터나 레인보우 브릿지 및 자유의 여신상과 같은 오다이바의 상징적인 부분을 충분히 느낄 수 있다.

하지만 팔레트타운을 놓친다면 오다이바를 제대로 봤다고 할 수 없다.

오다이바에는 유익한 과학관들이 많아서, 아이들과 함께 방문한 여행자라면 체험 학습에 도움이 되는 유용한 볼거리가 많다. 또한 오다이바 내부는 전철 대신 모노레일인 유리카모메가 다니는데 이 모노레일을 중심으로 섬 전체를 둘러보기에도 적당하다. 걷기를 즐기는 여행자라면 사람들이 즐겨 찾는 오다이바해변공원이나 팔레트타운 등은 걸어서도 왕래가 가능하다. 단, 쇼핑몰 등의 내부에서도 많이 걸어야 하므로 여러 곳을 다닐 계획이라면 유레카모메 1일 승차권을 구입하여 이동하는 것이 유리하다.

▶ 오다이바의 덱스 도쿄 비치

▶ 후지TV 전경

▶ 오디이바 배 과학관

일정이 빠듯하여 반나절 정도 밖에 시간이 없는 여행자라면 오다이바해변공원역 주변 관광지만을 둘러보는 것도 괜찮다. 이곳에는 레인보우 브릿지, 덱스 도쿄 비치, 아쿠아시티, 메디아주 등의 쇼핑몰과 후지TV 빌딩, 그리고 한적한 바닷가를 산책할 수 있는 반나절 코스로 충분하다. 다른 코스는 팔레트타운을 중심을 둘러보는 것인데, 이곳에는 비너스 포트, 선워크와 같은 특색 있는 쇼핑몰은 물론 자동차를 좋아하는 사람이라면 반드시 가볼만한 메가웹과 오다이바의 상징적인 놀이기구이자 전망 코스인 대관람차를 탈 수도 있다.

▶ 오다이바 대관람차

▶ 비너스 포트

▶ 메가웹

오다이바 가는 법

>> 오다이바로 가는 방법은 모노레일인 유리카모메를 이용하는 방법과 수상버스를 타고 들어가는 방법, 그리고 JR 린카이센으로 가는 방법이 있다. 내부를 돌아다니기 위해서는 유리카모메를 타고 가는 것이 가장 일반적이다.

● 모노레일 유리카모메

갈매기라는 뜻의 유리카모메는 운전자 없이 자동으로 운행되는 모노레일로 JR 신바시역에서 내리면 유리카모메 신바시역에서 탑승할 수 있다. 승차감이 뛰어나며 지상 50m 높이에서 달리는 만큼 주변 풍경을 감상하기 적합하게 좌석이 배치되어 있다. 유리카모메는 총 16개의 역을 지나는데 요금은 일반 전철보다 약간 비싼 편이다.

▶ 유리카모메 안에서 본 레인보우 브릿지

기본 구간은 180엔으로 신바시역에서 바로 오다이바로 들어가는 것이 아니라 중간에 몇 번 정차하고 레인보우 브릿지를 건너기 때문에 실제로 오다이바해변공원까지

▶ JR 신바시역에서 유리카모메를 타려면 가라스모리 출구로!

▶ 유리카모메 신바시역에서 한국어 노선도 얻을 수 있다.

▶ 색다른 승차감을 주는 유리카모메

들어가는 데는 310엔이 필요하다. 왕복으로는 600엔이 넘는데 이곳뿐만 아니라 다른 곳으로 이동하기 위해서도 만만치 않은 요금이 필요하므로 오다이바해변공원만 가는 것이 아니라면 가급적 800엔(어린이 400엔)에 살 수 있는 1일 승차권을 구입하는 것이 훨씬 저렴하다. 또한 한국인이 많이 찾는 관광지답게 유리카모메 신바시역 입구에서는 한국어 안내서도 제공된다. 첫차는 6시에 있으며, 막차는 자정 12시까지 있다. 유리카모메는 무인으로 운행하는 열차이기 때문에 맨 앞쪽에 앉으면 마치 놀이기구를 탄 것 같은 기분을 느낄 수 있으며, 특히 레인보우 브릿지를 건널 때는 그런 느낌이 더하다. 그러다보니 맨 앞자리는 경쟁이 치열하다. 미리 승차장 맨 앞에서 기다리면 비교적 쉽게 맨 앞 차량의 앞자리를 차지할 수 있다.

▼ 모노레일 유리카모메 노선

| U-01 신바시 新橋 | U-02 시오도메 汐留 | U-03 다케시바 竹芝 | U-04 히노데 日の出 | U-05 시바우라 후토 芝浦ふ頭 | U-06 오다이바 가이힌코엔 お台場海浜公園 | U-07 다이바 台場 | U-08 후네노 카가쿠칸 船の科學館 | U-09 텔레콤센터 テレコムセンター | U-10 아오미 青海 | U-11 고쿠사이 텐지조 세이몬 國際展示場正門 | U-12 아리아케 有明 | U-13 아리아케 테니스노모리 有明テニスの森 | U-14 시조에 市場前 | U-15 신도요수 新豊洲 | U-16 도요수 豊洲 |

유리카모메 승차권 뽑기

① 유리카모메 승차권도 다른 전철 승차권을 뽑는 방식과 차이가 없다. 터치스크린으로 된 화면은 일본어를 모르면 우측 상단의 'English' 버튼을 선택하자. 그리고 왼쪽에 버튼이 여러 개 있는데 승차할 인원이 여러 명이라면 한꺼번에 원하는 인원수만큼의 표를 선택할 수 있다.

② 화면에 여러 역이 화면이 나타나고 그에 해당하는 요금이 표시된다. 붉은색으로 표시된 것은 현재의 역을 나타낸다. 거리에 따라 가격이 책정되는데 이동하고자 하는 여러 역의 합산 금액이 800엔을 넘는다면 'ONE DAY TICKET'을 구입하는 것이 바람직하다.

③ 선택한 금액만큼 동전이나 지폐를 넣는다.

④ 잔돈과 티켓이 나오면 챙기자.

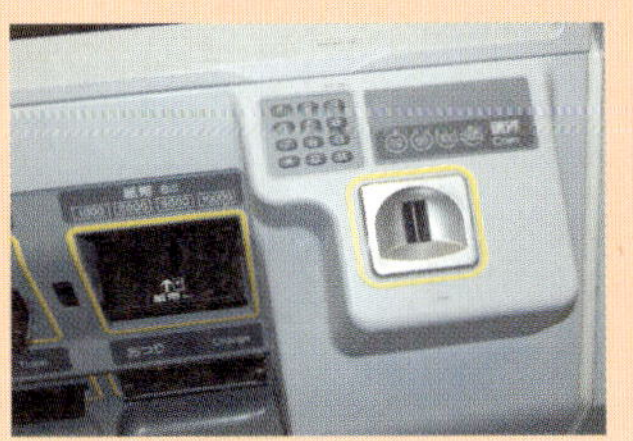

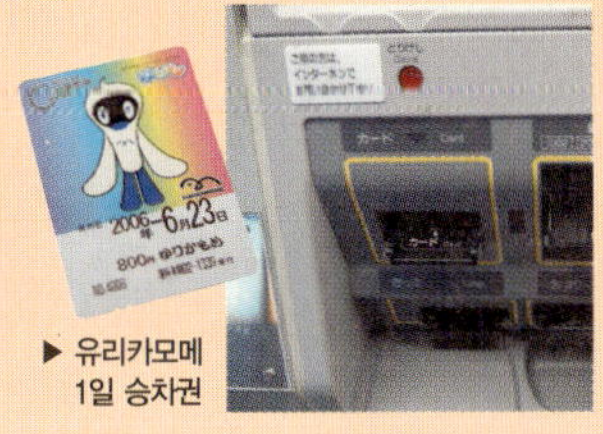

▶ 유리카모메 1일 승차권

● JR 린카이센

▶ JR 린카이센

모노레일, 유리카모메 외에 JR 린카이센(りんかい線)을 타고 오다이바로 갈 수 있다. JR 오오사키역(大崎)에서 출발하는 린카이센은 오다이바(お台場)뿐만 아니라 신키바(新木場)까지 연결되어 있으며 오다이바 내부에서는 오다이바해변공원 근처에 있는 도쿄 텔레포토역(東京テレポト)과 유리카모메의 고쿠사이텐지죠(國際展示場)에 정차한다. 오다이바해변공원만 가려면 유리카모메를 이용하지 않고 JR 전철을 한 번만 갈아타면 보다 저렴한 비용으로 갈 수 있다.

JR 린카이센의 요금은 기본 200엔이며 오사키에서 도쿄 텔레포토역까지 요금은 320엔이다. JR 린카이센을 타면 조금은 절약되긴 하지만 유리카모메를 이용하는 것과 비용 면에서 아주 큰 차이가 없으므로 여행자가 편한 곳에서 선택하여 탑승해도 상관없다. 또한 오다이바 내에서 아쿠아시티와 비너스 포트 그리고 메가웹만 즐기고자 한다면 굳이 하루짜리 유리카모메 티켓을 끊을 필요 없이 아쿠아시티와 비너스 포트 간을 도보로 이동해도 경제적이다.

▶ JR 린카이센의 도쿄 텔레포토역

▶ 아쿠아시티-비너스 포트를 연결한 길

🎵 오다이바 미리보기 (MAP)

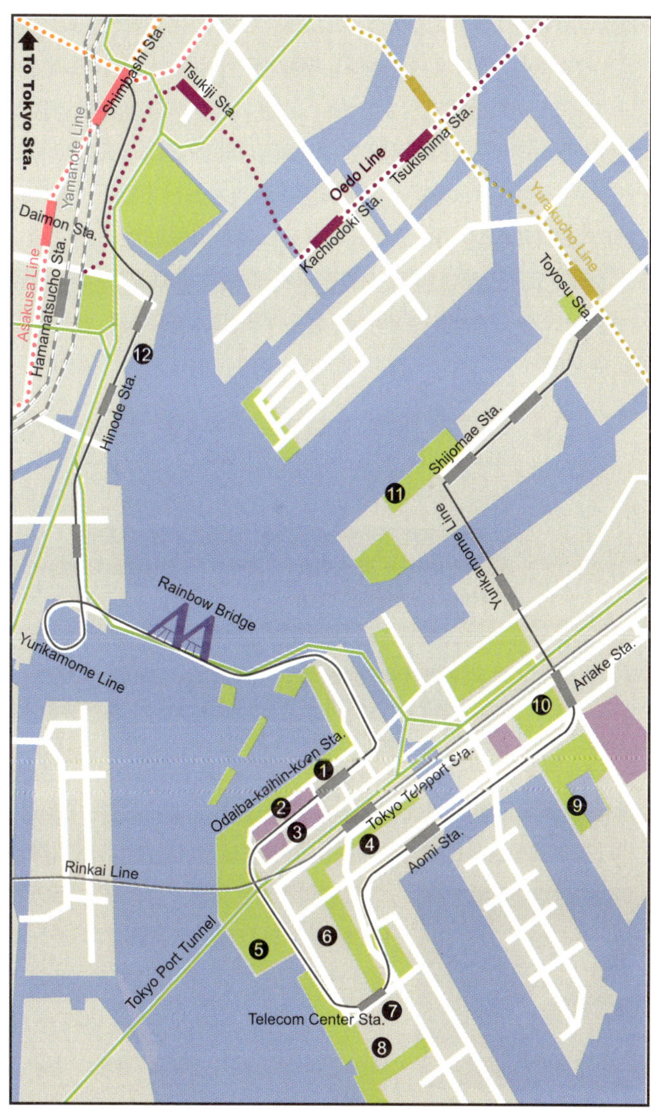

❶ 덱스 도쿄 비치(Decks Tokyo Beach)
❷ 아쿠아시티 오다이바(Aqua City Odaiba)
❸ 후지TV
❹ 비너스 포트(Venus Port) / 팔레트타운
❺ 배 과학관(Mus of Maritime of Science)
❻ 일본과학미래관
❼ 텔레콤센터빌딩
❽ 오오에도온센모노카타리(온천)
❾ 도쿄 빅 사이트(Tokyo Big Sight)
❿ 파나소닉센터
⓫ 가스 과학관(Gas Science Center)
⓬ 히노데 선착장

● 수상버스

배를 이용해 오다이바로 들어갈 수도 있다. 수상버스는 유람선을 타고 한강을 건너는 것과 마찬가지로 일본 도심에서 뱃놀이를 할 수 있는 일석이조의 운송수단이다. 오다이바까지 운항되는 수상버스 노선은 여러 가지가 있는데 가장 일반적인 노선은 한 시간에 2~3회 운행되는 히노데(日の出)선착장에서 오다이바해변공원을 연결하는 노선과 히노데에서 팔레트타운으로 가는 노선이 있다. 이외에도 아사쿠사에서 오다이바까지 가는 노선도 있다. 히노데에서 출발하는 노선은 약 20분 정도 걸리며 요금은 400엔이다. 900엔짜리 오다이바 아리아케 구루리 깃푸를 구입하면 히노데를 운항하는 수상버스는 물론 유리카모메까지 하루 동안 마음껏 이용할 수 있다.

○ 도쿄 빅 사이트 · 팔레트타운 코스(약 45분, 요금 200엔~350엔)
히노데산바시 → 빅 사이트 → 팔레트타운 → 빅 사이트 →히노데산바시

○ 카사이임해공원 코스(약 55분, 요금 200엔~800엔)
히노데산바시 → 빅 사이트 → 와카스 → 카사이임해공원 → 와카스 → 빅 사이트 → 히노데산바시

○ 오다이바 · 배 과학관 코스(약 35분, 요금 200엔~520엔)
히노데산바시 → 하루미 → 오다이바임해공원 → 배 과학관 → 오다이바임해공원 → 하루미 → 히노데산바시

아사쿠사에서 오다이바를 연결하는 수상버스는 편도 1360엔(기본 운임은 1060엔이지만 여기에 승선 정리권 300엔이 추가됨)으로 비싼 편이다. 오다이바까지 올 수 있는 이 방법은 다른 수상버스와는 달리 은하철도999를 만든 마츠모토 레이지(松本零士)가 제작에 참여한 히미코(ヒミコ)라는 독특한 디자인의 배를 탈 수 있다. 잠수함과 유사한 독특한 외형만큼이나 내부에는 은하철도999의 메텔과 철이의 캐릭터로 장식돼 있어 여행자에게 색다른 즐거움을 준다. 운항은 하루에 5회 정도로 승선인원이 제한돼 있기 때문에 운항시간을 미리 알아두는 것이 좋다. 특히 주말에는 사람이 많이 몰리기 때문에 출발 몇 시간 전에 표가 매진되는 경우가 많다. 이 때문에 아사쿠사에 오자마자 미리 표를 끊지 않으면 이용이 어렵다.

▶ 신바시나 아사쿠사에서 배를 타고 올 수도 있다.

▶ 아사쿠사 수상 버스 선착장

○ 히미코의 아사쿠사 출발 시간 :
9:55, 11:55, 13:55, 15:55,
18:10

○ 수상버스 홈페이지 :
www.suijobus.co.jp

▶ 독특한 디자인의 히미코

● 무료 셔틀버스(Bay Shuttle)

오다이바에는 무료로 운영하는 셔틀버스가 다니므로 이를 잘 이용해보자. 15분 간격(운행시간 11:00~20:00)으로 운영되는 셔틀버스는 오다이바 내의 주요 관광지를 도는데 처음 가는 사람이라면 내릴 곳을 찾기가 쉽지 않다. 그러나 조금만 주의를 기울이면 편리한 이동 수단이 된다.

○ 운행노선
그랜드 퍼시픽 메르디안 호텔 – 아오이 임시 주차장 – 일본과학미래관 – 팔레트타운 – 도쿄 텔레포트역 – 니코 도쿄 호텔 – 아쿠아시티 – 후지TV

오다이바해변공원(오다이바가이힌코엔, お台場海浜公園)

>> 오다이바해변공원은 인공석으로 만들어진 하얀 모래사장이 돋보이는 공원이다. 덱스 도쿄 비치나 아쿠아시티 앞을 따라 길게 뻗은 해변에서는 레인보우 브릿지를 한눈에 볼 수 있다. 모래사장을 걷기가 불편하면 모래사장 옆의 가로수가 즐비한 산책로를 따라 걷는 것도 추천할만하다. 저녁에는 때때로 일본 전통 배인 야카타부네의 불빛이 어우러진 모습도 볼 수 있다. 오다이바해변공원의 끝에는 전망

Tip 오다이바 자유의 여신상

비너스 포트 말고도 오다이바해변공원에도 자유의 여신상이 있다. 크기는 매우 작지만, 이곳에 자유의 여신상이 있게 된 것은 프랑스에서 자유의 여신상을 빌려온 것이 계기가 되었다. 빌려온 미니 자유의 여신상은 프랑스가 미국 뉴욕에 자유의 여신상을 선물한 뒤 미국이 감사의 보답으로 실제 크기의 축소판을 프랑스에게 민들어 신물한 것이라고 한나. 일본은 프랑스로부터 미니 자유의 여신상을 빌려서 오다이바에 전시한 적이 있었는데 전시 기간 중 인기가 많다보니 오다이바의 명소로 자리를 굳혔다. 하지만 대여 기간이 끝나 프랑스에게 돌려주게 되었고 이것이 계기가 되어 일본에서 미니 자유의 여신상을 똑같이 복제하여 만들어 놓았다.

▶ 자유의 여신상과 레인보우 브리지

대가 있는데 이곳에서는 레인보우 브릿지를 한눈에 볼 수 있어 사진 찍기에 적합한 추천하고 싶은 포토존이다.

▶ 해변과 도로 사이에 설치된 나무 데크

○ **위치** : 유리카모메 오다이바 가이힌코엔 또는 다이바역
○ **시간** : 24시간
○ **휴무** : 연중무휴
○ **비용** : 없음

Tip 야카타부네 타기

여름에 배를 타고 밥을 먹으며 구경할 수 있는 야카타부네는 10인 이상 전세를 내야 하지만 5천 엔에 몬자야키를 먹을 수 있는 코스도 있다.
www.4900YEN.com

덱스 도쿄 비치(DECKS Tokyo Beach)

>> 오다이바해변공원 앞에 있는 덱스 도쿄 비치는 짧은 시간에 오다이바를 보고자 하는 관광객들이 거의 대부분 들리는 대표적인 쇼핑몰이다. 독특한 배 모양의 디자인을 한 7층짜리 건물에는 쇼핑센터뿐만 아니라 테마파크도 함께 있어 볼거리와 쇼핑을 모두 즐길 수 있

▶ 배의 형상을 띤 독특한 건물

다. 덱스 도쿄 비치는 크게 시사이드 몰과 아일랜드 몰로 나누어져 있는데 아일랜드 몰에는 세가에서 운영하는 게임파크인 조이폴리스와 홍콩 분위기의 다이바 소홍콩(台場小香港)이 있다. 시사이드 몰에는 일본의 쇼와시대를 재현한 다이바 잇쵸메 쇼텐가이(台場一丁目商店街)가 라는 쇼핑센터가 있다.

○ **가는 방법** : 유리카모메 오다이바카이힌코엔(お台場海浜公園) 역에서 가깝다.
○ **홈페이지** : www.odaiba-decks.com

▶ 덱스 도쿄 비치 아일랜드 몰

이곳에는 스포츠용품 등을 전문적으로 판매하는 매장이 많이 눈에 띈다. 시사이드 몰의 5층부터는 레스토랑이 많이 있는데 레인보우 브릿지의 야경을 보면서 분위기 있는 저녁을 먹을 수 있다. 단, 가격이 비싼 것이 흠이며 저녁 11시까지 영업을 한다.

▶ 시사이드 몰 입구

▶ 아일랜드 몰 입구

> 프랑프랑 : 인테리어 소품점으로 덱스 도쿄 비치 3층에 있다.
>
> 산리오 : 키티 외에 산리오 캐릭터를 판매한다. 덱스 도쿄 비치 시사이드 몰 4층에 있다.

❶ 켓츠 리빙

애견카페처럼 고양이들과 즐길 수 있도록 만든 고양이 테마파크이다. 세계 각국의 100여 마리의 고양이들과 함께 놀 수 있으며 고양이 용품이나 먹이는 물론 고양이 캐릭터 상품도 판매한다. 단순한 쇼핑몰이 아니므로 입장료를 내야 들어갈 수 있다.

Tip 켓츠 리빙의 고양이들은 다소 뚱뚱하고 게을러서 먹을것을 줘야만 제대로 만져볼 수 있다.

- **위치** : 덱스 도쿄 비치 시사이드 몰 1층
- **시간** : 11:00~20:00(19:30분까지 입장)
- **휴무** : 부정기적, 연중 무휴
- **비용** : 800엔, 초중생 500엔, 커플 1500엔

❷ 다이바 소홍콩

인천의 차이나타운처럼 일본에도 중국 분위기를 느낄 수 있는 곳이 요코하마를 비롯해 몇 곳에 있는데, 그중 하나가 다이바 소홍콩이다. 홍콩의 모습을 재현한 쇼핑몰과 식당이 모인 곳으로 홍콩에 온 것 같은 느낌을 주기 위해 한자로 된 입간판과 효과음 그리고 홍콩 음식의 향이 가득한 곳이다. 쇼핑몰에서 파는 물건 또한 중국 스타일의 제품들이 많고, 홍콩 뒷골목의 음식들을 즐길 수 있다.

▶ 마치 홍콩에 온 것 같은 입간판들

○ **위치** : 덱스 도쿄 비치 아일랜드
몰 6, 7층
○ **시간** : 11:00~23:00
○ **휴무** : 부정기적

중국 스타일의 쇼핑몰이라고 할 수 있다. 음식점이 주종을 이루고 있으므로 잠시 둘러보고 나올만한 곳이다.

❸ 도쿄조이폴리스

다양한 위락 시설을 갖춘 실내 테마파크인 도쿄조이폴리스는 20여 가지의 놀이기구를 즐길 수 있다. 입장료가 있으며, 늦게까지 영업하기 때문에 저녁쯤에 오다이바를 떠나면서 즐기기에 적합하다.

○ **위치** : 덱스 도쿄 비치 시사이드 몰 3~5층
○ **시간** : 10:00~23:00
○ **휴무** : 연중무휴, 부정기적
○ **비용** : 입장료 500엔, 1일 자유이용권 3300엔, 야간할인권 2300엔

❹ 다이바잇초메 쇼덴가이

▶ 1960년대 일본 시장을 테마별로 꾸몄다.

도쿄의 옛 시장 모습을 재현한 디이바잇초메 쇼덴가이는 1960년대식 일본 시장을 테마로 만든 쇼핑몰이다. 파는 물건 또한 오래 전 일본의 향수를 불러 일으킬만한 것들이 많으며, 인테리어에 맞추어 조명도 약간 어둡게 꾸며 독특한 느낌을 준다. 주로 판매하는 물건은 가방, 티셔츠 등 다양한 편으로 덱스 도쿄 비치에서 가장 볼만한 장소이다.

○ **위치** : 덱스 도쿄 비치 시사이드 몰 4층
○ **시간** : 11:00~21:00
○ **휴무** : 부정기적

군것질 거리가 매우 많은 곳, 기념품을 사기에 좋음

아쿠아시티와 메디아주

>> 덱스 도쿄 비치가 독특한 느낌의 테마형 쇼핑몰이라면 그 옆에 있는 아쿠아시티는 다양한 볼거리를 즐길 수 있는 일본풍의 쇼핑몰이다. 300m 정도의 실내에는 부띠크들과 식당들이 늘어서 있고, 특히 이곳 식당은 오다이바의 다른 곳에 비

해 비교적 저렴하게 점심을 먹기에 적당한 장소이다. 1층에는 맥도날드를 비롯해 일본의 유명한 타코야끼 전문점인 다이하치타코하나마루, 요시노야 등이 있으며 3층에는 스타벅스, 5층에는 오오토야, 씨즐러, 돈가스 전문점인 돈가스 와코 등 20여 개 이상의 음식점과 카페가 입점해 있다. 아쿠아시티는 메디아주라는 멀티플렉스가 연결돼 있으며, 메디아주에는 극장뿐만 아니라 전시장인 소니 쇼룸과 소니 플라자, 후지 텔레비전의 오픈 스튜디오인 드림메이커 등을 구경할 수 있다.

▶ 아쿠아시티 전경

▶ 오오토야

▶ 메디아주(영화관)

▶ 캔디 박물관

- ○ 아쿠아시티 홈페이지 : www.aquacity.co.jp
- ○ 메디아주 홈페이지 : www.mediage.jp
- ○ 위치 : 유리카모메 다이바역에서 도보 2분
- ○ 시간 : 11:00~21:00, 레스토랑 11:00~23:00

❶ 산리오 비비틱스(vivitix)

아쿠아시티 3층에 위치해 있다. 산리오의 캐릭터인 헬로우 키티나 라라와 같은 캐릭터 상품 판매점인 비비틱스는 다양한 캐릭터 상품은 물론이고 과자와 같은 기발한 것들까지 키티 캐릭터로 장식되어 있다.

▶ 산리오 비비틱스

❷ HMV 아쿠아시티점

대형 음반 및 DVD 전문매장인 HMV의 아쿠아시티점은 다른 HMV에 비하면 매우 작은 편이다. 청음시설이 있어 음반은 물론 다양한 오디오 액세서리까지 들어보고 구입할 수 있다.

▶ 아쿠아시티 4층의 HMV 아쿠아시티점

❸ 소니 스타일, 소니 체험 과학관

소니 스타일은 소니가 판매하는 각종 전자제품과 컴퓨터 게임을 직접 체험해보고 구입할 수 있는 소니 직영 매장이다. 오다이바의 소니 스타일은 일본의 대표적인 인테리어 브랜드인 'HHSTYLE.COM'과 제휴해 만들어진 곳으로 소니 제품들을 마음껏 사용해 볼 수 있다. 제품의 구성 면에서는 긴자의 소니빌딩보다 나은 편이라서 전자제품에 흥미를 갖는 여행자라면 관심을 둘만한 곳이다. 또한 소니 스타일 위층에는 소니 체험 과학관이 있는데 소니가 만든 흥미로운 20여 가지 전시물을 볼 수 있다. 단, 소니 체험 과학관에 들어갈 때는 입장료를 지불해야 한다.

▶ 소니 스타일

▶ 소니 체험 과학관

○ **위치** : 메디아주 3~4층, 소니 체험 과학관은 5층
○ **시간** : 11:00~21:00, 소니 체험 과학관은 19:00까지
○ **휴무** : 연중무휴, 소니 체험 과학관은 부정기적
○ **비용** : 소니 체험 과학관 입장 시 어른 500엔, 어린이 300엔

❹ 북퍼스트 오다이바점

아쿠아시티 4층에는 시부야의 대표적인 서점인 북퍼스트 오다이바점도 입점해 있다. 잡지가 강점인 북퍼스트의 특성을 살려 다양한 잡지는 물론 소설부터, 취미, 아동서적에 이르기까지 다양한 책을 만날 수 있다.

▶ 북퍼스트 오다이바점

❺ 토이자라스 오다이바점

일본에는 의외로 미국에서 들여온 상점이 제법 있는데 그중 하나가 토이자라스다. 미국 최대의 완구매장인 토이자라스는 도쿄에서도 이케부크로와 오다이바에 대형 매장을 갖추고 있다. 18,000여 가지의 상품을 갖춘 일본 최대의 장난감 전문숍이며 이케부크로 보다는 작지만 그에 못지않은 다양한 상품을 갖추고 있다. 단순한 유아용 장난감부터 인형, 캐릭터 상품, 비디오 게임까지 생각할 수 있는 모든 장난감은 이곳에 모여 있다.

▶ 아쿠아시티 1층의 토이자라스 오다이바점

❻ 소니 플라자

메디아주 3층에 마련된 소니 플라자는 소니라는 브랜드와는 전혀 다른 느낌의 캐릭터 상품부터 문구, 과자, 음료수, 화장품과 같은 잡화를 취급하는 곳이다. 소니에서 운영하지만 취급하는 대다수의 상품이 수입품으로 세계 각국의 상품들을 쉽게 만날 수 있다.

▶ 소니 플라자

❼ Claire's

액세서리 전문점인 Claire's는 미국 최대의 액세서리 브랜드로 체인점이다. 이곳 뿐만 아니라 하라주쿠 등 도쿄 여러 곳에 매장이 있는데 전 세계에 3000여 개의 점포를 갖춘 업체답게 품목도 다양하다. 미국에서 직접 수입한 제품들로 가격은 비교적 저렴하며 세일도 자주하는 편이다. 가격과 품질, 디자인까지 만족감을 얻고자 한다면 한 번쯤 들릴만한 곳이다.

▶ 아쿠아시티 4층에 위치한 Claire's

❽ 스누피타운숍

스누피 캐릭터 상품을 취급하는 스누피타운 숍으로 하라주쿠의 스누피 숍처럼 스누피와 관련된 문구나 인형 등을 판매하는 곳이다.

▶ 메디아주 3층의 스누피타운숍

❾ 다이소

모든 물건을 100엔에 판매하는 100엔숍의 대명사 다이소 오다이바점으로 아쿠아시티 지하에 있기 때문에 그냥 지나치기 쉽다. 문구에서부터, 화장품, 욕실, 부엌용품에 이르기까지 그 종류도 어마어마하지만 가격은 모두 부담없이 쇼핑하기 적당한 100엔이다.

▶ 다이소 오다이바점

❿ NEOSTA

구두 전문점인 NEOSTA는 저렴한 가격에 깔끔한 구두만을 모은 곳이다. ABC마트와 비슷하다고 생각할 수 있지만 구두만 판매하는 업체답게 구두를 사고 싶다면 ABC마트보다 이곳이 더 좋을 듯싶다.

▶ 아쿠아시티 3층의 NEOSTA

⑪ STUDIO ZERO ONE by MARUI

STUDIO ZERO ONE by MARUI는 수영복이나 유타카로 유명한 마루이백화점의 대표상품을 판매하는 축소판 매장이다. 수영복이나 유타카와 같은 아이템부터 마루이백화점의 오리지널 디자인 제품 등을 취급하여 복잡한 것이 싫다면 마루이백화점에 가지 않고도 아쿠아시티 3층에서도 쇼핑할 수 있다.

▶ STUDIO ZERO ONE by MARUI

후지TV

오다이바를 상징하는 대표적인 건물인 후지TV 사옥은 방송국답게 실제 방송이 이루어지는 곳이지만 건물의 일부분을 견학할 수 있도록 꾸민 방송국 테마파크라 할 수 있다. 입장료를 받고 있는데 방송국 자체의 볼거리는 그다지 많지 않으며 일

본 TV 드라마에 관심이 없다면 별 흥미를 얻지 못할 수도 있다. 독특한 건물의 외형은 멀리서도 눈에 띄며, 건물 중앙에 있는 구체 형태의 건축물은 전망대로 오다이바의 여러 곳을 조망할 수 있다. 입장료에 전망대의 요금이 포함돼 있으며 입장권을 판매하는 인포센터에서 받은 용지에 방송국 곳곳에 있는 5기의 스탬프를 모두 받아오면 후지TV 캐릭터가 표시된 상품을 받을 수 있다. 또한 방송국 내에는 캐릭터 상품 판매점, 레스토랑, 카페 등이 있으며 비용 없이 들어갈 수 있다. 스탬프를 받으려면 반드시 구체전망대를 가야하지만 그렇지 않다면 돈을 들여 입장권을 사지 않고도 나머지 부분을 볼 수 있다.

▶ 입구의 후지TV 마스코트

▶ 후지TV와 통하는 에스컬레이터

▶ 후지TV의 마스코트 라프군과 함께

○ **위치** : 유리카모메 다이바역에서 도보 2분, 도쿄 텔레포트역에서 하차한 후 5분
○ **시간** : 10:00~20:00
○ **휴무** : 월요일
○ **비용** : 무료(단, 구체전망대 입장 시에는 대인 기준 500엔)

❶ F-island와 CX JOCK-TV 스토어

▶ F-island

후지TV의 마스코트인 라프군을 비롯한 후지TV의 각종 캐릭터 상품을 판매하는 곳이다. 우리에게도 익숙한 애니메이션 캐릭터를 비롯한 다양한 형태의 상품을 만날 수 있다. 캐릭터를 판매하는 곳은 입장료 없이 방문할 수 있으므로 전망대를 보고자 하는 사람이 아니라도 이곳에 온다면 꼭 들려볼만하다.

○ **위치** : 옥상정원 7층
○ **시간** : 10:00~19:00
○ **휴무** : 연중무휴

❷ 후지TV 구체전망대(구타이템보다이)

후지TV 25층 꼭대기에 있는 구체전망대는 별도 입장료를 내야하는데 매우 독특한 건물 상단의 원형으로 된 부분이 바로 전망대다. 지상 100m 높이에 위치한 전망대는 전후 사방으로 볼 수가 있어 오다이바 해변은 물론 오다이바 내의 다른 지역과 멀리 도쿄 시내까지도 조망이 가능하다. 전망대는 튜브 에스컬레이터를 타고

▶ 구체전망대

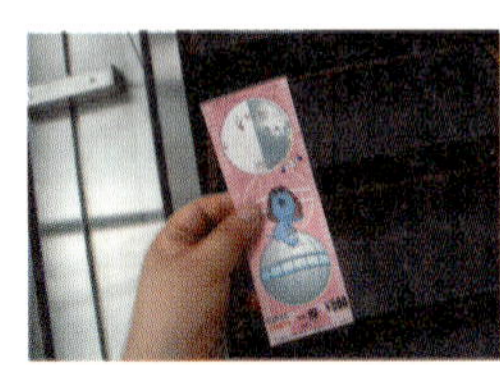

▶ 구체전망대 입장권

▶ 한눈에 들어오는 오다이바

7층까지 올라와 다시 전망대 전용 엘리베이터로 25층까지 바로 올라갈 수 있으며 이곳에서 입장권을 확인한다.

○ **위치** : 후지TV 25층
○ **시간** : 10:00~22:00(입장은 19:00까지)
○ **휴무** : 월요일
○ **비용** : 500엔, 초중생은 300엔

Tip **후지TV의 기념 도장 받기**

방송국 곳곳 정해진 장소에서 도장을 받으면 기념품을 받을 수 있는데 도장은 모두 5곳에 있다. 이를 모두 받으면 소정의 기념품을 받을 수 있다. 기념 도장을 받는 곳은 각각 1층 시어 터몰과 5층 Studio Promenade, 7층 옥상, 그리고 24층 고리도루와 25층 전망대이다.

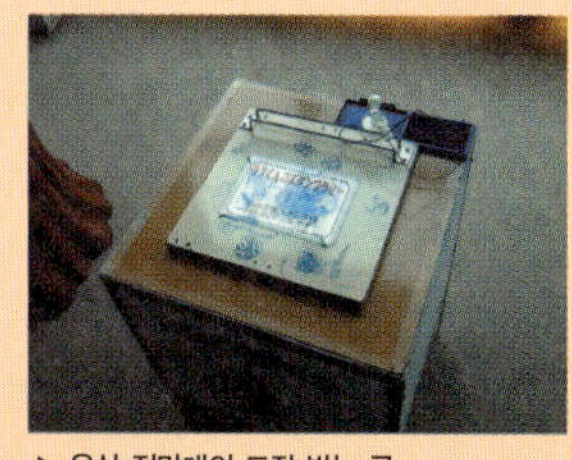

▶ 옥상 전망대의 도장 받는 곳

▶ 지정된 위치에서 차례대로 도장을 받는다.

▶ 전망대 옥상 길목에 마련된 도장 받는 곳

▶ 1층 실내에 마련된 도장 받는 곳

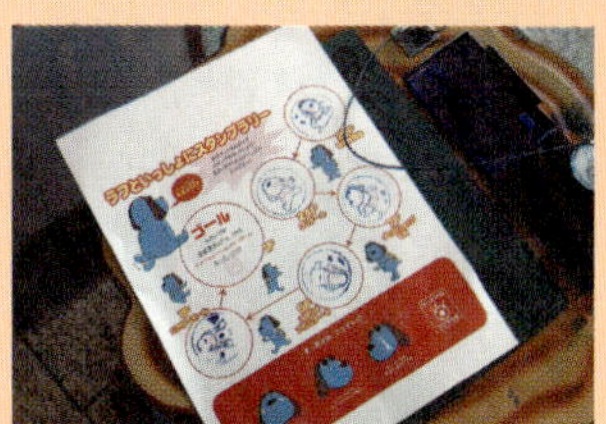

▶ 도장을 모두 받으면 기념품과 함께 도장 받은 종이도 가져갈 수 있다.

▶ 기념품 교환은 1층의 매표소에서

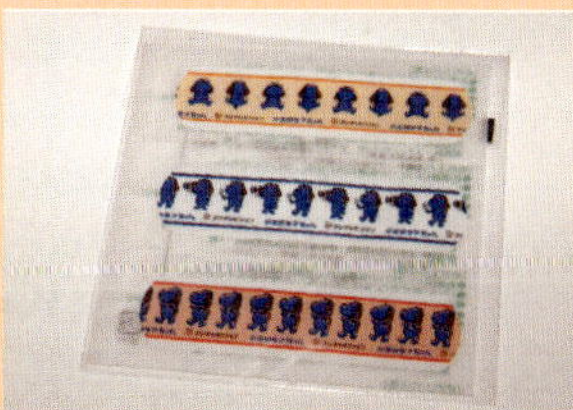

▶ 다양한 기념품. 사진은 라푸군 반창고

❸ 스튜디오 프롬나드(Studio Promenade)

후지TV의 실제 방송 장면을 볼 수 있으며 방송 프로그램의 세트 등 방문객의 견학 코스가 마련되어 있다. 일본 드라마에 관심이 있는 여행자라면 매우 흥미 있는 곳이다.

○ 위치 : 후지TV 5층
○ 시간 : 10:00~20:00
○ 휴무 : 월요일

배 과학관(Museum of Maritime Science)

>> 배 과학관은 인적이 다른 곳에 비해 한적한데, 아무래도 그 이유는 비싼 입장료에 있는 듯하다. 이곳은 진짜 배를 개조해 배와 바다에 관한 내용을 다루는 박물관이다. 배는 퀸 엘리자베스 2세 호로 내부 전시물은 배 내부 공간에 맞추어 해당되는 전시물을 다루고 있으며 단순한 모형이 아니라 실물을 전시하고 있다. 배의 굴뚝에 해당하는 부분은 전망대로 약 70m 정도의 높이에서 오다이바를 감상할 수 있다. 전시관 밖에는 수영장도 마련되어 있다. 수영장은 7월 중순에서 9월 초 여름에만 잠시 오픈한다. 바깥 부분에는 별도의 전시물을 볼 수 있는데 일본의 남극관측선인 소야(宗谷)와 미니 잠수함도 볼 수 있다.

○ 위치 : 유리카모메 후네노카가쿠칸역에서 바로
○ 시간 : 10:00~17:00(토, 일, 국경일 여름철은 18:00까지)
○ 휴무 : 연중무휴(단 12월 28일~1월 1일은 휴관)
○ 비용 : 700엔, 18세 이하 600엔

파나소닉센터

>> 소니 스타일처럼 파나소닉 전제품을 직접 체험해 볼 수 있도록 만든 파나소닉의 쇼룸이다. 또한 닌텐도 게임 프론트라는 닌텐도 부스도 마련돼 있어 닌텐도 게임을 체험해 볼 수 있으며 크레이이티브 라보, 디자인 갤러리, 파나소닉 체험공간 등으로 구성되어 박물관을 제외한 나머지 공간은 모두 무료로 관람할 수 있다.(www.panasonic-center.com)

- ○ 위치 : 유리카모메 아리아케역 도보 3분
- ○ 시간 : 10:00~18:00
- ○ 휴무 : 월요일 휴무
- ○ 비용 : 무료, 자연과학 박물관은 500엔

Tip 1층은 닌텐도 게임 프론트(체험시설), 유비쿼터스 네트워크 쇼케이스(체험시설)
2층은 리빙키친(쇼룸), 유니버셜 디자인 레버러토리(쇼룸), E-FEEL(카페)

완자 아리아케 베이몰

>> 여러 개의 식당과 잡화 중심의 쇼핑몰이 모여 있는데 관광객이 그다지 많이 몰리지는 않는 곳이다. 쇼핑몰 중앙에 폭포가 마련되어 있어 잠시 쉴만한 공간이다. 100엔숍 등이 있는데 다른 곳보다 규모가 월등히 커서 보다 다양한 상품을 100엔에 쇼핑할 수 있다.

▶ 완자 아리아케 베이몰

▶ 대형 100엔숍인 캔두

- ○ 위치 : 유리카모메 아리아케역 앞
- ○ 시간 : 10:00~21:30
- ○ 휴무 : 연중무휴

팔레트타운

오다이바를 대표하는 장소로 쇼핑몰과 도요타의 자동차 전시장, 대관람차와 오락실로 구성된 위락 시설을 한곳에 모아놓은 곳이다. 이곳의 쇼핑몰은 독특한 실내 인테리어로 유명해서 여성이나 아이들에게 인기가 많다. 오다이바의 상징인 대관람차는 물론이고 토요타 자동차의 최대 쇼룸인 메가웹은 자동차 애호가라면 도쿄 방문 시 꼭 보고 가야할 곳이다.

▶ 아오미역과 연결된 팔레트타운 입구

○ 위치 : 유리카모메 아오미역
○ 시간 : 10:00~21:00
○ 휴무 : 연중무휴
○ www.palette-town.com

▶ 좌측의 비너스 포트

▶ 우측의 메가웹

▶ 비너스 포트 1층은 주로 어린이 쇼핑몰

❶ 비너스 포트 패밀리

팔레트타운 1층에 마련된 쇼핑몰로 다른 쇼핑몰과 크게 다른 점은 없다. 하지만 성인 중심의 매장과 달리 어린이를 위한 여러 매장이 모여 있으며 개나 고양이를 키우고 있다면 한번쯤 들러볼만한 곳이다. 또한 비너스 포트에 비해 저렴한 가격에 실속 있는 옷들을 고를 수 있는 대형 숍도 입점해 있다. 편의점과 잠시 쉬어가기 적당한 맥도날드, 스타벅스 등의 편의시설도 마련돼 있다.

▶ 1층에 위치한 비너스 포트 패밀리

○ 위치 : 유리카모메 아오미역
○ 시간 : 10:00-21:00
○ 휴무 : 연중무휴

> **Tip** 먹을만한 곳 – **치즈케이크 팩토리**
> 미국 스타일의 치즈케익 전문점
> 가격 : 뉴욕치즈케익 441엔, 푸딩 399엔
> 위치 : 팔레트타운 2층

● 펫시티

애완동물에 관한 거의 모든 종류의 상품을 집결시킨 팻시티는 보기 드문 독특한 아이디어 제품을 갖추고 있다. 특히 스튜디오를 함께 운영해 애완동물을 직접 만져볼 수 있으며 함께 사진을 찍을 수도 있다. 영업시간은 11:00~21:00

▶ 펫시티

● 펫파라다이스

다른 애견 전문점에 비해 많은 패션 의류를 갖춘 펫파라다이스는 독자적인 브랜드 옷들을 갖추고 있으며 스누피나 디즈니 등 유명 캐릭터를 사용한 제품도 다양하게 갖추고 있다. 만들어진 옷뿐만 아니라 강아지의 체형에 맞게 맞출 수도 있는 강아지 패션 전문점이라고 할만하다.

▶ 펫파라다이스

● 빌리지 뱅가드(VILLAGE VANGUARD)

전국적인 체인을 갖춘 빌리지 뱅가드는 징밀 득이한 상품까시 볼 수 있는 잡화점이다. 잡지나 만화책 등 보기 편한 책들부터 과자나 장난감, 캐릭터 상품, 아웃도어 제품에 이르기까지 다양해 보는 즐거움이 있는 잡화점이다. 다소 낯뜨거운 성인 취향의 물건도 있어 아이들과 함께 보기에는 조금 민망한 장소이다. 개점은 오전 11시.

▶ 빌리지 뱅가드

● 도토리공화국　どんぐり共和国

지브리스튜디오의 대표 애니메이션이라 할 수 있는 토토로를 비롯해 관련 애니메이션 싱품으로 가득 채워진 곳이나. 어린이는 물론이고 애니메이션을 좋아한다면 한 가지 아이템 정도는 꼭 구입하는 곳이다. 봉제인형부터 식기에 이르기까지 미타카에 있는 지브리박물관에 가지 않고도 많은 지브리 관련 캐릭터 상품을 만나볼 수 있다. 오전11시에 개점하여 오후 8시까지 영업한다.

● 컬러월드

도쿄에는 대형 오락실이 여러 곳 있는데 컬러월드는 오다이바의 대표적인 오락실이다. 전자오락 일색인 다른 곳보다 비교적 가족들이 즐길만한 게임을 갖추고 있는 것이 특

징이며, 다른 곳들처럼 인형 뽑기 게임이 주종을 이루고 있다. 특히 어린이를 위한 대포 게임이나 풍선놀이 등 어린이 전용 코너가 눈길을 끈다. 대형 스티커 사진 코너도 있어서 친구들과 오다이바를 기념한 사진을 찍어보는 것도 추천할 만하다.

▶ 대형 오락실 컬러월드

● 테이크 5

신발이 필요하다거나 다양한 신발 디자인을 보고 싶다면 이곳이 적당하다. 일본에서 판매하는 여러 신발을 한자리에서 만날 수 있는 ABC마트와 유사한 셀렉트숍이다. 남여 구두는 물론 어린이용 구두에 운동화까지 취급한다. 캐주얼 슈즈가 주종을 이루며 구두뿐만 아니라 그에 어울리는 잡화도 만날 수 있다.

▶ 테이크 5

● 처비갱(CHUBBY GANG)

스타일리쉬한 아동복 매장으로 단순한 아이들 옷이라는 개념에서 탈피하여 그렇다고 어른스럽지도 않은 유행을 추구하는 아동복들을 갖추고 있다. 개점은 오전 11시, 폐점은 오후 8시이다.

▶ 아동복 전문점 처비갱

● WEGO

계절에 따른 캐주얼한 의상을 취급하는 WEGO는 티셔츠부터 모자, 역동적인이 만 튀지도 않는 자사의 오리지널 브랜드 중심의 젊은 남녀 모두에게 어울릴만한 옷을 만날 수 있다. 가격도 저렴하며 파격적인 할인 품목이 시선을 끈다.

▶ WEGO

❷ 메가웹(MEGA@WEB)

단순히 자동차를 보거나 타 볼 수 있는 쇼룸과는 전혀 다른 한 차원 높은 테마파크에 준하는 곳이다. 도요타 자동차의 쇼룸은 이케부크로에도 있지만 오다이바의 메가웹은 비교할 수 없을 정도로 큰 규모에 직접 체험까지 할 수 있는 것이 장점이다. 140여 종의 도요타 자동차가 전시

▶ 메가웹 입구

된 도요타 시티 쇼케이스(TOYOTA CITY SHOW CASE)에는 아직까지는 일반인에게는 낯선 하이브리드 자동차까지 볼 수 있다. 단순히 자동차 외형만 보는 정도가 아니라 직접 시승해서 조작해 볼 수도 있다 또한 모터 스푸츠 스퀘어는 자동차 스포츠인 F1을 비롯한 각종 대회에 출전했던 머신과 그에 사용된 기술을 소개하고 있나.

● 도쿄 쇼 시티케이스

▶ 유리카모메와 연결된 메가웹 2층

▶ 별도 부스로 꾸며진 렉서스 코너

▶ 시승이 가능한 토요타 자동차들

− 유로 스포츠 숍

모터 스포츠에 관련된 다양한 상품을 구입할 수 있다.

▶ 유로 스포츠 숍

– 메가 시어터

후지 스피드웨이에서의 레이스를 마치 GT 카 운전석에 앉아 있는 것처럼 느낄 수 있게 해주는 움직이는 극장이다.

▶ 메가 시어터

– 모터 스포츠 스퀘어

F1을 비롯한 도요타 자동차가 출전했거나 지원한 머신과 기술을 체험할 수 있다.

▶ 모터 스포츠 스퀘어

메가웹은 기본 전시장 외에 비너스 포트 1층에도 전시장이 있다. 이곳은 히스토리 게러지(History Garage)라고 하여 1950년대~1970년대 유명 자동차들을 분위기에 맞춰 세트로 꾸민 곳에 전시되어 있으며 차와 관련된 다양한 장식품들을 볼 수 있다. 카페와 바, 그리고 기념품 판매장에서 자동차와 관련된 여러 가지 액세서리나 기념품을 구입할 수 있다. 차에 관심이 많다면 반드시 가볼만한 곳이다.

메가웹은 다른 쇼룸들과는 달리 자동차라는 아이템에도 불구하고 사용자가 직접 체험할 수 있는 시설을 갖추고 있다. 시뮬레이션을 통한 레이스 체험이나 버추얼 드라이빙은 물론이고 실제 자동차를 타고 도로를 달릴 수 있는 두 가지 코스가 있다. E-com RIDE 코너는 실제로 자동차를 타고 도로를 달리는 코스인데 사용자가 직접 운전을 하지 않고 자동으로 운전되는 자동차로 메가웹의 안과 밖으로 구성된 트랙을 느린 속도로 돌면서 메가웹의 여러 곳을 다채롭게 구경할 수 있다. 가격은 1인당 200엔이며 자동차는 2인승 EV 커뮤터를 사용한다. 좀 더 실질적인 운전을 하고 싶다면 RIDE ONE 코너를 이용하는 방법도 있다. 자동 운전이 아닌 실제 운전자가 자동차를 몰고 정해진 1.3km의 코스를 직접 운전한다. 국제운전면허증이 있어야만 가능하며 300엔에 원하는 차를 타고 시승할 수 있다.

● E-com

E-com은 전기로 달리는 소형 EV 커뮤터를 타고 실제 트랙을 체험할 수 있다. 도요타 시티 쇼케이스 안팎에 설치된 별도의 전용 도로를 한 바퀴 도는 것으로 미래

형 자동차를 체험해 볼 수 있을 뿐 아니라 전시장을 편하게 볼 수 있다. 자동 운전이므로 면허증은 필요 없지만 안전을 위해 약간의 제한이 따른다. 가령 신장이 135cm 이상이 되어야 하며 그렇지 못한 경우 안전시트나 어린이용 시트를 부착한 차만 탈 수 있

▶ 도요타 시티 쇼케이스 주행 모습

다. 또한 임산부나 음주자는 탈 수 없다. 자동차에 탑승할 때에는 반드시 안전벨트를 매야 출발하며 탑승 준비가 되어 스타트 버튼만 누르면 팔레트타운을 한 바퀴 도는 과정이 시작된다. 또한 정해진 곳에 한해 미리 내릴 곳을 탑승 전에 이야기 해두면 그곳에서 내릴 수도 있다. 간혹 자동차가 정지할 때도 있는데 운행 중인 자동차 가운데 한 대라도 이상이 생기면, 전체적으로 멈추게 된다.

▶ 도요타 전기자동차 내부

▶ 팔레트타운을 한 바퀴 돌 수 있는 코스

Tip E-com 시승해보기

E-com을 타기 위해서는 별도의 승차장으로 이동해야 한다. 도요타 시티 쇼케이스의 2층에서 대관람차가 있는 출구로 나가면 길이 나오는데 끝까지 가면 토요타 유니버설 디자인 쇼케이스가 있다. 이 건물의 오른쪽에 탑승을 위한 승강장이 마련되어 있다.

● 도요타 유니버설 디자인 쇼케이스

도요타의 디자인을 엿볼 수 있는 곳으로 핸들이나 계기판, 대쉬보드 디자인부터 장애인용 좌석과 같은 다양한 편의시설에 대한 도요타만의 다자인을 감상할 수 있다.

▶ 다양한 디자인의 핸들

▶ 다양한 대쉬보드 디자인

▶ 장애인을 배려한 운전석 시트

● 히스토리 게러지 History Garage

더 이상 구하기 어렵거나 보기 어려운 전설 속의 자동차 모형이나 미니카 사진 등은 물론 유명 레이싱 스포츠에 사용했던 자동차들을 나라와 레이싱의 종류에 따라 나누어 전시한다. 영국이나 프랑스, 이탈리아 모터 스포츠에 사용된 50여 종과 일본에서 사용된 50여 종, F1에 사용된 머신 70여 종, 르망에 사용된 포르세 등의 명차 60여 종, 랠리와 나스카 등 자동차의 역사를 한눈에 볼 수 있다.

▶ 독특한 모양의 구형 레이싱 카

▶ 복도에 전시된 나라별 미니카와 자료

▶ 자동차 사진과 함께 전시된 미니카들

▶ 미니카 숍

▶ 추억의 삼륜차

▶ 일본의 레이싱 카

▶ 랠리용 자동차부터 일반 레이싱용에 이르기까지 다양한 차종의 실제 모습을 볼 수 있다.

▶ 모형 자동차와 자동차 관련 서적까지 꼼꼼하게 갖추어져 있다.

▶ 독특한 인테리어의 전시

Tip 히스토리 게러지 찾아가기

메가웹은 아쉽게도 여러 가지 부대시설 등으로 인해 팔레트타운 여기저기에 흩어져 있다. 이 때문에 도쿄 쇼 시티 케이스만 메가웹인줄 알고 나머지는 보지 못하고 가는 경우가 많다. 특히 히스토리 게러지와 E-com RIDE 코너는 메가웹에서 가장 화려한 코너이지만 비너스 포트에 위치한 건물 내부에 있다.

① 히스토리 게러지에 가기 위해서는 먼저 비너스 포트 1층인 비너스 포트 패밀리로 들어가야 한다.

② 비너스 포트와 비너스 포트 패밀리가 연결된 에스컬레이터가 있는 위치까지 이동한다.

③ 에스컬레이터를 지나 끝까지 들어가면 왼쪽에 히스토리 게러지의 입구가 있다.

● E-com RIDE 코너

실제 자동차를 운전해 볼 수 있는 E-com RIDE 코너는 히스토리 게이지에 있다. 비너스 포트와 메가웹 주변 약 1.3km 코스를 두 번 도는 코스로서 직접 운전해 볼 수 있기 때문에 다른 무엇보다 흥미를 느낄 수 있다.

▶ 탑승을 위한 출입구

실제 운전을 해야 하므로 제한규정이 따르는데, 반드시 운전면허증을 가지고 있어야 하며, 한국인도 탈 수 있다. 단, 국내 운전면허증이 아닌 국제운전면허증을 소지해야 한다는 점이 아쉽다. 아울러 음주운전이 금지되며, 임산부나 장애인도 시승을 제한한다. 이 코너는 사전 예약을 통해서만 사용이 가능해서 한 달 전부터 당일 18시 이전까지 전화나 메가웹 내에 있는 시승 예약 코너에서 신청하거나 당일 승차 1시간 전에 건물 내의 예약 단말기로 예약해야 한다.

▶ 히스토리 게러지의 분수대

▶ 비너스 포트 옆 E-com RIDE 코너

○ **위치** : 유리카모메 아오미역 하차 후 도보 1분 , 제프 도쿄 1, 2층
○ **시간** : 11:00~21:00, 토요일은 22:00까지
○ **휴무** : 월요일
○ **비용** : 버추어 리얼 드라이브 600엔, 미션 트라이앵글 500엔, 3D모션 시어터 600엔, e-com라이트 200엔, 라이트 원 300엔

❸ 비너스 포트

여성을 위한 쇼핑몰이라고 부르는 비너스 포트는 실내이지만 실내가 아닌 것 같은 환상적인 공간으로 독특한 조명 효과가 돋보이는 곳이다. 실내의 천장은 마치 밖에 온 것 같은 느낌을 주도록 하늘이 만들어져 있는데 낮에는 구름 낀 푸른 하늘에서 밤에도 시간이 지남에 따라 다양한 변화를 준다. 실내 인테리어는 2층으로 된 17세기 중세의 성과 같은 느낌을 주고, 3층을 골목의 플로어, 2층을 하늘의 플로어라고 부른다. 2층은 여성을 위한 쇼핑몰답게 옷이나 액세서리와 같은 패션 관련 제품이 많이 있으며 3층에는 다양한 먹을거리를 갖춘 식당들이 있다. 내부의 중앙 광장에는 6명의 여신이 조각된 분수가 아름답게 자리하고 있다.

▶ 중세풍 인테리어의 쇼핑몰

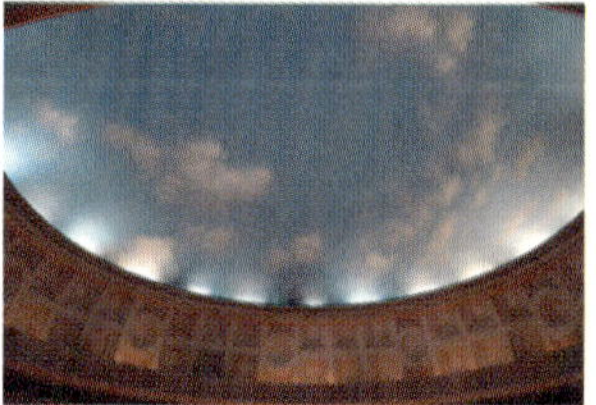

▶ 시시각각 변화하는 독특한 천장

▶ 구역별로 나뉜 쇼핑몰

▶ 비너스 포트의 카지노

▶ 중앙광장의 화려한 분수대 조각상

▶ 2층에서 바라본 분수대 조각상

○ **위치** : 유리카모메 아오미역과 직결
○ **시간** : 11:00~21:00 주말 22:00까지(레스토랑은 23시까지)
○ **휴무** : 부정기적

● 진실의 입

오다이바에는 두 가지의 복제품이 있는데 하나가 자유의 여신상이고 다른 하나가 진실의 입이다. 이탈리아 로마에 있는 진실의 입을 복제한 비너스 포트 진실의 입은 자유의 여신상과는 달리 실물을 똑같이 복제하였다. 제작 과정과 이를 증명하는 서류 등이 옆에 전시되어 있으며 크기는 물론 대리석 재질까지 똑같다.

▶ 진실의 골목길 코너에 위치한 진실의 입

▶ 크기나 모양은 물론 재질까지 똑같다.

❹ 도쿄레저랜드 – 대관람차와 게임장

▶ 64개의 곤돌라로 구성된 대관람차

오다이바를 상징하는 대관람차는 지상 115m 위치에서 도쿄 시내를 조망할 수 있고, 도쿄의 야경을 보기에 가장 이상적인 장소이다. 64대의 곤돌라로 구성된 대관람차는 세계 최대 규모로써 한 바퀴를 도는데 약 16분이 소용된다. 밤에는 화려한 조명을 바꾸어가며 멀리서도 한눈에 보일 정도로 아름답다. 한량에 최대 6명까지 탈 수 있으며 내부는 라운형 의자로 되어 있다. 높은 곳까지 올라가기 때문에 바람으로 인해 흔들림이 있어 고소공포증이 있는 사람은 피하는 것이 좋다. 4명 이하까지는 인원 수에 상관없이 1인당 가격이 같지만 4명 이상이면 3,000엔에 탈 수 있다. 그 외 바닥이 투명한 시스루 곤도라도 있는데 바닥 아래가 훤히 보여 더욱 스릴을 느낄 수 있으며 정원은 4인이다.

▶ 시시각각 다양하고 화려한 불빛을 연출하는 대관람차

대관람차 입구를 지나면 슈퍼 파워 어뮤즈먼트라는 게임장이 나온다. 게임장은 대부분 인형 뽑기와 스티커 사진을 찍을 수 있는 코너로 구성되어 있다. 옆에는 간단한 음식을 먹기에 적당한 식당도 있어 허기를 채우거나 잠시 쉬어갈 수 있다.

▶ 도쿄레저랜드 슈퍼 파워 어뮤즈먼트 입구

○ **위치** : 유리카모메 아오미역 하차 후 바로. 팔레트타운 내
○ **시간** : 10:00~22:00
○ **휴무** : 연중무휴
○ **비용** : 900엔

오오에도온센 모노카타리(온천)

>> 일본 여행에서 온천은 빼놓을 수 없는 즐거움이지만 그 여행지가 도쿄라면 온천은 그다지 친숙한 단어는 아니다. 그렇지만 오다이바의 오오에도온센 모노카타리는 도쿄에서 온천을 할 수 있는 몇 안 되는 곳 중의 하나이다. 지하 1400m에서 끌어 올린 노천탕으로 나트륨연화물 강염 온천으로 실내 인테리어가 에도시대라는 독특한 컨셉으로 알려져 있다. 오오에도온센 모노카타리는 에도시대 서민들의 휴식처인 유노야(湯屋)를 재현했는데 온천으로서는 상당히 넓은 편으로 종업원들이 에도시대 의상을 입고 서비스를 한다. 입장할 때는 19가지의 유카타(浴衣, 여름이나 목욕 후 입는 옷)를 골라 입을 수 있다.

또한 에도시대 마을을 재현한 히로코지를 비롯해 핫뱌쿠야쵸에서 다양한 음식을 먹을 수 있다. 그리고 오다이바의 대관람차 등을 보면서 노천 온천을 즐길 수도 있다. 이곳은 숙박도 가능하지만 비용도 싸지 않고 짐이 많은 여행자에게 적합한 숙박지는 아니다. 그러나 저렴하게 이용하고자 한다면 나이트 할인요금이 적용되는 18:00 이후에 가는 것이 좋다. 온천을 이용할 때는 바코드 목걸이를 이용하는데 내부에서 현금을 사용하지 않고 이 목걸이로 결제를 한 후 퇴실할 때 정산한다.

○ **위치** : 유리카모메 텔레콤센터역에서 도보 2분
○ **시간** : 11:00~다음날 9:00(프론트 접수는 02:00까지)
○ **비용** : 성인 2700엔, 심야 추가 요금(2:00 이후) 1500엔, 나이트 특별 요금(18:00~02:00) 1900엔
○ **홈페이지** : www.ooedoonsen.jp

Tip 밤도깨비 패키지 여행자라면 이곳에서 도쿄의 마지막 밤을 보내고 새벽에 출발하는 하네다행 버스를 예약하면 여행의 피로도 풀면서 시간을 적절히 활용할 수 있다.

텔레콤센터

>> 텔레콤센터는 그다지 볼만한 곳이 없지만 전망대는 방문할만하다. 21층에 있는 전망대는 높이가 99m로 도쿄의 야경을 볼 수 있는 곳이다. 유료이기 때문에 전망대 한 곳만 보기에는 다소 망설여지지만 보다 멋진 야경을 봐야겠다면 올라보자.

○ 위치 : 유리카모메 텔레콤센터역 하차
○ 시간 : 15:00~21:00 / 토, 일요일 및 공휴일 11:00~21:00
○ 휴무 : 월요일(국경일과 겹칠 경우 다음날 휴관)
○ 비용 : 일반 500엔, 초중학생 300엔
○ 홈페이지 : www.tokyo-tclcport.co.jp/tenbo

니혼TV 타워

>> 일본의 방송국들은 대부분 일부 개방되어 있거나 아예 관광 상품으로 만들어진 경우가 많다. 오다이바를 가는 길목 신바시에 있는 니혼TV타워도 지하 2층에서 지상 2층까지 개방되어 있다. 하지만 이곳에서 후지TV와 같은 다양한 볼거리는 찾기 어렵다. 대신 식사 가격이 부담스러운 오다이바에서 나오는 길에 잠시 들려 먹을 만한 괜찮은 식당들이 있고, 니혼TV의 캐릭터 상품을 구입할 수 있다. 가끔씩 이벤트가 열려 볼거리가 있기도 한데, 자주 있는 것은 아니다. 카페와 모스버거, 편의점이 있기 때문에 오다이바에서 돌아올 때 잠시 쉬어갈 만한 장소이다.

▶ 니혼TV 전경

❶ 니테레야

니혼TV의 다양한 캐릭터 상품을 구입할 수 있다. 지하 1층과 지상 2층에도 있다.

▶ 니테레야 지하 매장

○ **위치** : 지하 1층, 지상 2층
○ **시간** : 10:00~19:00
○ **휴무** : 연중무휴

❷ 앙팡맨테라스

니혼TV 방송국은 생소할지 몰라도 호빵맨하면 누구나 다 알 것이다. 니혼TV의 대표적인 캐릭터인 호빵맨(일본의 원래 이름은 앙팡만)을 이용한 캐릭터 상품을 판매하는 앙팡맨테라스는 호빵맨이란 캐릭터로 장식된 미취학 아동들에게 인기 있는 상품들을 볼 수 있다.

▶ 니혼TV의 캐릭터 앙팡맨테라스

○ **위치** : 지하 1층
○ **시간** : 10 : 00~19 : 00
○ **휴무** : 연중무휴

❸ 시오도메 라멘

니혼TV 건물의 개관을 앞두고 니혼TV의 아침방송에서 라멘왕 선발대회를 개최했는데 여기서 우승한 가게를 입점시키면서 생긴 라멘 가게이다. 가격이 비싼 편이지만 맛이 좋아 인기가 높다.

▶ 시오도메 라멘

○ **위치** : 지하 1층
○ **시간** : 11:00~21:00
○ **휴무** : 화요일
○ **비용** : 시오도메 라멘 780엔

❹ 소니플라자

소니 브랜드와는 전혀 상관없는 캐릭터 상품부터 문구, 과자, 음료수, 화장품과 같은 다양한 잡화를 취급한다. 소니에서 운영하지만 대부분의 상품이 수입품이다. 니혼TV에 있는 소니플라자는 비교적 큰 편으로 다른 곳에서는 볼 수 없는 상품들이 많이 진열되어 있다.

○ **위치** : 지하 1층
○ **시간** : 10:00~19:00
○ **휴무** : 연중무휴

▶ 소니플라자

Tip 신바시의 풍경들

여행자들에게 JR 신바시역은 유리카모메를 타기 위한 역으로 알려져 있지만 근처에 하마리큐온시테이엔(浜離宮恩賜庭園) 정원과 같은 볼거리와 수상버스 승차장이 있다. JR 신바시역의 유리카모메를 타기 위한 출구에서 약 10분 정도의 거리에 니혼TV가 있으며 반대편에는 작은 상점들이 상권을 이루고 있다.

술집이 많고, 특히 저녁녘에는 낯 뜨거운 성인물을 취급하는 곳이 성업 중이라 아이들을 동반한 가족들은 피하는 것이 좋다. 그다지 알려진 맛집이 없을 뿐더러 요시노야 정도만이 있을 뿐 다른 패스트푸드점도 다른 역에 비해서 거의 없다. 대신 역사 안쪽과 바깥을 끼고 즐비한 작은 음식점들이 저렴하게 음식을 팔기 때문에 허기를 달래기에는 적당하다.

▶ 야마노테선 JR 신바시역

▶ 신바시역 주변 상가

▶ 광장 앞의 기차 전시물

▶ 유리카모메 반대쪽 출구 광장

6-2 이케부크로 池袋

>> 이케부크로는 다른 지역에 비해 관광지로는 잘 알려지지 않은 곳이지만 시간이 있다면 꼭 가볼만한 곳이다. 특히 많은 여행사의 여행상품에 포함된 호텔이 이 지역에 많은것을 보면 그만큼 편리한 교통 요충지로서의 역할을 톡톡히 하는 곳이다. 이케부크로역에는 8개의 노선이 교차해서 어디든 쉽게 이동할 수 있는 장점이 있다. 교통 요충지라서 그런지 유동인구가 많아 번화한 상권이 형성되어 있으며, 세이부와 토부백화점, 선샤인시티 등은 이케부크로의 볼거리로 알려져 있고, 또한 전망대와 수족관을 한곳에서 만날 수 있다.

이케부크로의 관광 포인트

>> 이케부크로에서 관광지로 선택할만한 곳은 주로 지하철 동쪽 출구와 서쪽 출구 주변에 모여 있다. 쇼핑을 한다면 역 주변과 연결된 토부(東武)백화점 이케부쿠로점과 세이부(西武)백화점 본점, 서쪽에 위치한 마루이시티 이케부크로점과 동쪽에 있는 미츠코시백화점 이케부크로점 등을 이용할 수 있다.

▶ 백화점 밀집 지역인 이케부크로

▶ 도요타 자동차 쇼룸

▶ 이케부크로의 선샤인시티

그 외의 관광명소로는 전망대와 쇼핑센터가 있는 선샤인시티, 도요타 자동차의 쇼룸인 도요타 오토사롱 암렉스 도쿄 등이 있다. 선샤인시티 전망대는 도쿄도청의 전망대가 생기기 전까지만 해도 가장 대표적인 도쿄의 전망대였지만 지금은 무료로 운영되는 도쿄도청에 그 자리를 넘겨주고 말았다. 서쪽 출구 쪽으로는 신주쿠처럼 유흥업소들이 즐비하고, 쇼핑하기에 적당한 선샤인60 도리에는 도큐핸즈와 빅카메라 본점이 자리하고 있다. 또한 서민적인 분위기를 느낄 수 있는 선술집이 있어 저렴한 가격에 즐길 수 있다.

만화나 애니메이션을 좋아한다면 반드시 들려야할 곳 중 하나가 이케부크로다. 만다라케, 애니메이트, K-BOOKS 본점 등 만화나 애니메이션 관련 상품들을 판매하는 곳이 많기 때문이다. 그리고 시간이 있다면 근처의 도쿄 예술극장, 릿쿄대학 등도 둘러보면서 한적하게 산책도 해볼 만하다. 이케부크로역은 그 규모가 커서 그런지 초보 여행자들이 많이 헤매는 역에 속한다. 이럴 때는 역을 동구와 서구를 기준으로 나눠 여행하면 쉽고도 편리하다.

▶ 동쪽 출구에 있는 관광안내센터

▶ 유니클로를 비롯한 상가 밀집 지역인 동쪽

이케부크로 가는 법

>> 이케부크로는 여러 노선이 연결된 역으로 보통 JR 야마노테센(山手線)을 이용해서 이케부크로역에서 내리면 된다. 여러 노선이 다니는 만큼 전철역은 매우 복잡하며, 출구를 잘 찾지 못하면 방향 감각을 잃을 수 있으므로 주의가 필요하다. 우선 가고자 하는 곳에 대한 출구만큼은 확실히 알아두고 해당 출구가 동구인지 서구인지를 확인하자. 물론 한글 안내판이 있지만 역 내에서 방향 감각을 잡기 어려우면 백화점을 기준으로 출구를 찾을 수도 있다. 즉, 동쪽에는 세이부백화점이, 서쪽에는 토부백화점이 있으며 역 내부는 백화점과 연결돼 있으므로 출구를 찾기가 좀 더 수월할 수도 있다. 아울러 출퇴근 시간은 도쿄 중심가와 외각을 연결하는 교통 요충지라서 인파가 혼잡하므로 러시아워를 피해 이용하자.

▶ 이케부크로 지하철역의 지상 출입구

▶ 이케부크로역 코인락 주변

Tip 이케부크로의 괜찮은 초밥집 와카타카

이케부크로에는 여러 곳의 맛집이 있지만 행여 맛집을 찾다가 애꿎은 다리만 고생시킬 필요는 없다. 와카타카 초밥집을 강력히 추천한다. 큼직한 생선이 먹음직스러운 초밥 전문점이다.

○ 위치 : JR 이케부크로역 동구 빅 카메라 본점 주변
○ 가격 : 136엔
○ 시간 : 11:00~새벽 6:00

이케부크로 미리보기 (Map)

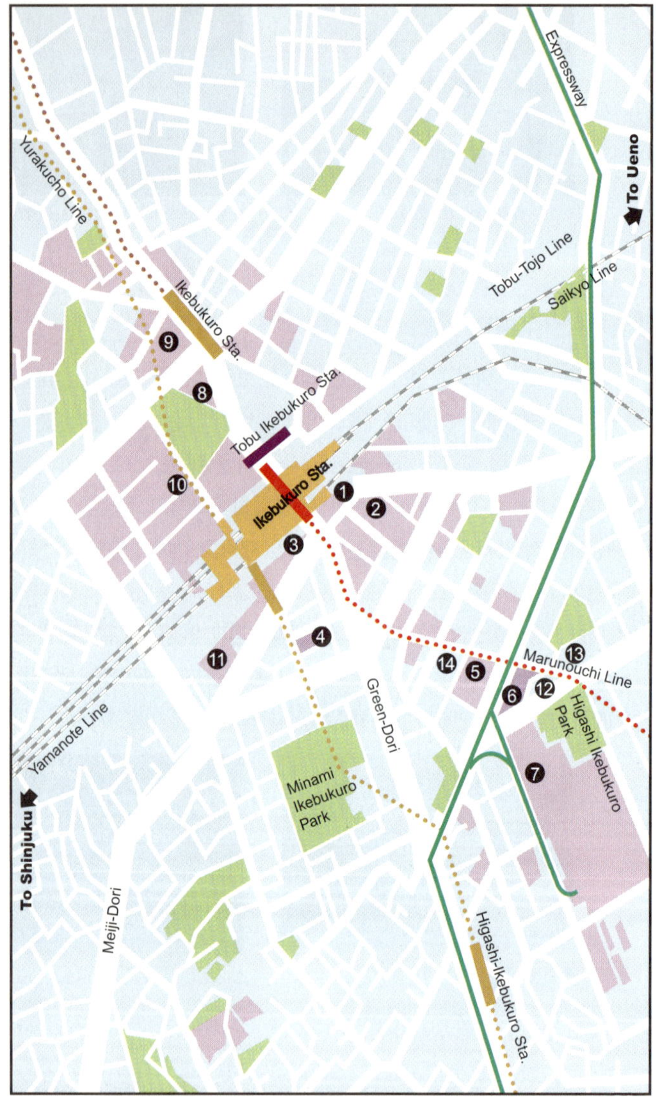

❶ 파르코(Parco)
❷ 미츠코시 백화점(Mitsukoshi Dept.)
❸ 세이부 백화점(Seibu Dept.)
❹ 킨카도(Kinkado)
❺ 도큐핸즈(Tokyu Hands)
❻ 도요타 암럭스(Toyota Amlux)
❼ 선샤인60 / 선샤인시티

❽ 빅 카메라(Bic Camera)
❾ 마루이백화점(Marui Dept.)
❿ 토부백화점(Tobu Dept.)
⓫ 세이부백화점 ILLUMS관
⓬ K-BOOKS, 애니메이트
⓭ 만다라케
⓮ HMV

🔖 선샤인시티(Sunshine City)

>> 239.7m 60층 높이의 선샤인시티는 전망대, 놀이
시설, 테마파크, 수족관, 쇼핑몰 등을 한곳에서 해결
할 수 있는 곳이다. 마치 한국의 여의도 63빌딩과
비슷한 곳이라 할 수 있다. 선샤인시티가 있던 자리
는 원래 구치소가 있던 자리였지만 다른 곳으로 옮
겨가면서 선샤인60 빌딩과 월드임포트마트, 프린스
호텔, 문화회관 등 4개 건물이 지하로 서로 연결되
면서 지금의 선샤인시티가 있게 되었다.

▶ 60층의 선샤인 시티

○ 가는 방법 : JR 야마노테센 이케부쿠
로역 동쪽 출구에서 선샤인60 도리를
따라 10분
○ 홈페이지 : www.sunshinecity.co.jp

❶ 남코 난자타운

일본 최대의 오락시설로서 1950년대 일본
시타마치(下町)를 재현한 상가를 비롯해 6가
지 구역으로 다양한 놀이시설을 갖추고 있
다. 기본 입장료 외에 내부시설을 이용할 때
별도의 요금을 지불해야 한다.

▶ 안내 표시가 잘 되어 있는 남코 난자타운

○ 위치 : 월드임포트마트 2층
○ 시간 : 10:00~22:00
○ 입장료 : 어른 300엔, 어린이 200엔

❷ 선샤인 국제수족관

수족관이지만 파충류나 새를 비롯해 해달, 물개에 이르기까지 다양한 동물들도 볼
수 있으며, 수족관 안에서 먹이를 주는 모습이나 물개 쇼 등의 공연이나 이벤트도
열린다.

○ 위치 : 월드임포트마트 옥상
○ 시간 : 10:00~18:00(휴일은 18시 30분, 여름에는 20시 30분까지)
○ 입장료 : 1,800엔, 어린이 900엔

❸ 선샤인60 전망대

도쿄도청 전망대가 들어서기 전까지만 해도 가장 높은 전망대였다. 지상 240m의 옥상 전망대인 스카이데크는 개방되어 있는 옥상이라 시야가 매우 자유롭다. 유료라는 점 때문에 무료인 도쿄도청 전망대를 이용하는 여행자들이 많은 편이다.

- 위치 : 선샤인60 빌딩 60층
- 시간 : 10:00~20:30(7, 8월은 21시 30분까지)
- 입장료 : 620엔, 어린이 310엔

❹ 스타라이트 돔 만텐

실내 천장에 각종 별자리를 만들어 놓고 이를 보는 플라네타리움 시설인 스타라이트 돔 만텐은 유료지만 국내에서는 보기 힘든 플라네타리움을 즐길 수 있다. 그날마다 볼 수 있는 별자리에 대한 설명도 해주지만 일본어를 알아듣지 못한다면 큰 도움이 되지 않는다.

▶ 플라네타리움 시설에 관한 안내서

- 위치 : 월드임포트마트 옥상
- 시간 : 12:00~18:00(휴일은 11:00~19:00)
- 입장료 : 800엔, 어린이 500엔

❺ 빌드 어 베어 워크숍

색다른 스타일의 봉제 인형점인 빌드 어 베어는 곰, 토끼, 사자와 같은 30여 종류의 동물인형을 판매하는 곳으로 미리 만들어놓은 것이 아닌 고객이 직접 독창적인 인형을 만들어 갈 수 있는 독특한 매장이다. 여러 종류의 곰 인형 아래에는 곰 인형의 표피만

있는데 여기에 솜을 채워주는 곳으로 가서 원하는 만큼 솜을 채워주고, 작은 하트를 골라 소원을 빌고 곰 인형 안에 넣어주거나 옵션으로 아이러브유와 같은 음향 장치 등을 삽입할 수도 있다.

특히 곰 인형마다 고유번호가 매겨져 있는 종이가 함께 따라가는데 여기에 구입자와 받는 사람의 이름을 적어 함께 곰 인형에 넣는다. 인형 옷도 무려 200여 종에 달하고 양복부터 드레스, 바지 등 종류도 다양하다. 계산할 때 집 모양의 대형 박스에 넣어 줄뿐만 아니라 리본 색상을 골라서 묶어주기도 한다. 또한 이름이나 생일을 적은 출생증명서를 발행하여 고객에게 각별한 느낌을 준다. 가격은 비교적 저렴한 편으로 1,000엔에서 3,000엔 정도면 구입할 수 있다. 미국에서 시작한 빌드 어 베어는 도쿄의 긴자와 이케부크로점이 있으며 한국에도 지점이 있어 나라마다 특색있는 곰 인형을 구할 수 있다.

○ 위치 : 선샤인시티 알파 2층
○ 시간 : 12:00~20:00

❻ 토이자라스 이케부크로점

미국에서 출발한 18,000여 종의 상품을 갖춘 일본 최대의 장난감 전문 샵이다. 이케부크로 매장은 엄청난 규모를 자랑하는데, 별도의 유아용 부스를 갖추고 있으며 유아용 장난감, 인형, 소꿉놀이, 캐릭터 상품, 게임, 아이들을 위한 식품, 자전거, 의류에 이르기까지 생각할 수 있는 모든 것들이 모여 있다.

▶ 별도의 출입구가 있는 유아용품

▶ 규모가 큰 토이자라스 이케부크로점

○ 위치 : 알파 지하 1층
○ 시간 : 10:00~21:00

❼ 산리가게

이케부크로의 산리가게는 산리오 캐릭터 전문점인 도쿄 산리가게의 본점으로 헬로우키티를 비롯한 산리오 캐릭터 상품을 한자리에서 볼 수 있다. 다양한 헬로우키티 상품을 원한다면 선샤인60 도리에 있는 신리오 캐릭터 숍이 더 나은 편이다.

▶ 캐릭터 전문점 산리가게

○ 위치 : 알파 지하 1층
○ 시간 : 10:00~20:00

❽ 3coins 이케부크로점

100엔숍이 아닌 300엔숍이란 이름처럼 300엔에 모든 물건을 판매하는 곳이다. 가격이 비싼 만큼 100엔숍보다 조금 더 고급스러운 제품들을 제공한다.

○ 위치 : 알파 지하 1층
○ 시간 : 10:00~20:00

▶ 300엔숍 3coins

❾ 동그리 공화국

지브리 캐릭터를 이용한 상품을 원한다면 동그리 공화국이 적당하다. 지브리뮤지엄에 있는 캐릭터 상품점에 버금가는 다채로운 상품들을 구입할 수 있다.

○ 위치 : 알파 지하 1층

▶ 동그리 공화국

파르코

≫ 파르코는 백화점이라기보다 패션타운처럼 패션 상품에 비중을 둔 패션 백화점으로 시부야 109와 쌍벽을 이루는 곳으로 22개의 체인을 가지고 있다. 이케부크로점은 가장 먼저 생긴 곳으로 셀렉트숍이 주종을 이루며 젊은 층을 위한 스타일 의류로 가득 채워져 있다. 약간 떨어진 곳에 위치한 별관 P' PARCO에는 패션용품뿐만 아니라 음반 숍 등 다양한 상품을 취급한다.

▶ 파르코(PARCO) 본관

○ 위치 : JR 이케부크로역 동쪽 출구에서 바로
○ 시간 : 평일 10:00~21:00(P' PARCO는 11:00~21:00까지)

▶ 별관 P' PARCO

긴카도

>> 잡화 백화점이라 할 만큼 다양한 상품이 집결해 있는 긴카도는 패션 아이템, 화장품에 이르기까지 저렴한 여성 중심의 제품들을 취급하는 곳이다. 이케부크로 매장은 두 곳으로 나뉘어 본관에서는 저렴한 의류와 손뜨개나 비즈 등의 강습을 하고, 신관에서는 화장품을 비롯한 다양한 잡화를 구입할 수 있다.

○ 위치 : 이케부크로역 동쪽 출구 5분 거리
○ 시간 : 10:00~20:00
○ 휴무 : 연중무휴

▶ 긴카도 신관

▶ 긴카도 본관

도요타 오토사론 암렉스 도쿄

>> 도쿄의 도요타 자동차의 쇼룸은 두 곳이 있는데 오다이바의 메가웹이 생기기 전까지만 해도 가장 인기를 모았던 곳이 도요타 오토사론 암렉스 도쿄이다. 지하 1층에서부터 4층까지 각 층을 테마로 엮어 자동차를 전시하고 있으며 2층 이상에 전시된 차는 직접 타고 조작해 볼 수도 있다. 지하 1층은 레이싱 스포츠용 자동차, 1층은 신형 차와 컨셉트 카, 2층은 RV나 SUV 위주의 벤이나 레저용 자동차가 전시되어 있다. 3층에는 도시형 자동차, 4층은 렉서스와 같은 고급차를 만날 수 있다. 이곳은 자동차뿐만 아니라 자동차 생산라인을 설명하는 시뮬레이션도 비교적 잘 갖추어져 있고, 북적되지 않아 편안하게 관람할 수 있으며 선샤인시티 지하와 연결되어 있다.

▶ 전시장 전경. 영어로된 안내서를 구할 수 있다.

○ **위치** : JR 이케부크로역 동쪽 출구에서 선샤인시티 방면으로 도보 8분
○ **시간** : 11:00~19:00 (1-4F), 11:00~21:00(B 1F)
○ **휴무** : 매주 월요일과 연말연시. 12월말부터 1월초까지 폐관
○ **비용** : 무료

▶ 모터 스포츠 전시

▶ 드라이빙 시뮬레이션 체험

▶ 게임처럼 운전해볼 수 있는 코너

빅 카메라 본점

>> 이케부크로 빅 카메라는 빅 카메라의 본점으로 다른 지점의 매장과는 달리 한 곳이 아닌 역 부근에 5개의 전문화된 매장 형태로 분산되어 위치하고 있다. 이케부크로 본점, 이케부크로 본점 PC관, 카메라 전문관, 이케부크로 히가시구치 에키마에점, 이케부크로 니시구치점 등이 있다.

○ **위치** : JR 이케부크로역 동쪽 출구에서 도보 3분. 미츠코시백화점 바로 뒤에 위치
○ **시간** : 10:00~21:00
○ **휴무** : 연중무휴
○ **홈페이지** : www.biccamera.com

선샤인60 도리

>> 이케부크로에서 사람들이 가장 분비는 곳은 선샤인빌딩으로 가는 길에 있는 선샤인60 도리이다. 사람이 많아 매우 번잡스러운 이곳은 상가 밀집 지역이면서도 독특한 이케부크로만의 볼거리가 있다. 도큐핸즈나 극장과 오락실 같은 대형

위락시설이 잘 갖추어져 있다. 선샤인 60 도리는 이케부크로역의 동쪽 출구로 나와서 쭉 뻗은 길을 100m 정도 지나면 나타난다. 입구에 롯데리아가 있고 주변 골목에 빅 카메라 매장이 대거 들어서 있다.

▶ 선샤인60 도리 입구

❶ 도큐핸즈 이케부크로점

도큐핸즈는 DIY 용품 전문점이면서도 다양한 잡화를 취급하는 만물 백화점에 가까운 곳이다. 아이디어가 뛰어난 액세서리나 생활용품은 물론 주방기구와 도자기, 부채, 문구에 이르기까지 사고 싶은 충동을 느낄만한 제품들로 가득 채워져 있다. 모두 8층으로 이뤄진 이케부크로점은 신주쿠점과 더불어 최대 규모를 자랑한다. 특히 아사쿠사에서 볼 수 있는 전통 기념품도 이곳에서 비교적 저렴한 가격에 살 수 있다. 다만 전체적인 상품가격은 저렴하지 않다. 영업시간은 오전 10시부터 오후 8시까지.

▶ 1층에서 층별 안내책자를 받을 수 있다.

Tip **도큐핸즈의 층별 상품 구성**

O 2층 – 봉제인형, 저금통, 오르골, 파티용품, 리본, 게임용 도구, 체중계, 마사지기, 안경
O 3층 – 헤어 · 보디 케어용품, 욕실용품, 방향제, 청소용구, 주방용품
O 4층 – DIY용 공구, 목재, 철물, 도료, 벽재 · 바닥재, 원예 용품, 방재 · 방범용품
O 5층 – 조명, 가구, 수납용품, 커튼
O 6층 – 디자인용품, 노트 · 파일, 편지지 · 봉투 · 카드, 과학용품, 포스터, 사무용품
O 7층 – 아웃도어용품, 가방, 여행용품, 라이터 · 시계, 카 · 오토바이용 액세서리
O 8층 – 애완동물 숍

❷ 세가GIGO

비디오 게임 전문 개발사인 세가에서 운영하는 오락실로 지하 1층부터 7층까지 건물 전체가 다양한 게임으로 채워져 있다. 인형 뽑기, 스티커 사진도 있지만 세가에서 나온 아케이드 게임을 다양하게 갖추고 있어 게임을 좋아한다면 방문할만한 장소이다.

▶ 세가 GIGO는 오전 10시~새벽 1시까지 영업

❸ 시네마 선샤인

시네마 선샤인은 이케부크로를 대표하는 극장이다. 대부분 일본 영화나 일본어로 더빙된 영화들이 많다. 입장료는 1300엔 정도이며 이케부크로 시네마 선샤인은 5개관으로 된 멀티플렉스로 CGV처럼 다른 곳에도 극장 체인이 있다. 도쿄에는 이보다 작은 극장들을 볼 수 있는데 낮 뜨거운 포르노나 준 포르노에 해당하는 영화들을 상영하는 경우가 많다.

❹ HMV 이케부크로점

이케부크로에는 두 개의 HMV가 있는데 매트로폴리탄 플라자에 있는 HMV 이케부쿠로 매트로폴리탄 플라자와 션샤인60 도리에 있는 이곳이다. 휴막스파비리온 이케부쿠로의 2, 3층에 입점한 HMV는 시부야 본점에 준하는 J-POP과 POP을 비롯한 해외 음반들을 갖추고 있다. 클래식은 비교적 적은 편으로 매트로폴리탄 플라자 HMV는 클래식 코너가 충실하나 나머지 음악은 그렇지 못한 편이다. 영업시간은 오전 10시~오후 10시 반.

❺ 마츠모토 키요시 약국

일본의 약국은 우리와 달리 편의점이나 심지어 화장품 가게의 기능을 병행한다. 마츠모토 키요시는 일본에서 흔히 볼 수 있는 약국 체인점으로 선샤인 60 도리에 있는 것은 규모가 큰 편이다. 또한 다른 곳보다 다양한 화장품, 생필품 등을 구입할 수 있고 가판세일도 흔하기 때문에 저렴한 가격에 화장품 등을 구입할 수도 있다. 영업시간은 오전 10시~오후 10시까지이다.

만다라케 이케부크로점

>> 중고 만화, 애니메이션 관련 상품을 취급하는 만다라케는 피규어, 작은 인형과 코스프레 옷, 게임 등 저렴한 가격에 구하기 어려운 물건도 싼 가격에 쉽게 구할 수 있다. 특히 이케부크로점은 여성 동인지를 잘 갖추고 있다.

○ 위치 : 선샤인시티60 빌딩 옆 라이온스 맨션 지하 1층
○ 시간 : 11:00~20:00

애니메이트 이케부크로 본점

>> 만다라케가 만화책 전문이라면 애니메이트는 애니메이션 관련 상품을 전문으로 취급하며, 피규어나 DVD, 프라모델 등의 상품도 다양한 편이다. 여성 동인지가 잘 갖춰져 있다.

○ 위치 : 이케부크로역 동쪽 출구를 나와서 선샤인시티 맞은편 암럭스 도요타 옆
○ 시간 : 10:00~20:30 (일요일은 20:00까지)

K-BOOKS 아니메관

>> 만화, 동인지 애니메이션 관련 상품을 전문으로 취급하는 K-BOOKS 이케부크로점은 애니메이트보다 규모는 작지만 만화책 이외의 상품이 잘 갖추어진 곳이다. 디테일한 피규어부터 포스터, 인형, 캐릭터 상품이 즐비하며 대형 레코드전 등에서 구하기 힘든 애니메이션 DVD나 CD-ROM 등을 취급한다. 애니메이트 근처에 있어서 찾기도 쉽다. 조금 더 규모 있는 매장을 원한다면 아키하바라역 앞에 있는 K-BOOKS 매장을 추천하고 싶다.

○ 위치 : 이케부크로역 10분 거리, 선샤인
시티 맞은편 암럭스 도요타 옆
○ 시간 : 12:00~20:00

세이부백화점 이케부크로점

>> 이케부크로를 대표하는 백화점으로 JR 이케부크로역과 연결되어 있다. 백화점의 층별 구성은 우리의 그것과 비슷하여 본관 지하 1~2층은 식품관, 1~4층은 여성복, 5층은 신사복, 6층은 고급 잡화 및 인테리어 등이 진열되어 있고, 8층에는 레스토랑이, 본관 남쪽의 9~11층에는 건강용품과 문구류가, 12층에는 레코드점 WAVE가 있다. 이외에 이룸스관&서적관에는 중형 서점인 리브로가 입점해 있다.

○ 위치 : JR 이케부크로역 동쪽 출구
○ 시간 : 평일 10:00~21:00
○ 휴무 : 연중무휴

▲ 리브로 서점

▶ 세이부백화점의 식품 코너

마루이시티 이케부크로점

>> 자사의 오리지널 디자인 수영복과 유카타로 유명한 마루이백화점은 다른 백화점들과는 구성 면에서 약간 다른 형태를 띤다. 패션 전문 상가처럼 주로 패션 관련된 제품만 취급하며, 이 때문에 여성 고객들이 주를 이룬다. 고품질의 도쿄 최신 패션에 관심이 있다면 들려볼 만하다.

○ 위치 : JR 이케부크로역 서쪽 출구
○ 시간 : 11:00~20:00

토부백화점

>> 이케부크로역 서쪽 출구는 동쪽 출구만큼 번화가는 아니다. 토부백화점 본점은 마루이 시티와 더불어 동쪽 출구를 대표하는 곳으로 고급스러운 인테리어를 갖춘 백화점 안에 음식점이 많이 집중되어 있다. 11층~15층까지 40여 개 이상의 중식, 일식, 양식 등 다양한 메뉴의 식당이 입점해 있으며 식품매장도 잘 갖추어져 있다.

○ 위치 : 이케부크로역 서쪽 출구
○ 시간 : 10:00-20:00

Tip 이케부크로 주변의 또 다른 볼거리

도쿄예술극장
국내의 세종문화회관과 비슷한 음악회나 대형 콘서트, 뮤지컬 등을 관람할 수 있다. 첫째 월요일과 화요일은 휴무일이다.

유니클로(UNIQLO) 이케부크로점
일본의 대표적인 의류 브랜드인 유니클로 매장으로 규모가 상당히 크다.
– 시간 : 11:00~21:00

돈가스 와코
46년 전통의 돈가스 전문점
– 시간 : 11:00~22:00, 가격 : 1500~2000엔

▲ 돈가스 와코

킹스킹(King's King)
동인지만 취급하는 동인지 전문점
– 시간 : 11:00~20:00

6-3 긴자銀座, 마루노우치丸ノ内

>> 도쿄의 긴자는 누구나 알고 있지만 마루노우치는 잘 알려져 있지 않다. 이 두 지역뿐만 아니라 도쿄역 근처의 지명은 각각 해당하는 지역이 조금씩 다르지만 모두 한곳에 모인 하나의 관광지이기도 하다. 도쿄의 중심가를 떠올린다면 단연 도쿄역부터 마루노우치에 이르는 곳을 주저 없이 말한다. 마루노우치는 현대적인 고층건물과 전통적인 모습이 공존하는 곳으로 큰 연못을 중심으로 일본 천황이 사는 고쿄와 현대적인 고층빌딩이 제법 잘 어울리는 곳이다.

▶ 드넓은 고쿄 앞 광장

▶ 마루노우치의 빌딩 숲

마루노우치 아래 도쿄역 남서쪽은 일본을 대표하는 미츠코시, 와코, 마츠야 등의 백화점들과 루이비통이나 에르메스, 구찌, 샤넬 등의 명품 숍을 비롯한 쇼핑의 거리가 있는데 이곳이 바로 긴자이다. 긴자는 일본 유행의 발상지라는 타이틀을 하라주쿠나 시부야에 넘긴 후 값비싼 명품 업체들이 즐비한 고급스러운 쇼핑타운으로 변신하였다. 쇼핑몰뿐만 아니라 화랑이나 전통 음식점부터 퓨전 음식점에 이르기까지 다양한 모습의 점포들이 직사각형으로 정리된 거리를 따라 밀집돼 있다. 긴자의 번화가는 츄오도리(中央通リ)와 하루미도리(晴海通リ)가 교차하는 4쵸메(丁目)로 긴자 오와리마치(尾張町)라 불린다.

▶ 매우 잘 정돈된 긴자 거리

▶ 시계탑 와카이 도케이다이

긴자라는 이름의 기원은 에도(江戶) 시대로 거슬러 올라가는데 이곳에 은화 주조소가 있어서 은화를 만드는 거리라는 뜻을 가진 긴자(銀座)라고 부르게 되었다. 긴자의 주변을 보면 돌로 잘 닦인 거리가 인상적인데 영국의 리젠트 스트리트를 본떠 만든 것으로 간토대지진 이후 재개발을 하면서 지금의 모습을 갖추게 되었다. 도쿄역의 주변은 주로 대기업이나 금융 관련 기업들, 그리고 정부기관 등의 고층 건물이 들어서 있다. 또한 천황이 살고 있는 고쿄(皇居)와 히가시교엔(東御苑), 기타노마루코엔(北の丸公園), 야스쿠니 신사 등이 있으며, 야에스(八重洲) 방면으로는 야에스 북센터, 마루젠쇼텐 등 대형 서점과 증권회사, 백화점, 명품 숍 등이 밀집해 있는 니혼바시(日本橋)가 있다.

긴자, 도쿄역, 마루노우치 관광 포인트

≫ 비즈니스를 제외하고 여행자가 긴자를 방문하는 목적은 고가의 명품 쇼핑과 일본 천황이 살고 있는 고쿄를 중심으로 한 공원 등의 유적지 관람이다. 도쿄역 주변은 대부분 사무실이나 은행, 증권가들이 들어선 고층빌딩들이 즐비하다.

▶ 아르마니 매장

▶ 까르티에 매장

▶ 즐비한 고가 브랜드 숍

이 코스는 약간의 주의가 필요한데, 먼저 도쿄역 주변을 살펴본 후 시간에 따라 고쿄와 인근 공원으로 이동하여 긴자로 가는 것이 JR 야마노테센을 이용할 때 보다 효과적인 코스이다. 사실 이 세 지역은 생각보다 넓기 때문에 핵심만 선택해서 본다면 충분히 여유 있는 코스지만, 세세하게 구경하려면 하루가 꼬박 걸릴 정도로 볼거리가 많은 지역이다.

○ 보행자 거리 기간
- 토요일 15:00~18:00(4월 ~10월은 19:00까지)
- 일요일 및 경축일 12:00~17:00 (4~10월은 18:00까지)

▶ 주말이나 경축일의 보행자 거리

하루를 꼬박 활용하고자 한다면 오전에는 도쿄역과 고쿄의 인근 지역을, 오후에는 훨씬 넓은 긴자를 가는 것이 효과적이다. 고쿄쪽은 유적 중심의 공원 외에는 볼거리가 적어서 사람에 따라 지루할 수도 있다. 번화하고 활기찬 쇼핑 중심의 관광이라면 도쿄역 주변과 긴자에 집중하는 것이 좋다.

긴자, 도쿄역, 마루노우치 가는 법

>> 긴자, 도쿄역, 마루노우치는 넓은 지역인만큼 지하철 노선도 많다. JR 야마노테센을 탄다면 도쿄역뿐만 아니라 유라쿠쵸역에서 내려도 되는데 사실 이 두 역 사이에 긴자와 마루노우치, 도쿄의 볼거리가 모두 모여있다 해도 과언이 아니다. 긴자와 마루노우치를 가는 방법은 여러 가지인데 히비야역, 유라쿠쵸역, 도쿄역, 오테마치역, 니주바시마에역 중 어느 곳에 내려도 긴자와 마루노우치를 찾아갈 수 있다.

▶ 지하철로 통하는 고쿄

▶ 유라쿠쵸역

▶ 지하철과 연결된 긴자의 지하도

물론 하차하는 역이 다르면 하차역에 따라 보고자 하는 곳의 동선도 달라진다. JR 야마노테센의 경우 유라쿠쵸나 도쿄역이 이곳을 지나가는데 도쿄역에서 내리면 고쿄를 비롯한 공원들을 보기 편하며, 긴자쪽을 가고자 한다면 유라쿠쵸역에서 내리는 것이 가깝다. 심지어 JR 신바시(新橋)역에서도 긴자까지 걸어서 5분 정도면 도착할 수 있다. 지하철을 이용할 때는 도쿄 메트로(에이단) 지하철을 이용해 긴자센이나 마루노우치센을 이용하면 된다. 긴자센은 쥬오도리(中央通リ) 지하에서 하차하게 되며 마루노우치센은 소토보리도리 지하에서 하차한다. 긴자 여행의 출발점은 도쿄역을 제외하고는 모두 긴자의 중심가인 와코백화점이 있는 긴자4쵸메(銀座4丁目) 교차로에서 시작한다.

긴자, 도쿄역, 유라쿠쵸 미리보기 (Map)

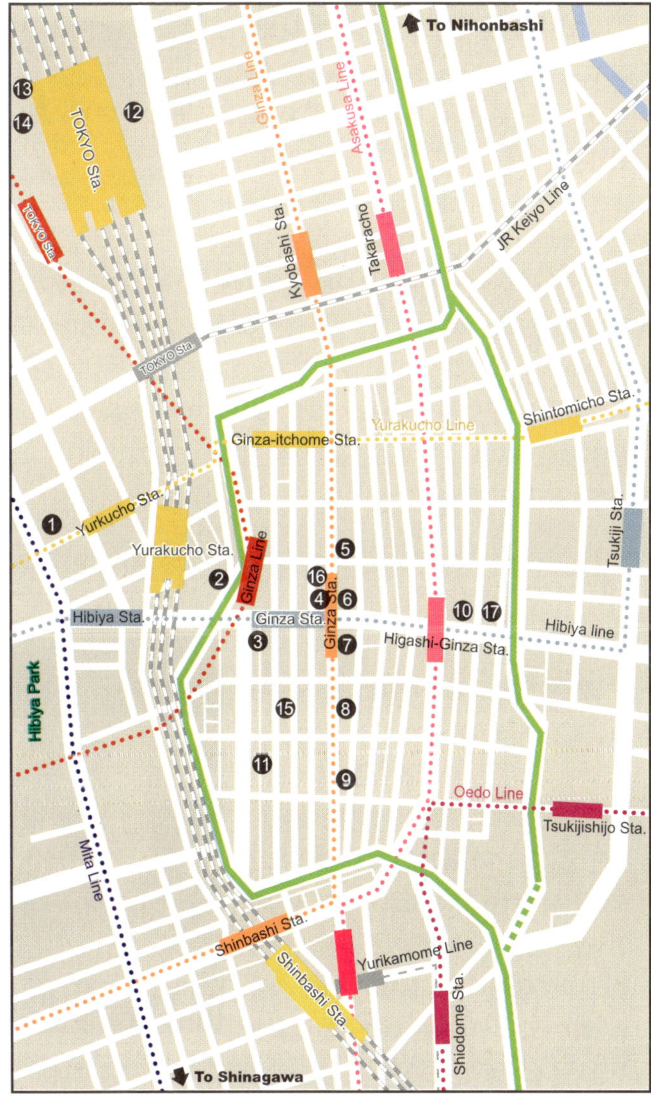

❶ 제국극장(Imperial Theater)

❷ 세이부백화점(Seibu Dept.)

❸ 소니빌딩(SONY Bldg.) 소니쇼룸

❹ 와코백화점(WACO)

❺ 마츠야백화점(Matsya Dept.)

❻ 미츠코시백화점(Mitskoshi Dept.)

❼ 긴자 코아(Ginza Core)

❽ 마츠자카야백화점(Matsuzakaya Dept.)

❾ 야마하(YAMAHA)

❿ 가부키좌(歌舞伎座)

⓫ 시세이도 / 더 긴자(The Ginza)

⓬ 다이마루백화점(Daimaru Dept.)

⓭ 마루노우치 빌딩

⓮ 오아조(Marunouchi OAZO) / 마루이서점 본점

⓯ 구야(空也)

⓰ 쁘렝탕백화점(앙젤리나)

⓱ 분메이도(文明堂)

긴자 관광 버스 – 스카이 버스 도쿄(Sky Bus Tokyo)

>> 스카이 버스는 지붕이 오픈된 2층 버스를 타고 고쿄, 마루이빌딩, 국회의사당 등 긴자 일대를 약 50분 정도 순환하는 관광버스이다. 유료로 운영되며 제한된 정원으로 인해 사전 준비 없이는 승차하기가 수월치 않다. 승차 1주일 전에 전화로만 예약 접수하며 승차 당일엔 1시간 전까지 접수를 받는다. 예약 없이도 탑승이 가능하지만

▶ 시내 관광버스를 타면 긴자를 포함한 여러 지역을 쉽게 볼 수 있다.

공석이 있을 때만 가능하며 당일권을 오전 9시부터 발매한다. 스카이 버스는 2층만 탑승할 수 있는 45석의 좌석을 갖추고 있고 선착순으로 지정된 좌석에만 앉을 수 있다. 지붕이 오픈된 버스라서 날씨가 좋지 않으면 운행을 하지 않는다. 버스 운행 중에는 긴자의 여러 명소를 설명해주는데 멀티 랭귀지 가이던스 시스템을 이용하면 한국어로도 들을 수 있다.

소니 쇼룸(SONY Show Room)

>> 국내에도 소니 제품을 직접 조작해보고 구입할 수 있는 소니 스타일이라는 직영 판매점이 있다. 도쿄에도 소니 스타일이 있지만 소니 쇼룸은 소니빌딩에 마련된 판매보다는 전시를 목적으로 한 소니 체험관이다. 이곳에서는 소니가 만들어 판매하는 거의 모든 제품을 써 볼 수 있다. 쇼룸 중간에 자동차 전시장이 생뚱맞게 끼어있기는 하지만 MP3 플레이어부터 바이오 노트북까지 모두 사용해 볼 수 있다. 지하에는 여러 가지 잡화를

취급하는 소니 플라자도 있다. 소니빌딩의 색다른 매력은 간혹 소니에서 아직 상용화하지 않은 제품을 조작해 볼 수 있는 기회가 주어진다는 것이다.

○ 위치 : 긴자 초입, 긴자역 B9 출구
○ 시간 : 11:00~19:00
○ 휴무 : 연중무휴

Tip 소니 쇼룸에서는 구입도 가능한데 할인은 되지 않지만 여권을 제시하면 면세 혜택이 있다.

이토야(Itoya)

>> 이토야는 문구류만 취급하는 문구 전문점이다. 건물의 대부분이 문구점이라 할 만큼 규모도 매우 큰데 볼펜부터 일본 전통용지까지 문구류를 총망라하여 판매하고 있다. 화방용품, 디자인용품 등 마치 한국의 남대문 알파문구센터와 같은 곳을 고급화한 곳이다. 이토야만의 가장 큰 매력은 일본 스타일의 문구나 종이를 이용해 만든 제품들로써 특히 편지지가 매우 다양하고 독특하게 디자인된 제품들을 볼 수 있다.

○ **위치** : 마츠야백화점 옆, 긴자역 A13에서 5분 거리
○ **시간** : 10:30~19:00(수 · 토요일 10:30-20:00)
○ **휴무** : 연중무휴

큐쿄도 TOKYO KYUKYODO

>> 큐쿄도는 일본의 전통 문구와 소품류를 취급하는 곳으로 300년의 역사를 자랑하고 있다. 엽서나 종이류는 물론이고 부채, 붓과 벼루, 먹, 향, 향꽂이 등을 주로 판매한다. 일본 전통 기념품이나 선물을 구입하기에는 적당한 곳이지만, 가격이 비싼 것이 단점이다.

○ **위치** : 긴자 초입 부분, 긴자역 A2 출구
○ **시간** : 평일은 10:00~19:30, 일요일은 11:00~19:00
○ **휴무** : 연중무휴

와코백화점(Wako)

>> 와코백화점은 100년의 역사를 자랑하는 유서깊은 백화점으로 시계나 보석, 핸드백을 비롯한 대부분의 제품들이 고가의 명품 위주로 구성된 백화점이다. 고가라서 그런지 젊은이들 보다는 중장년층에게 어필할만한 상품들이 주로 진열되어

있다. 건물도 매우 전통 있는 클래식한 느낌을 주는데 1932년에 지어졌으며 꼭대기의 시계탑은 긴자의 상징과 같은 장소로 인식되고 있다. 단, 다른 백화점과 달리 일요일에는 영업을 하지 않는다.

○ 위치 : 긴자 초입 부분
○ 시간 : 10:30~18:00
○ 휴무 : 일요일, 공휴일 휴무

미츠코시백화점

>> 젊은 여성을 대상으로 한 패션 아이템 중심의 백화점이다. 특히 화장품 매장이 잘 갖추어져 있으며, 전 세계 30여 개의 화장품 브랜드를 만날 수 있다. 티파니와 같은 고가의 브랜드 매장이 대거 입점해 있다.

○ 위치 : 와코백화점 건너편
○ 시간 : 10:00~20:00
○ 휴무 : 월요일

빅 카메라 유라쿠쵸점

>> 단일 건물로서 가장 큰 빅 카메라 매장이 유라쿠쵸에 있는 빅 카메라 매장이다. 종합 쇼핑몰로서 성장한 빅 카메라답게 카메라나 전자제품뿐만 아니라 스포츠용품, 어린이용 장난감에 이르기까지 백화점 수준의 구색을 갖추고 있다. 빅 카메라는 기본적으로 일정 금액을 할인할 뿐만 아니

라 포인트 제도를 운영하기 때문에 파격적인 저렴함이 가장 큰 매력이다. 주말에는 손님들이 많이 몰려 번잡하고 지하는 지하철과 연결돼 있다. 유라쿠쵸점은 한 곳에 더 생겼는데 근처 무인양품 건물의 일부를 사용하고 있다.

▶ 니콘 카메라 가방과 액세서리점

▶ 1층 PDP, LCD TV 코너

▶ 컴퓨터 서적 코너

▶ 신제품 발매에 따른 개점 전 행렬

▶ 빅 카메라 유라쿠쵸점 별관

○ **위치** : JR 유라쿠쵸역 앞
○ **시간** : 10:00~22:00
○ **휴무** : 연중무휴

하쿠힌칸 토이 파크(Hakuhinkan Toy Park)

토이자라스가 대형 장난감 전문점이라면 하쿠힌칸 투이 파크는 규모는 작지만 좀 더 특화된 제품을 취급하는 장난감 전문점이다. 지하 1층부터 4층까지 비디오 게임, 파티용품 등 약 5만여 종의 완구를 갖추고 있으며, 일본 완구는 물론 수입 완구와 특히 봉제인형이 다른 곳보다 잘 갖추어진 점이 특징이다. 마론 인형은 지하 1층 매장 전체가 마론 인형으로 채워져 있을 만큼 그 종류가 다양하다. 또한 인형 드레스를 비롯하여 액세서리까지 고객이 원하는 대로 주문 제작할 수 있는 코너도 마련돼 있다.

▶ 보드게임 코너

▶ 애니메이션 캐릭터 봉제인형

▶ 유아에게 적당한 봉제인형

○ **위치** : 신바시역에서 3분 거리, 긴자역 A2에서 30분 거리
○ **시간** : 11:00~20:00
○ **휴무** : 연중무휴

도쿄역

>> 마치 도쿄 한복판에 한국의 서울역사를 옮겨 놓은 것 같은 도쿄역. 도쿄역은 공항이나 일본의 다른 도시에서 도쿄로 들어올 때 거치게 되는 관문이다. 도쿄역사는 일본을 상징하는 건축물로써 한눈에 봐도 우리의 서울역과 비슷한 느낌을 지울 수 없는데, 그 이유는 도쿄역을 세운 설계자의 제자가 한국의 서울역도 설계했기 때문이라고 한다. 하지만 도쿄역도 1914년 네덜란드 암스테르담역을 모델로 삼은 역사다. 전쟁 중에 손상된 부분을 복원하여 지금의 모습이 되었고, 전철부터 신칸센에 이르기까지 다양한 열차가 드나드는 만큼 역사의 규모가 매우 크다. 부대시설도 다양해 지역 특산물을 판매하는 매장과 캐릭터 상품을 파는 숍까지 종류도 다양하며, 역사 내에는 도쿄 스테이션 갤러리가 있어서 빈번하게 전시회가 열린다.

▶ 서울역과 비슷한 도쿄역 전경

▶ 도쿄역의 선명한 이정표

애플스토어 긴자

>> 매킨토시나 IPOD 등을 판매하는 곳으로 애플컴퓨터에서 직접 운영하는 매장을 애플스토어라고 한다. 국내에도 애플스토어와 비슷한 곳이 있지만 이곳은 애플이 아닌 다른 업체에서 운영하는 매장이다. 이 때문에 제품군이 다양하지 못한 편인데 도쿄 애플스토어는 애플컴퓨터가 운영하는 매장으로, 긴자뿐만 아니라 시부야에도 매장이 있다. 멀리서도 애플스토어는 유독 눈에 띄는데 긴자의 애플스토어는 건물 벽이 특이한 형태로 개조되어 많은 주목을 받는 곳 중 하나이다. 일본 최초의 애플스토어인 긴자

매장은 IPOD과 맥북을 중심으로 다양한 애플의 상품을 직접 체험해보고 구입할 수 있다. 특히 국내에는 애플 관련 제품의 액세서리가 많지 않은데 대형 양판점도 사정은 비슷하다. 반면 긴자 애플스토에서는 미국에서 수입된 액세서리 등을 구입할 수 있기 때문에 애플컴퓨터의 노트북이나 IPOD 사용자라면 꼭 들려볼만한 매장이다.

5층으로 된 긴자 애플스토어는 쉬지 않고 움직이는 투명 엘리베이터로 올라가도록 되어 있으며 3층에는 제품 관련 세미나를 개최하는 작은 극장이 마련돼 있다. 일본에서는 한국처럼 무료 인터넷을 즐길만한 장소가 별로 없는데 4층에는 여러 대의 매킨토시로 꾸며진 인터넷 카페를 무료로 개방하고 있다. 단, 애플컴퓨터의 운영체제는 윈도우가 아닌 매킨토시 운영체제이므로 인터넷 익스플로러를 사용해야 접속이 가능한 싸이월드 등의 국내 일부 웹사이트는 제대로 열 수 없다. 가격은 정찰제라 같은 제품이 있을 경우 빅 카메라나 요도바시 카메라, 아키하바라의 소프트맵과 같은 매장 등 애플 제품을 취급하는 곳을 이용하는 것이 바람직하다. 참고로 이곳은 10,000엔 이상 구입할 때만 면세 혜택이 주어진다.

○ 위치 : 긴자 마츠야백화점 바로 맞은 편, 긴자역 A13 출구
○ 시간 : 10:00~21:00
○ 휴무 : 연중무휴

쁘렝땅백화점

>> 한 때 국내에도 생겼다가 폐점한 프랑스 파리의 백화점인 쁘렝땅백화점은 긴자에서 볼 수 있다. 직장 여성 고객을 겨냥하여 만들어진 백화점답게 젊은 여성 취향의 상품 구색을 두루 갖추고 있다. 패션 아이템이 대부분을 차지하며 잡화도 다양하게 구비되어 있다.

○ 위치 : 도쿄 메트로 히비아센 근처
○ 시간 : 10:00~20:30, 일요일, 월요일 10:00~19:30
○ 휴무 : 수요일

TEPCO 긴자관

>> TEPCO 긴자관(銀座館)은 어린이들을 위한 체험학습에 꽤 유익한 곳으로 전기는 어떻게 만들어지고 어떻게 활용되는지 등을 체험을 통해서 알려주는 마치 한국전력의 홍보관 같은 곳이다. 모두 7층으로 구성된 전시관과 한 개의 영화관으로

구성돼 있으며 좋은 전기제품을 구입하는 요령 등 실생활에 필요한 정보를 제공한다. 여행자가 일본어에 능통하면 더욱 유익함을 얻을 수 있는 곳이다.

○ **위치** : 긴자역에서 5분
○ **시간** : 10:30~18:30
○ **휴무** : 매주 수요일 휴무(단 7월 20일~8월 31일 기간은 무휴)
○ **비용** : 무료

야마하 긴자숍

>> 음악 마니아라면 HMV나 타워레코드쪽에 많은 관심이 있을 것이고, 악기에 관심이 많다면 간다와 같은 악기상이 밀집된 곳도 놓칠 수 없는 곳이다. 야마하 긴자숍은 두 가지를 모두 만족시킬만한 음악전문 숍이다. 5층으로 이루어진 이곳의 가장 큰 매력은 음반매장과 악기를 파는 곳이 한 곳에 모여 있다는 점이다. 물론 악기는 야마하 제품에 한정되지만, 피아노뿐만 아니라 드럼이나 기타, 색소폰과 같은 야마하 악기들을 모두 만져보고 구입할 수 있다. 1층은 CD와 DVD를 판매하는 곳으로 웬만한 지역의 작은 HMV만한 규모이며 음악뿐만 아니라 영화 DVD도 잘 갖추어져 있다. 지하는 음악 교재와 악보를 판매하며, 5층은 연주홀로 꾸며져

있다. 지하 매장에서는 피아노 학원에서 필요로 하는 다양한 용품과 캐릭터 상품, 음악 연필 등 음악 교육에 필요한 꼼꼼한 소품들이 두루 진열되어 있다.

○ **위치** : JR 신바시역 도보 5분, 마루노우치센 · 긴자센 · 히비야센 긴자역 도보 3분
○ **시간** : 10:45~19:00
○ **휴무** : 화요일, 연말연시

마루젠 서점

>> 도쿄역에 내리면 오른편에 오아조라는 건물이 보인다. 이곳은 130년을 훌쩍 넘긴 일본 최대 규모의 마루젠(MARUZEN) 서점 본점이 입점해 있다. 120만 권이라는 엄청난 장서를 보유한 만큼 크기도 초대형이다. 책을 손쉽게 찾을 수 있는 검색 시스템이 잘 갖추어져 있으며, 서점 건물에 쇼핑몰과 식당도 함께 입점해 있다.

▶ 도쿄역 앞 오아조빌딩의 마루젠 서점

○ 위치 : 도쿄역 앞
○ 시간 : 09:00~21:00
○ 휴무 : 연중무휴

Doll in Seiko

>> J-POP 마니아라면 마츠다 세이코를 모르는 사람은 없을 것이다. 마츠다 세이코가 운영하는 인형점 Doll in Seiko는 외국 인형을 수입해 판매하는 인형 전문점이다. 테디베어나 각종 동물 인형들을 다양한 크기의 봉제인형으로 만날 수 있는 곳으로 일본 제품은 물론 유럽 등지에서 수입한 인형들도 구입할 수 있다.

○ 위치 : 긴자역에서 5분 거리
○ 시간 : 10:30~20:00
○ 휴무 : 연중무휴

고쿄와 히가시코엔(東公園)

>> 일본 천황이 살고 있는 고쿄(皇居)는 한국인 보다는 중국인이나 일본인 관광객을 더 많이 볼 수 있는 도쿄 여행의 상징적인 곳이다. 드넓은 광장을 지나면 강처럼 큰 연못을 가로지르는 고풍스러운 다리(메가네바시라고 부른다)가 나오

▶ 메가네바시를 배경으로 기념 사진 촬영

는데 다리 건너편에 고쿄가 자리해 있다. 우리나라의 궁궐과 달리 들어갈 순 없지만, 매년 1월 2일과 천황 탄생일인 12월 23일에는 개방된다. 그래서 그런지 볼거리가 상대적으로 빈약한 느낌이 든다. 성은 원래의 것이 아닌 2차 세계대전 때 훼손된 것을 1968년에 복원하였다고 한다.

고쿄 옆에 있는 히가시코엔은 황실정원으로 일반인에게 개방된 유일한 곳이다. 특히 옛 에도성 유적이 남아 있는 공원과 황실 가족의 물건들로 채워진 박물관 등을 볼 수 있다. 사전에 전화나 인터넷 예약을 통해서만 관람이 가능하며 당일 방문 시 참관 신청이 가능하지만 예약이 찬 경우 참관이 불가능하다. 관람료는 무료, 관람시간은 09:00~13:30로 하루 2회 입장이 가능하다. 또한 주중만 관람이 가능하다. 또한 국적, 성명, 주소 등을 참관신청서에 적어야 한다. 고쿄 앞에는 고쿄 가이엔과 와라쿠라 분수공원이 있다. 두 곳 모두 도심 속 쉼터와 같은 장소로 고쿄로 들어가거나 나갈 때 들릴만한 곳이다.

히가시코엔 인터넷 예약 접수 홈페이지 : sankan.kunaicho.go.jp
전화 : 03-3213-111(9:00 - 16:30)

○ 위치 : JR 유라쿠쵸역에서 15분 거리
○ 시간 : 제한 없음
○ 휴무 : 연중무휴, 고쿄 참관 시(7월 21일~8월 31일 오후는 휴관, 12월 28일~1월 4일 휴관), 히가시교엔(월·금, 연말연시 휴관)

▶ 자갈로만 깔린 황궁 앞

▶ 고쿄의 기념이 되는 황궁 앞 사진

▶ 고쿄 히가시코엔 내부 건물들

▶ 와라쿠라 분수공원

고쿄가이엔

>> 고쿄는 기념사진을 찍는 것 외엔 그다지 매력은 없다. 고쿄를 지나다가 잠시 휴식을 취하기에 적당한 곳이 고쿄가이엔(皇居外苑)이다. 고쿄가이엔은 원래 옛 황실 자리의 일부였는데 이를 개방한 평범한 공원이다. 이곳에 심어진 독특한 소나무는 흑송 쿠로마츠(黑松)로 일본을 대표하는 소나무이다. 약 6,000여 수가 심어져 있으며, 공원에는 쿠스노키마사시게(楠木正成 : 일본 남북조시대의 장군)의 동상이 있다. 동상 근처에는 앉을 수 있는 벤치가 마련되어 있다.

▶ 고쿄가이엔의 모습

▶ 쿠스노키마사시게 농상

○ 위치 : JR 유라쿠쵸역에서 10분 거리
○ 시간 : 제한 없음
○ 휴무 : 연중무휴

Tip 고쿄가이엔 주변에는 기타마루코민(공원)을 비롯해 니혼부도칸(공연장)과 과학기술관 도쿄국립근대미술관 등이 있다.

무지루시료힌(MUJI 無印良品)

>> 무인양품(무지루시료힌)이란 이름보다 무지(MUJI)라는 간판으로 쉽게 찾을 수 있는 생활 잡화 전문점이다. 무인양품 체인 중 가장 큰 곳으로 잡화 전문점답게 옷, 가구, 가전제품까지 다양한 상품 구색을 갖추고 있다. 이곳 제품의 특징은 매우 심플하면서도 컬러풀한 이미지보다는 무채색이나 원목의 무늬를 그대로 활용한 자연스러움을 살린 제품들이 많다. 실내에는 카페도 있으며 바로 옆에 빅 카메라의 분점이

있다. 원래 소프트맵이 있었지만 최근에 소프트맵이 철수하고 빅 카메라의 분점이 입점하였다.

○ 위치 : JR 유라쿠쵸역 2분 거리
○ 시간 : 10:00~21:00
○ 휴무 : 월요일

가부키좌(歌舞伎座)

>> 가부키좌(歌舞伎座)는 일본 전통극 가부키를 공연하는 명소로 알려져 있다. 긴자의 끝자락에 위치한 탓에 일부러 이곳을 찾아온 사람이 아니라면 지나치기 쉬운 곳이기도 하다. 독특한 외형의 극장에서 일본어를 알아들을 수 없는 외국인이

비싼 입장료를 내고 전통극을 끝까지 관람하는 것이 무리라 생각했는지, 외국인 관광객이나 간단하게나마 가부키를 느끼고 싶은 관객을 위해 1막만 관람할 수 있는 히토마쿠미(一幕見)가 4층에 마련돼 있다. 짧은 관람에 따른 입장료는 1,000엔 정도로 저렴하다. 극장에 가부키 관련 기념품과 토산품 등을 구입할 수 있으며, 가부키좌 주변에는 맛집과 주전부리 꺼리가 많은 편으로 긴자에서 식사를 해결하고자 한다면 이곳이 적당하다.

○ 위치 : 지하철 긴자역 B1 출구에서 도보 2분
○ 시간 : 10:00~21:00(공연에 따라 다름)
○ 비용 : 3,500엔~22,000엔(공연에 따라 다름), 1막 공연은 1,000엔

히비야코엔(日比谷公園)

>> 고쿄 근처에 있는 대표적인 서양식 정원인 히비야코엔은 1903년에 만들어진 일본 최초의 독일식 공원으로 오래된 역사만큼이나 나무도 무성하며 도서관과 음악당 등의 부대시설을 갖추고 있다. 야외공연과 여러 행사가 자주 열리며 한적하게 쉬기에 적당한 쉼터이다. 공원 내에는 대규모 분수와 계절에 따라 피는 꽃들이 매우 아름다운 곳이다. 이곳도 노숙자의 점거를 방지하기 위해서인지 벤치 중앙에 모두 칸막이가 되어 있다. 그래서인지 몰라도 의외로 노숙자가 거의 없다.

○ 위치 : JR 유라쿠쵸역에서 도보 6분
○ 시간 : 24시간

▶ 히비야코엔의 안내도

▶ 히비야코엔의 풍경

더 긴자

>> 더 긴자는 화장품 제조사인 시세이도에서 만든 일종의 부티크로 화장품은 물론, 패션 잡화나 액세서리에 이르기까지 다양한 자사의 브랜드와 어울릴만한 타사 제품들을 갖춘 곳이다. 전체적으로 고급스러운 제품들이 주종을 이루고 있으며 7층 건물에는 두 개 층이 화장품, 나머지는 패션 잡화를 진열하고 있다. 그 외 미용실을 비롯해 바로 옆 시세이도 빌딩에는 갤러리, 레스토랑과 카페 등이 입점해 있다.

▶ The Ginza

▶ 시세이도 빌딩

○ 위치 : 신바시역 근처
○ 시간 : 11:00~20:00(일요일은 11:00~19:00)
○ 휴무 : 연중무휴

긴자텐구니　GINZA TENKUNI

>> 덴뿌라는 일본어로 튀김을 말한다. 새우나 야채, 생선 등 다양한 재료를 튀겨서 만든 덴뿌라는 그냥 먹거나 밥 위에 올려 먹을 수 있다. 긴자텐구니에서는 덴뿌라를 보다 고급스럽고 맛깔나게 먹을 수 있는데, 새우나 야채뿐만 아니라 조개관자나 오징어 등 튀김의 종류도 다양하다. 건물 전체가 텐구니만 파는데 가격은 비싼 편으로 밥 위에 튀김을 올린 텐구니는 1,500엔~2,000엔 정도이며,

정식은 2,600엔~4,700엔 정도이다.

○ **위치** : 신바시역 근처
○ **시간** : 13:30~22:00
○ **휴무** : 새해

분메이도(文明堂)

>> 맛있는 카스테라를 먹을 수 있는 분메이도는 100년 역사를 갖춘 카스테라 전문점이다. 분메이도 카스테라는 재료를 다르게 써서 그런지 기존 카스테라와는 다른 독특함이 느껴진다. 매장에서 먹고 갈 수도 있지만 선물세트도 있어 단 것을 좋아하는 사람에게 선물용으로도 좋다. 가격은 가장 싼 것이 600엔이며, 대체적으로 비싼 편이다. 이곳뿐만 아니라 대부분의 미츠코시백화점에서도 구입할 수 있다.

○ **위치** : 히비야센 히가시긴자역 5번출구
(와코백화점 맞은편 五丁目 방면)
○ **시간** : 9:30~21:00
○ **휴무** : 새해

제국극장

>> 고쿄에서 마루노우치를 조망하면 독특한 형태의 건물이 보이는데 이곳이 바로 데이코쿠게키죠이다. 꽤 오래된 극장이지만 간토대지진 이후 훼손된 건물을 1924년에 복원하여 현재의 극장으로 태어났다. 한자로 표현하면 제국극장인데 이곳은 연극을 위한 연극전용극장으로 가부키 공연은 물론 오페라, 연극 등 다양한 무대 공연들이 펼쳐진다.

○ **위치** : JR 유라쿠쵸역에서 5분 거리
○ **시간** : 09:00~19:00(공연에 따라 다를 수 있음)

OPAQUE GINJA

>> 건물 유리창에 OPAQUE라는 조명이 퍽 인상적인데, 유리 커튼월로 구성되어 있는 파사드(facade)는 조명 효과로 주간과 야간의 변화를 주는 재미를 선사한다. 오파크는 20대

를 겨냥한 개성과 센스가 돋보이는 셀렉트 숍으로 패션 잡화, 코스메틱류, 헤어숍과 레스토랑 등이 한 곳에 모여 있는 곳이다.

- 위치 : 애플스토어 옆
- 시간 : 11:00~21:00, 일요일은 20:00

마츠자카야

>> 긴자의 백화점 중 터줏대감격인 긴자 마츠자카야(銀座 松坂屋)에는 구찌, 애트로, 막스마라 등의 인터내셔널 부티크가 입점해 있으며 샤넬을 비롯한 다양한 코스메틱 매장도 만날 수 있다. 마츠자카야는 본관과 별관이 있는데, 별관은 문화센터이고, 대부분의 쇼핑 아이템은 본관에 있다.

- 위치 : 긴자역에서 5분 거리
- 시간 : 10:30~19:30 목, 금, 토는 20:00

모자이크 긴자 한큐(Mosaic ginza hankyu)

>> 모자이크 긴자 한큐는 일반 백화점의 느낌보다는 의류 위주로 오다이바 쇼핑몰과 같은 특성을 살린 곳이다. 패션 아이템을 집중적으로 취급하며, 주요 브랜드 업체가 대거 입점해 있다. 특히 바디숍, 네일살롱, 코스메틱류, HMV와 애견 상품도 함께 볼 수 있다.

- 위치 : 유라쿠쵸역 3분 거리
- 시간 : 10:30~21:00

니시긴자 NISHIGINZA

>> 쇼핑몰 긴자인즈(GINZA IN'z) 끝자락 근처에 있는 니시긴자는 백화점이라 하기엔 그 규모가 작지만 백화점에 준하는 다양한 상품을 취급한다. 지하 1층과 지상 2층으로 구성되어 건물 위로 고가도로가 지나는 등 도로 때문에 여러 조각으로

나누어져 있는 독특한 구성을 갖추고 있다. 요일에 따라 폐점 시간이 다르므로 저녁에 갈 경우 시간을 미리 확인하자. 니시긴자를 지나칠 때면 가끔 사람들이 길게 늘어선 광경을 볼 수 있는데 이는 니시긴자에서 파는 복권을 구입하기 위한 행렬이다.

○ 위치 : 유라쿠쵸역에서 3분 거리
○ 시간 : 수 · 목 · 금 11:00~21:00, 월 · 화 · 토 20:30, 일요일은 20:00

긴자 인즈(GINZA IN'z)

여름철의 도쿄는 정말 숨넘어갈 정도로 무더운 곳이다. 보통 영상 34도가 훌쩍 넘어가는데 이런 날씨에 고쿄라도 가게 되면 그야말로 비 오듯 땀이 쏟아질 것이다. 고쿄에서 오는 길에 마주칠 수 있는 긴자 인즈와 니시긴자는 무더운 여름에 그야말로 반가운 오아시스 같은 곳이다. 더위도 피하고 윈도우 쇼핑을 하기에 적당한 곳으로 캐주얼 패션이 주류를 이루며 특히 액세서리가 독특하다. 긴자 인즈는 여러 개의 건물로 이루어져 있는데, 여성의류뿐만 아니라 저렴한 가격에 먹을 수 있는 다양한 음식점도 갖추고 있다. 커피숍이나 테이크아웃 음식점 외에 인도, 태국, 대만 등 각국의 독특한 음식은 물론이고 한국 음식점도 입점해 있다. 7~8월 긴자 인즈의 세일 기간을 활용하면 실속 쇼핑을 할 수 있다.

○ 위치 : 유라쿠쵸역에서 3분 거리
○ 시간 : 10:30~21:00(매장에 따라 조금씩 다름)

긴자코아

>> 긴자코아(銀座コア)는 패션 관련 아이템부터 서점까지 갖춘 종합쇼핑몰이다. 10층으로 구성된 건물에는 패션 소품이 주종을 이루며 미용실, 화장품 매장 등이 있다. 또한 기모노나 웨딩드레스 숍뿐만 아니라 향을 취급하는 곳, 심

지어 컴퓨터 학원이나 여행사, 성형외과까지 입점해 있다. 6층은 시부야나 오다이바에서 볼 수 있었던 북퍼스트가 입점해 있다. 또한 꼭대기 층에는 광동요리 전문점 등 일본에서 개발한 중국 음식을 맛볼 수 있다. 긴자역과 연결되어 있어 찾기가 매우 쉽다.

○ 위치 : 긴자역 A-3번 출구
○ 시간 : 11:00~20:00, 레스토랑은 22:00

마츠야백화점 긴자점

>> 마츠야백화점은 긴자와 아사쿠사 두 곳에 있는데 마츠야 긴자는 다른 긴자의 백화점보다 젊은 여성을 타깃으로 세워진 백화점이다. 지상 8층, 지하 2층으로 구성되어 있으며 루이비통을 비롯해 볼거리가 많은 명품 브랜드숍들이 입점해 있다. 8층 식당가에는 레스토랑과 여러 초밥집들이 있어 긴자에서 초밥을 먹고자 한다면 이곳이 적당하다.

○ 위치 : 미츠코시백화점 바로 옆
○ 시간 : 10:00~20:00

닛산 긴자 갤러리

>> 하얀색의 산뜻한 건물 외관이 인상적인 닛산 긴자 갤러리는 닛산의 자동차 쇼룸이다. 토요타 자동차의 쇼룸에 비한다면 초라하게 느껴질 수도 있으나 닛산 자동차에 관심을 갖는 방문자라면 닛산의 신형 및 인기 차종을 볼 수 있다.

○ 위치 : 긴자 사거리 와코백화점 대각선 방향
○ 시간 : 10:00~20:00

웨스트

>> 웨스트는 긴자의 전통과 명성을 자랑하는 양과자점 중 하나이다. 유명한 웨스트 립파이 외에 다양한 쿠키와 케이크도 판매한다. 가격이 좀 비싼 편이지만, 립파이는 몇 백 엔이면 맛볼 수 있다. 256겹으로 만들어진 립파이는 바삭하면서도 달콤한 맛이 인상적이다. 매장 안에서도 먹을 수 있고, 테이크아웃도 가능하다.

○ 위치 : 긴자 사거리 와코백화점 대각선 방향
○ 시간 : 09:00~23:00

Tip 긴자에서 먹어 볼만한 그 밖의 먹거리

구야(空也) – 120년 전통의 모나카 전문점
- 시간 : 10:00~17:00, 일요일 휴무, 모나카세트 735엔
기무라야 쇼혼텐 – 팥빵으로 유명한 빵집
- 시간 : 10:00~21:30, 팥빵 120엔
앙젤리나(Angelina) – 파리에 본점을 둔 케이크 전문점
- 시간 : 11:00~21:30, 위치 : 쁘렝땅백화점 1관 2층, 케이크 750엔
긴자부도니키 – 사과 타르트 전문점
- 시간 : 11:00~22:00
베노아(Benoist) – 영국 왕실에서 먹는 홍차
- 시간 : 10:30~19:30, 위치 : 마츠자카야 4층
긴자 타츠다노(銀座 立田野) – 양미츠, 팥 아이스크림 전문점
- 시간 : 11:00~20:00

6-4 아사쿠사 浅草

>> 아사쿠사는 JR 야마노테센과 직접 연결된 곳은 아니지만 도쿄 여행에서 빼놓을 수 없는 관광지이다. 이곳에서는 도쿄의 옛 모습을 볼 수 있다. 도쿄의 명소 센소지를 비롯하여, 나카미세 상점, 다이쇼(大正)에서 쇼와(昭和) 시대를 배경으로 한 경가극 공연장이 모

▶ 아사쿠사 센소지 입구 가미나리몬(雷門)

여 있는 곳으로 지금도 영화관, 연예홀 등이 남아 있어 일본의 옛 자취를 느낄 수 있다.

특히 5월에 열리는 산자마츠리(三社祭)는 여행자라면 한번쯤 볼만한 행사이다. 또한 근처에 있는 수상버스 선착장은 시원한 스미다가와(隅田川) 위를 따라 도쿄의 여러 지역을 이동할 수 있다.

✎ 아사쿠사의 관광 포인트

>> 아사쿠사 관광의 핵심은 센소지이다. 센소지에 들어가려면 대부분 길게 늘어선 나카미세 상점 거리를 지난디. 온갖 종류의 기념품과 먹을 깃을 파는 나카미세 상점 거리는 센소지보다 흥미로운 것들이 많아 이곳에서 보내는 시간이 제법 긴 편이다. 센소지의 상징이라고 할 수 있는 카미나리몬(雷門)은 언제나 사진 찍는 이들로 붐빈다. 한적하게 사진 촬영을 하고 싶다면 아침에 9시 전에 와서 절을 구경하

▶ 센소지 주변의 아케이드

면서 사진을 찍으면 된다. 또한, 10시 정도가 되면 개점하는 나카미세 상점 거리를 둘러보는 것이 좋다. 대부분의 여행자들이 아사쿠사에 오면 센소지와 나카미세 상가 거리만 둘러보고 가곤 하는데, 아사쿠사의 전통적인 면모들을 좀 더 보고자 한다면 몇 블록 떨어진 현대적인 쇼핑몰 ROX가 있는 곳까지 가보는 것도 좋다.

아사쿠사에는 저렴한 가격에 점심을 해결할만한 라멘이나 초밥집, 텐돈텐야와 같은 체인점은 물론 모스버거나 맥도날드 등의 패스트푸드점도 있다. 만약 쇼핑을 하려면 지하철 역사 근처의 마츠야백화점과 반대편에 있는 ROX를 이용하면 된다.

또한 센소지 반대편에는 유람선 선착장이 있어 수상버스를 타고 오다이바나 신바시 등으로 색다르게 이동할 수 있다.

▶ 아사쿠사의 식당들

▶ 모스버거 아사쿠사점

스미다가와(隅田川)는 도쿄 남북을 흐르는 강으로 아사쿠사 강변 선착장에서 남쪽에 위치한 오다이바까지 수상버스를 이용해 오갈 수 있다. 봄에 아사쿠사 선착장에서 수상버스를 타고 강을 따라 유람을 하면 스미다가와 주변에 흐드러지게 핀 벚꽃이 아주 환상적이며, 여름철 저녁 불꽃놀이를 감상하기에도 제격이다. 설령 수상버스를 타지 못하더라도 아즈마바시(吾妻橋) 건너편으로 맥주로 유명한 아사히빌딩이나 강 위를 가르는 수상버스가 지나가는 모습, 그리고 초저녁의 낙조 등을 감상해도 시원하다. 간혹 때만 잘 맞추면 마치 우주선처럼 생긴 히미코라는 유람선도 구경할 수 있다.

▶ 제법 넓은 아즈마바시

▶ 아즈마바시에서 본 스미다가와

아사쿠사 가는 법

>> 아사쿠사역은 도쿄 메트로 긴자센의 아사쿠사역과 도에이 아사쿠사센 아사쿠사역 등 2개의 역이 있다. JR 야마노테센을 이용하면 우에노에서 갈아타는 것이 일반적이다. 오다이바나 신바시에서 아사쿠사로 바로 오는 수상버스가 있지만, 아사쿠사에서 수상버스를 타고 오다이바로 갈 때가 더 많다. 우에노에서 아사쿠사까지의 지하철 요금은 160엔이며, 세 번째 정거장이 아사쿠사역이다. 이와 다른 긴자센은 신바시와 간다, 우에노를 거쳐서 아사쿠사에 도착하는데, 머물고 있는 호텔의 위치가 긴자센과 연결된 지역이라면 중간에 환승 없이 긴자센을 타고 바로 아사쿠사로 갈 수 있다.

● JR 야마노테센으로 아사쿠사 찾아가기

❶ JR 야마노테센을 타고 우에노역에 도착한 뒤 개찰구를 통과해 역으로 나간다. 지하철로 갈아타야 하기 때문에 도쿄 메트로 긴자센 쪽으로 가야 하는데 이정표를 보면 쉽게 찾을 수 있다. 참고로 긴자센은 주황색이다.

❷ 도쿄 메트로 긴자센 우에노역에 들어가면 다시 표를 구입해야 한다. 지하철 표는 JR 야마노테센 표를 사는 방법과 차이는 없으며, 아사쿠사까지의 요금을 확인한다.(우에노에서 아사쿠사까지는 160엔) 자판기의 터치스크린 화면에서 먼저 ENGLISH 버튼을 누르고 금액을 선택한 후 해당되는 돈을 넣으면 표와 잔돈이 나온다.

❸ 매표소를 통과하여 아사쿠사 승차 방향을 확인한 후 지하철 역사로 들어가서 아사쿠사 방향의 긴자센을 탄다. 긴자센은 JR 야마노테센과 달리 객차는 비교적 좁다.

❹ 아사쿠사역에서 내리면 센소지 방면의 이정표를 보고 출구로 나간다. 지역 표기는 한글로도 되어 있다.

❺ 매표소를 통과할 때 출구 표지판을 보면 센소지 등의 지명이 적혀 있는데, 일본어로 되어 있지만 한자라서 쉽게 방향을 찾을 수 있다.

❻ 센소지 방향 출구는 독특한 타일 벽화가 그려져 있다. 이곳을 빠져 나가면 바로 센소지가 나오지 않고 한두 블록을 쭉 걸어가야 센소지의 상징인 카미나리몬이 보인다.

Tip **아사쿠사의 거리**

아사쿠사가 전통이 살아있는 곳이라는 것은 거리를 조금만 걸어 보아도 쉽게 알 수 있다. 상점들이 대게 전통적인 인테리어로 꾸며져 있을 뿐만 아니라 집이나 크고 작은 매장들도 다른 지역에서 느끼기 어려운 고전적인 일본풍이 잘 보존되어 있다.

아사쿠사 미리보기 (Map)

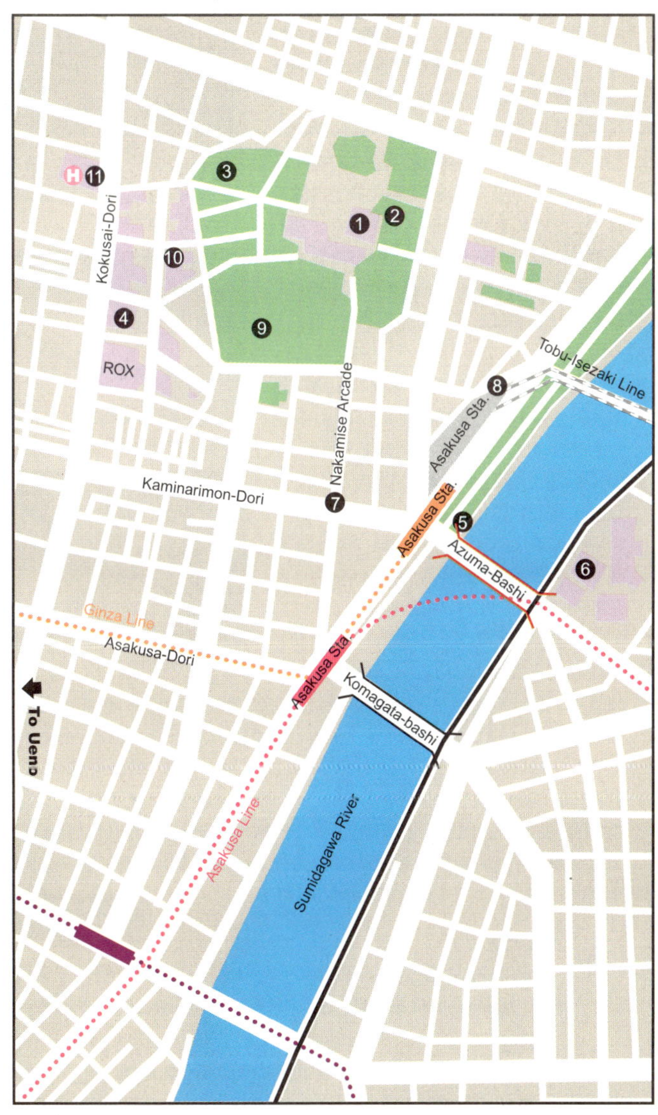

❶ 센소지

❷ 아사쿠사 진자(신사)

❸ 아사쿠사 하나야시키 공원

❹ 아사쿠사 연예홀

❺ 아사쿠사 수상버스 선착장

❻ 아사히 맥주

❼ 카미나리몬(雷門)

❽ 마츠야(松屋)

❾ 덴포인(傳法院)

❿ 롯쿠 / 롯쿠 브로드웨이

⓫ 아사쿠사 뷰 호텔

Tip 아사쿠사에서 수상버스 타기

아사쿠사에서는 오다이바나 신바시로 가는 수상버스를 탈 수 있다. 센소지 반대 방향으로 걸어가면 스미다가와 사이에 두고 다리가 하나 나오는데, 즉 아즈마바시(吾妻橋)를 건너기 전 왼쪽에 선착장이 있다. 아사쿠사에서 수상버스를 타는 대부분의 목적지는 오다이바다. 오다이바까지 가려면 직행으로 가는 방법과 한 번 갈아타고 가는 방법이 있다. 한 번 갈아타고 가려면 아사쿠사에서 출발해 하마리큐를 들려 히노데신바시에 도착한 후 다시 다른 배를 타고 오다이바로 들어간다.

▶ 아사쿠사 수상버스 승선장

하마리큐 근처에는 하마리큐온시테이엔(浜離宮恩賜庭園) 정원이 있어 봄, 가을이라면 시간을 내 한 번쯤 들려볼만한 매력적인 정원이다. 히노데신바시에서 오다이바로 들어가려면 4가지 노선 중 하나를 선택할 수 있다. 운항하는 배에 따라 오다이바해변공원과 팔레트타운 근처, 배 과학관, 도쿄 빅 사이트 세 곳으로 갈 수 있다. 아사쿠사에서 히노데신바시까지는 약 40분이 걸린다.

▶ 우주선 모양의 히미코 유람선

▶ 오다이바해변공원 승선장

아사쿠사에서 오다이바로 바로 가려면 우주선 모양의 히미코를 타야 하는데 히미코는 은하철도 999로 유명한 마츠모토 레이지(松本零士)가 제작에 참여한 배로 알려져 있다. 배 안에는 이를 증명이나 하듯 은하철도 999의 주인공 철이와 메텔의 캐릭터가 곳곳에 붙어 있다. 히미코를 타보는 것은 독특한 경험이지만 운임은 상당히 비싸며 일반 수상버스인 유리카모메는 패키지 상품을 통해서 하루 동안 마음 놓고 탈 수 있지만 히미코는 동일한 혜택을 받지 못한다. 히미코는 시간당 한 대밖에 운행하지 않아 하루에 5번 정도만 운행하고, 정원도 171명이므로 주말에는 일찍 표를 구입해야 탈 수 있다.

승선장 위치
- **아사쿠사 승선장** : 도쿄 메트로 긴자센 아사쿠사역 5번 출구 도보 1분
- **히노데신바시 승선장** : 유리카모메 히노데(日の出)역 도보 1분

요금
○ **아사쿠사 → 하마리큐 → 히노데신바시(스미다가와 라인)** : 하마리큐까지는 720엔(35분 소요), 히노데신바시까지는 760엔(40분 소요)
- 평일 출발 시간 : 10:00, 10:40, 11:30, 12:10, 13:00, 13:40, 14:10, 14:40, 15:10, 15:40, 16:10, 16:40, 17:10, 17:50
- 주말 출발 시간 : 첫차인 10:00와 17:50, 18:30(막차)을 제외한 매시간 10분과 40분에 출발

○ **아사쿠사 → 오다이바해변공원(히미코)** : 1520엔(50분 소요)
- 출발 시간 : 10:05, 11:55, 13:55, 15:55

센소지(淺草寺)

>> 센소지(淺草寺)는 아사쿠사를 대표하는 관광지이자 절이다. 관광 사진에 많이 나오는 입구의 커다란 붉은 등의 이름은 카미나리몬(雷門)이다. 이 입구에서 나카미세 상가를 지나 한참 들어가야 비로소 센소지가 나온다. 센소지는 도쿄에서 가장 오래된 절로 628년 스미다가와에서 어부의 그물에 걸린 관음상을 모시기 위해 세운 절이다. 아쉽게도 우리가 볼 수 있는 센소지는 2차 세계대전 때 본당과 대부분의 건물이 소실되었으며 이후 1958년에 본당, 1973년에 5층탑을 복원한 것이 지금의 센소지 모습이다. 본당의 석가모니상은 볼 수가 없는데 평상시에는 공개하지 않고 매년 12월 13일에만 공개한다. 본당 옆에는 스리랑카에서 가져온 사리를 모신 5층탑이 있다.

▶ 센소지 입구의 카미나리몬

▶ 센소지 본당의 뒷모습

▶ 사리를 모셔 둔 5층탑

▶ 센소지와 연결된 나카미세 거리

Tip 카미나리몬(雷門)

초대형의 붉은 색 등인 센소지의 상징 카미나리몬(雷門)은 1865년에 소실되었으나 1960년에 복원하였다. 3m 높이에 무게가 100kg 정도로 문의 좌우 안쪽으로 우측에는 풍신상(風神像), 좌측에는 뇌신상(雷神像)이 있다. 가미나리몬은 천둥의 문이라는 뜻으로 풍작과 평화를 기원하기 위해 세워졌다고 한다.

▶ 사진 촬영의 명소 카미나리몬

▶ 100kg의 카미나리몬 등(燈)

▶ 좌우의 수호신

절에 들어가기 전에는 다른 신사처럼 몸을 경건하게 하는 의식이 필요하다. 센소지 본당 앞 우측으로 손을 씻는 곳이 있는데, 국자처럼 생긴 도구가 있어 이것으로 물을 떠서 손을 씻고 마음을 경건하게 한 후 들어가면 된다. 본당에 들어가면 절 바로 앞에 작은 막대로 막혀 있는 커다란 통이 있는데 이곳에 원하는 만큼 돈을 시주하고 합장하면서 소원을 빌 수 있다.

▶ 합장하기 전에 손 씻는 물

▶ 본당 앞에서 소원을 비는 방문객들

본당 앞의 큰 항아리에는 향이 피어오르는데 이 향을 몸에 쏘이면 부처님의 은혜로 아픈 곳이 낫는다고 한다. 특히 이 향은 절에서 피우는 것이 아니라 방문객들이 판매소에서 100엔에 구입해서 피우는 것이다.

▶ 센소지 내부의 향 판매소

▶ 향을 피우는 항아리

센소지와 나카미세 상가 거리에는 목을 축일만한 음료수 가게가 없다. 물을 먹고 싶다면 입구인 카미나리몬에 들어가기 전 우측에 음료수 자판기를 이용하자. 화장실도 마땅히 찾기 어렵다면 자판기 근처에 있는 화장실을 이용하는 것이 좋다. 센소지의 또 다른 특징 중 하나는 비둘기를 많이 볼 수 있다는 점이다. 일본에서 아

 아사쿠사의 진리키샤(人力車)

아사쿠사 센소지 앞에는 아사쿠사의 명물인 진리키샤가 항시 대기하고 있다. 가격은 1시간에 7~8천 엔으로 비싼 편이지만 스미다가와와 센소지 정도의 1구간은 2인 기준으로 3,000엔 정도에 탈 수 있다.

○ 위치 : 도쿄 메트로 긴자센 아사쿠사역 6번 출구 도보 7분
○ 시간 : 본당은 6:00~17:00

▶ 본당 앞 센소지 기념품 판매점

주 흔해 지겹도록 많이 볼 수 있는 까마귀처럼, 비둘기가 많다. 센소지의 본당 안뿐만 아니라 본당 앞 좌우에는 기념품 판매점이 있다. 이곳에서 판매하는 기념품은 가격이 비싸지만 대부분 센소지에서만 구입할 수 있는 것이라 센소지 방문 기념품을 사고 싶다면 이곳에서 구입하자.

ROX

>> 도쿄의 아사쿠사는 주변 건물이나 관광지, 그리고 판매하는 상품들 대부분이 전통적인 정서가 깃든 곳으로 알려져 있다. 하지만 이곳에도 눈에 띄는 현대식 건물이 하나 있는데 바로 쇼핑몰 록스(ROX)이다. 아사쿠사는 특성상 관광객이 북적이는 곳이지만, 쇼핑몰인 ROX까지 찾아오는 관광객은 그리 많지 않다. 센소지에서 약 15분 정도 걸어 나오면 쉽게 발견할 수 있는 ROX는 의류 쇼핑몰이지만 주변에 카페와 맥도날드 같은 패스트푸드점까지 갖춘 오래된 도시에 세워진 현대적인 공간이다. 규모는 다른 지역의 쇼핑몰에 뒤지지 않지만 평일에는 손님이 많지 않아 한적하게 쇼핑하기에 좋다.

○ 위치 : 센소지에서 15분 거리
○ 시간 : 10:30~21:00

나카미세 거리

>> 나카미세 거리는 원래 센소지를 참배하기 위한 길이었다. 그러나 지금은 좌우로 길게 들어선 상점들로 아사쿠사에서 사람이 가장 많이 몰리는 쇼핑타운이 되어 버렸다. 나카미세 거리의 가장 큰 매력은 누구나 일본에서 사온 것이라고 느낄 수 있을만한 상품들과 군것질꺼리가 정말 다양하다.

100여 개 상점으로 구성된 나카미세 거리는 오전 9시 반부터 문을 열기 때문에 아사쿠사에 일찍 방문하면 사람이 거의 없는 나카미세 거리를 걸어볼 수 있는 흔치 않는 특권을 느릴 수 있다. 이곳 상점의 폐점 시간은 보통 저녁 10시이다.

상점에서 파는 물건은 품질이 천차만별인데, 오래된 전통을 이어온 수공예품점부터 조잡스러운 장난감이나 공산품 수준의 전통 기념품까지 입맛에 맞는 상품을 구입할 수 있다. 또한 나카미세 거리에는 다양한 먹을거리가

▶ 닌쿄야끼 전문점

준비돼 있는데 과자류가 많다. 모나카나 쌀을 튀겨 만든 쌀과자, 닌쿄야끼 등이 있다. 닌쿄야끼(인형과자)는 비둘기, 센소지 오층탑과 심지어 헬로우 키티와 같은 다양한 모양으로 만들어진 과자로 안에 단팥이 들어 있어 마치 호두 빠진 호두과자와 같은 맛이다. 저렴한 가격에 몇 개씩 묶어서 팔기도 하며, 나카미세 거리에서 닌쿄야끼를 파는 곳만도 다섯 곳이 넘는데 가게마다 약간씩 맛과 모양이 다르다.

○ **위치** : 가미나리몬을 지나 센소지로 가는 길의 좌우
○ **시간** : 9:30~19:00
○ **휴무** : 가게마다 다름

아사히 맥주

>> 센소지에서 수상버스 선착장 쪽으로 가다보면 아즈마바시라는 다리가 나오는데 다리 건너편으로 독특한 금색 구름 모양의 조형물이 걸린 건축물이 아사히 맥주이다. 아사히 맥주는 두 개의 건물로 이루어져 있는데 금색 구름

처럼 생긴 조형물이 걸려있는 건물이 슈퍼드라이홀로 유명한 프랑스 디자이너 필립스탁이 디자인하였다. 금색 조형물은 맥주의 거품이 연상되기도 하는데, 황금의 오브제라고 부른다. 그리고 좌측의 높은 금색빌딩이 아사히 맥주 본사로 이 건물은 맥주잔처럼 생겼다. 슈퍼드라이홀은 아사히 역사에 관한 전시물을 두루 갖추고 있으며 이곳 레스토랑에서는 오리지널 아사히 생맥주를 마실 수 있다.

○ **위치** : 수상버스 선착장이 있는 아즈마바시 건너편
○ **시간** : 가게에 따라 다름

아사쿠사 하나야시키 유원지

>> 1949년에 만들어진 가장 오래된 유원지이다. 예전의 놀이공원을 아직도 그대로 사용하는 곳으로 롤러코스터를 비롯한 25가지의 놀이기구를 갖추고 있다. 사람들이 많이 붐비지는 않지만, 낙후된 시설임에도 가격이 저렴하지 않다. 여느 놀이동산처럼 입장료를 따로 받고 놀이기구는 별도의 비용을 지불해야 한다. 놀이기구 외에 폭포나 유령의 집, 그리고 국내 유원지에서도 흔히 볼 수 있는 엽총을 쏴서 상품을 받는 게임도 있다.

○ **위치** : 센소지의 좌측 위쪽
○ **시간** : 10:00~17:00
○ **휴무** : 화요일
○ **비용** : 입장료 900엔, 놀이기구 별도

Tip **아사쿠사 관광 안내소**

센소지 입구인 카미나리몬 앞에서 건너편을 보면 관광 안내소가 있다. 아사쿠사뿐만 아니라 수상버스 노선표와 같은 여러 가지 안내를 받을 수 있는 곳으로 영어 소통이 가능한 상담원도 있기 때문에 길을 잃거나 원하는 장소를 잘 모를 때 안내를 받아볼 수 있다.

아사쿠사 신사

>> 센소지에 가면 센소지 본당까지만 보고 나카미세로 돌아 나오는 경우가 대부분이다. 하지만 센소지 본당 왼쪽으로 아사쿠사 신사가 있다는 것을 아는 이는 그리 많지 않다. 사실 일본 어디를 가든 신사가 널렸기 때문에 절 주변에 신사가 있다는 점은 그리 놀랄만한 것은 아니다. 단, 5월에 아사쿠사 신사에서 열리는 산자마츠리는 놓치기 아까운 3대 마츠리 중 하나이다. 신사 앞의 동그란 원은 자신의 잘못을 반성하기 위해 만들어진 모륜으로 8

자가 되도록 모륜을 3번 빠져나가면 심신이 깨끗해진다고 한다. 모륜은 특정 시기에만 설치되며 아사쿠사 신사에서는 6월 중순부터 말일까지 모륜이 설치된다.

○ 위치 : 센소지 뒤편
○ 시간 : 제한 없음
○ 휴무 : 연중무휴

에도 시타미치 전통 공예관

▶ 에도 시타미치 전통 공예관

>> 시타미치의 전통 장인들이 수작업으로 만들어낸 공예품을 전시하는 곳이다. 300여 점의 전시품을 자랑하는 이곳은 나무로 만든 제품이나 은 식기를 비롯해 인형에 이르기까지 다양한 장인의 손길이 느껴지는 일본 전통의 제품들을 볼 수 있다. 근처 상점에서 해당 공예품을 구입할 수 있다.

○ 위치 : 아사쿠사역 1번 출구 10분 거리
○ 시간 : 10:00~20:00
○ 휴무 : 연중무휴
○ 비용 : 무료

마츠야백화점 아사쿠사점

▶ 마츠야 아사쿠사 백화점

>> 마츠야백화점은 긴자점과 아사쿠사점이 있는데, 마츠야 아사쿠사점은 여성 중심의 상품으로 꾸며진 백화점으로 긴자점과는 사뭇 다른 느낌을 준다. 토부센 아사쿠사역이 건물 2층을 통째로 차지하고 있고, 여성 패션 상품이 1층과 3, 4층으로 다른 곳보다 규모가 작아도 폭넓은 상품들을 갖추고 있어 알차 보인다. 7층에 식당이 있어 아사쿠사를 관광하다가 마땅한 음식점을 찾기 어려우면 이곳의 식당가를 이용해도 좋다.

○ 위치 : 도쿄 메트로 긴자센 아사쿠사역 1분 거리
○ 시간 : 10:00~19:30
○ 휴무 : 비정기적(1. 1은 휴무)

6-5 신주쿠 新宿

>> 도쿄하면 가장 먼저 떠오르는 지역이 신주쿠가 아닐까? 신주쿠는 일본 최고의 번화가이자 하루 수백만 명이 왕래할 만큼 많은 사람들로 분주한 지역이다. 신주쿠역은 지하철역이 복잡하여 초보 여행자의 경우 자칫 길을 잃을 수도 있다.

또한 빅 카메라를 비롯한 유명 전자제품 양판점들이 모여 있고, 가부키쵸와 같은 환락가와 대형 백화점들이 자리하고 있다.

이러한 번화함 속에 도쿄 시내를 한눈에 볼 수 있는 도쿄도청이 있으며, 그 외 많은 볼거리와 먹을거리가 풍부한 지역이기도 하다. 신주쿠는 이렇게 큰 번화가라 그런지 지역을 자세히 보려면 하루 종일 걸어도 다 보기 어렵다. 그러므로 미리 갈 곳을 확실히 정해놓지 않으면

뭔가 많이 보기는 봤는데 무엇을 봤는지도 모르고 고생스러운 여행지로 기억 될 수도 있다. 또한 신주쿠는 도쿄를 벗어나 온천과 빼어난 경치로 잘 알려진 하코네 등의 여행지로 가기 위한 오다큐선의 출발점이기도 하다.

신주쿠의 관광 포인트

>> 신주쿠는 JR 신주쿠역을 기준으로 크게 세 지역으로 나눌 수 있다. 즉, 동구의 히가시 신주쿠는 쇼핑몰과 백화점, 가부키쵸와 같은 유흥업소들이, 서구의 사무실 집중 지역인 니시 신주쿠, 쇼핑센터들이 대거 입점한 남쪽의 미나미 신주쿠로 구성된다. 하지만 남구의 미나미 신주쿠는 신주쿠 전체에서 본다면 작은 부분이며 신주쿠역을 중심으로 양분된 니시 신주쿠와 히가시 신주쿠가 신주쿠의 대부분을 이루고 있다.

▶ 니시 신주쿠 방향의 대형 백화점 거리 야경

신주쿠를 나누는 JR 신주쿠역을 지나가는 철도를 넘어서면 전혀 다른 도시를 보는 것 같은 상반된 인상을 준다. 그중 니시 신주쿠는 35층 이상의 고층 건물들이 들어찬 곳으로 휘황찬란한 다른 지역에 비해 전혀 다른 모습의 도시처럼 느껴진다. 니시 신주쿠는 고층 빌딩 숲과 더불어 유명 브랜드 쇼룸이나 미술관 등의 볼거리가 많아 온통 쇼핑몰 일색의 히가시 신주쿠쪽에 번잡함을 느끼는 여행자라면 이곳에서 신주쿠의 색다른 모습을 만날 수 있다. 또한 신주쿠의 상징인 도쿄도청 전망대가 위치한 곳이라 신주쿠 여행자라면 한 번쯤 들려볼만한 곳이다.

▶ 고층의 빌딩숲을 이룬 니시 신주쿠

반면 히가시 신주쿠는 인파가 가장 많이 몰리는 신주쿠의 중심 지역이다. 우리가 흔히 번화한 신주쿠를 말한다면 이 히가시 신주쿠를 일컫는 것이다. 주말이 아니라도 저녁 무렵만 되면 수많은 인파가 몰린다. 만남의 장소로 많이 사용되는 스튜디오 알타를 비롯해 상가가 집중된 곳에 이세탄과 미츠코시백화점이 있으며 대형 서점 키노쿠니야와 레스토랑, 게임센터 등 신주쿠의 대표적인 모습을 보여주는 곳이다. 이곳에는 신주쿠 환락가의 상징으로 알려진 가부키쵸(歌舞伎町)가 자리하고 있다. 물론 그곳에는 퇴폐적인 업소도 많지만, 그렇지 않은 술집이나 카페, 라이브 클럽도 있고, 거기서 한 블록 더 내려가면 신주쿠 코리아타운이 있어 다양한 한국 음식을 먹을 수도 있다.

▶ 많은 인파가 밀집하는 히가시 신주쿠

미나미 신주쿠는 크게 타카시마야 타임즈스퀘어라는 대형 백화점과 사잔테라스라는 쇼핑의 거리로 이루어졌다. 타카시마야 타임즈스퀘어에는 제법 큰 도큐핸즈점이 입점해 있으며, 사잔테라스는 의류 쇼핑몰과 스타벅스 등 커피숍이 주를 이루는 거리로 미나미 신주쿠는 히가시 신주쿠와는 달리 많은 인파에도 불구하고 탁 트인 넓은 공간에서 보다 한가롭게 쇼핑할 수 있는 곳이다. 또한 타카시마야 타임즈스퀘어에서 히가시 신주쿠 방향으로 이동하면 신주쿠교엔(新宿御苑)이 나오는데, 잘 가꾸어진 정원과 온

▶ 타카시마야 타임즈스퀘어

▶ 신주쿠의 금연 거리

실이 큰 녹지 위에 자리 잡은 매력적인 정원이다. 특히 봄에 오면 벚꽃을 원 없이 눈에 담을 수 있다.

신주쿠는 수많은 인파와 입간판, 그리고 여기저기 연결된 크고 작은 도로가 혼잡하여 초보 여행자는 자칫 방향 감각을 잃을 수도 있다. 이런 곳에서는 대표할만한 건물이나 상점, 혹은 역 출구 등 자신만의 이정표를 기억해두고 그것을 기준으로 이동하는 것이 헤매지 않는 방법이다.

Tip **신주쿠의 추천 맛집**

신주쿠는 도쿄의 대표적인 상권인 만큼 음식 맛이 뛰어난 곳도 많지만 워낙 넓은 곳이라 마땅한 맛집을 찾아내기란 쉽지 않다. 물론 일본 음식이 입에 잘 맞는 여행자라면 저렴한 아무 식당이나 들어가서 해결해도 되겠지만, 도쿄까지 왔는데 이왕이면 맘에 드는 음식을 먹을 수 있는 신주쿠의 맛집을 두 곳 추천한다.

○ 모모파라다이스
뷔페식 샤브샤브 전문점
- **위치** : 가부키쵸 안 골목 코마극장 맞은편 휴막스빌딩 8층
- **가격** : 1,680엔
- **시간** : 16:00~23:00

○ 스즈야
뜨거운 차를 돈가스에 부어서 먹는 오차즈케 전문점
- **위치** : 가부키쵸 초입 무문
- **가격** : 1,470엔
- **시간** : 11:30~22:15

▶ 니시 신주쿠와 히가시 신주쿠의 경계

▶ 니시 신주쿠에서 본 히가시 신주쿠

▶ 신주쿠역 주변의 선술집

▶ 사잔테라스의 크리스피 도너츠

신주쿠 가는 법

>> 신주쿠역은 JR 야마노테센이 지나가는 JR 신주쿠역이 중심이지만 이외에도 6개의 전철과 지하철 노선을 이용할 수 있다. 도쿄를 대표하는 중심가인 만큼 버스 노선도 집중돼 있다. 한국 여행자들이 워낙 많이 찾아오는 탓인지 역 내는 물론 여기저기 한글 안내판도 친절하게 표기되어 있다. 하지만 초보 여행자에게는 이것도 과신하기 어려울 정도로 복잡하다.

● 신주쿠행 지하철 및 전철

- JR 야마노테센, 츄오혼센의 JR 신주쿠역
- 오다큐센(小田急線) 신주쿠역
- 게이오센(京王線) 신주쿠역
- 도에이 지하철 신주쿠역
- 도쿄 메트로 지하철역
- 세이부(西武) 신주쿠역
- 도에이 지하철 마루노우치센 신주쿠 3초메역

○ JR 히가시니혼(東日本旅客道)
- 야마노테센(山手線)　　　　　　　- 츄오혼센(中央本線)
- 츄오센 쾌속(中央線 快速)　　　　- 츄오소부센(中央總武線)
- 사이쿄센(埼京線)　　　　　　　　- 쇼난신주쿠라인(湘南新宿ライン)
- 나리타익스프레스(成田エクスプレス)

○ 게이오 덴테츠(京王電)
- 게이오센(京王線)
- 게이오신센(京王新線)

○ 오다큐 덴테츠(小田急電)
- 오다큐덴테츠(小田急電)
- 오다큐 오다와라센(小田急小田原線)

○ 도에이 지하철
- 도에이 지하철 신주쿠센(都營 新宿線)
- 도에이 지하철 오에도센(都營 大江線)

○ 도쿄 메트로
- 에이단 지하철 마루노우치센(丸ノ線)

JR 신주쿠역은 동구(東口), 서구(西口), 남구(南口) 이렇게 모두 3개의 출구가 있다. 즉, 출구에 따라 히가시구치, 니시구치, 미나미구치로 구분한다.

니시 신주쿠로 갈 때 가장 편리한 출구는 니시구치(西口)이다. JR 신주쿠역 서쪽 지하 1층에 있는 니시구치(西口) 이외에도 츄오니시구치(中央西口), 오다큐구치(小田急口)의 개찰구를 이용할 수 있다. 니시구치(西口) 개찰구로 나가면 지상으로 올라가는 에스컬레이터가 있으며 이곳을 나가면 니시 신주쿠를 대표하는 오다큐백화섬이 있다. 신주쿠의 대표적인 대형 양판점 3곳은 니시구치 방면에 집결해 있다. 여기서 좀 더 아래로 내려가면 큰 길이 나오는데, 요도바시 카메라가 있는 골목으로 직진하면 고층 빌딩 숲 쪽으로 갈수 있으며 두 개의 쌍둥이 탑으로 이루어진 도쿄도청과 연결되어 있다.

● 오다큐백화점, 빅 카메라, 요도바시 카메라, 사쿠라야, 도쿄도청
- JR 신주쿠역 니시구치(西口)

● 도쿄도청으로 직행 – 니시구치(西口)에서 지하중앙도(地下中央道)를 이용

▶ 니시구치(西口)로 나가면 오다큐백화점이 나온다.

▶ 요도바시 카메라에서 직진하면 도쿄도청과 만난다.

흔히 여행자들은 도쿄도청으로 바로 가기보다는 양판점이나 백화점에 들렸다 가곤 하는데, 바로 도쿄도청 방면으로 가려면 니시구치(西口)에서 지하중앙도(地下中央道)를 이용하면 도쿄도청과 인근 고층 빌딩으로 쉽게 이동할 수 있다. 특히 무빙워크(오전7시~오후

▶ 신주쿠 동구(東口)

10시까지 운행)가 있어서 걷기에 다소 먼 거리를 편히 갈 수 있다.

히가시 신주쿠(東新宿)로 가려면 히가시구치(東口)와 츄오히가시구치(中央東口)로 나오면 된다. 히가시구치(東口)로 나가는 것이 좀 더 나은데, 이곳으로 나가면 A9 출구가 보이며, 이곳에서 하가시 신주쿠로 바로 나갈 수 있다.

● 스튜디오 알타, 키노쿠니야 서점, 가부키쵸 – 신주쿠역 히가시구치(東口)

JR 신주쿠역에서 남쪽으로 가려면 미나미구치(南口), 신미나미구치(新南口), 히가시미나미구치(東南口) 등 3곳의 개찰구로 통하면 된다. 이중 가장 많이 찾는 타카시마야 타임즈스퀘어(タカシマヤ タイムズスクエア)와 사잔테라스(サザンテラス)는 미나미구치(南口) 개찰구로 나가야 한다. 200여 미터를 가면 이스토뎃키라는 육교가 나오며 이를 통해 다카시마야 타임즈스퀘어에서 사잔테라스(サザンテラス)를 육교를 건너 넘어갈 수 있다. 신주쿠역에서 바로 타임즈스퀘어로 가고자 할 때에는 신미나미구치(新南口) 개찰구로 나와 오른쪽으로 돌면 무빙워크로 다카시마야 타임즈스퀘어의 2층으로 연결되어 있다.

▶ 다케시마야 타임즈스퀘어에서 루미네로 이어지는 길을 지나면 JR 신주쿠역으로 올라갈 수 있다.

▶ 게이오 신주쿠역

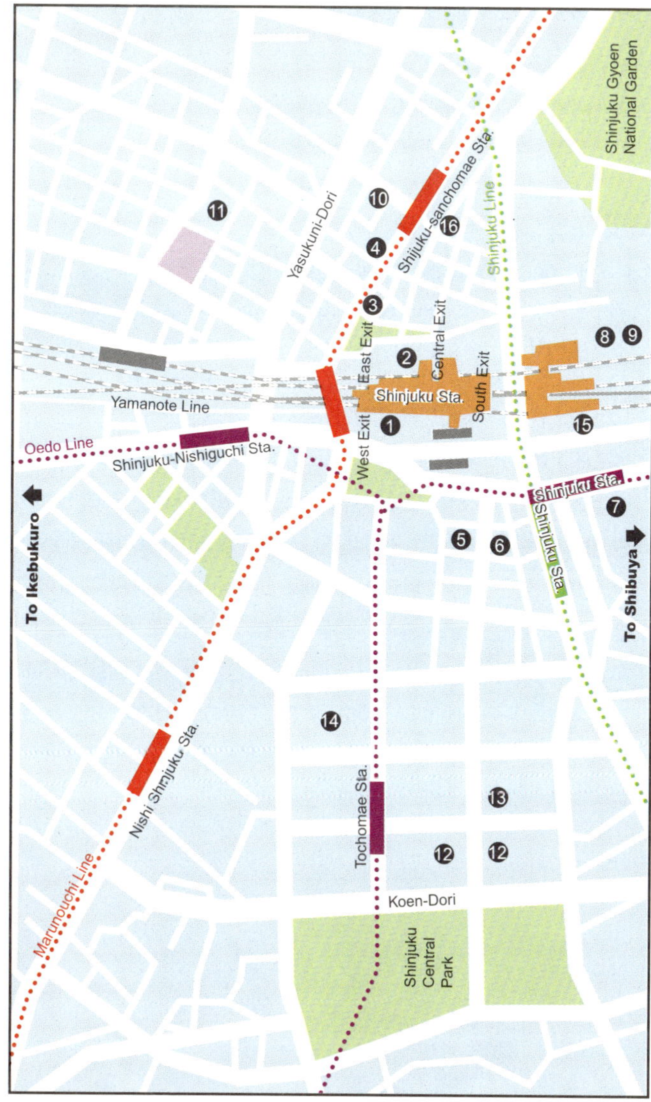 신주쿠 미리보기 (Map)

❶ 오다큐백화점(Odakyu Dept.)

❷ 루미네 EST(구. My City)

❸ 사쿠라야

❹ 키노쿠니야서점(紀伊國屋書店)

❺ 요도바시 카메라

❻ 사쿠라야

❼ 오다큐 서전 타워(Odakyu southern Tower)

❽ 다카시마야 타임즈스퀘어(Takashimaya Times Square)

❾ 도큐핸즈

❿ 이세탄백화점(Isetan Dept.)

⓫ 가부키쵸(歌舞伎町)

⓬ 도쿄도청(1청사, 2청사)

⓭ NS 빌딩(NS Bldg.)

⓮ 미츠이 빌딩(Mitsui Bldg.)

⓯ 신주쿠 서전 테라스(Shinjuku Southern Terrace)

⓰ 마루이백화점(Marui Dept.)

도쿄도청

>> 도쿄도청 전망대는 도쿄를 한눈에 볼 수 있는 가장 대표적인 곳이다. 원래 도쿄도청은 이곳이 아닌 마루노우치에 있었지만 일본의 유명한 건축가 탄게켄조가 설계하여 이곳으로 옮겨왔다. 도쿄도청은 건축 당시만 해도 일본에서 가장 높은 243m였지만 요코하마의 랜드마크 타워가 296m로 세워지면서 1위 자리를 내주었다. 하지만 여전히 도쿄에서는 가장 높은 빌딩이다.

▶ 웅장한 외관의 도쿄도청

무려 7조 엔이 투입된 만큼 엄청난 규모의 건물로서 45층 높이의 전망대는 두 곳으로 1청사와 2청사, 그리고 도의회 의사당으로 나누어져 있다. 지상 202m 높이에서 보는 도쿄 시내는 낮에 보는 것도 좋지만 밤에 보는 야경이 매우 멋지다. 단, 사진을 찍으려면 유리를 통해서 밖을 보아야 하므로 낮은 셔터 스피드나 플래시로 인한 반사를 감안하여 낮에 가는 것이 좋다. 전망대에는 레스토랑과 기념품을 판매하는 장소도 마련돼 있고, 입장료는 무료이다. 1층에서 출발하는 엘리베이터는 보안상 1층에서 짐을 검사하며 남쪽과 북쪽 전망대의 위치에 따라 보이는 풍경이 다르므로 시간이 되면 두 곳 모두 보는 것도 좋다. 저녁 늦게까지 개방하지만 운행 시간이 다르므로 시간에 따라 남쪽 또는 북쪽 전망대를 선택해서 올라가도록 하자.

▶ 도쿄도청 전망대에서 본 도쿄 전경

도쿄도청은 전망대뿐만 아니라 방문객이 견학할 수 있는 몇 개의 코스를 갖추고 있다. 하지만 외국 일반 여행자들에겐 별다른 매력을 주기 어렵다. 가령 1청사 2층에 위치한 건강정보관, 3층의 도민 정보룸, 9층의 도쿄도 방재센터 등이며, 도의회 의사당은 6, 7층의 본회의장과 1층 레스토랑 및 카페 정도를 들를 수 있다. 도청

내 32층의 직원식당과 2청사 4층의 직원식당은 일반인도 이용이 가능하며 오전 9시부터 오후 5시까지 영업하며, 저렴한 가격에 비교적 다양한 메뉴를 갖추고 있다. 도쿄도청의 이곳저곳을 보고자 한다면 1청사 1층 접수처에서 가이드용 안내서를 받아 가는 것이 좋다.

▶ 전망대 안의 작은 카페

▶ 남쪽 전망대 출입구

▶ 북쪽 전망대 출입구

▶ 도쿄도청 방문 기념 도장

- ○ **위치 :** JR 신주쿠역 서쪽 출구에서 도보 10분
- ○ **시간 :** 북쪽 전망대 9:30-21:30, 9:30-17:30(토, 일요일 19:30)
  북쪽 전망대 09:30~23:00(입장은 22:30까지)
  남쪽 전망대 09:30~17:00(북쪽 전망대가 휴관일 때는 23:00까지)
- ○ **휴무 :** 북쪽 전망대는 월요일, 남쪽 전망대는 화요일
  북쪽 전망대는 제2, 4 월요일 휴관 남쪽 전망대는 제1, 3 화요일 휴관
- ○ **비용 :** 무료

Tip 도쿄 관광 안내소

도쿄에는 각종 여행정보를 제공하는 관광 안내소가 마련돼 있다. 도쿄도청 전망대로 올라가는 엘리베이터 주변에 마련된 관광 안내소는 지도는 물론 관광하기 적당한 곳이 소개된 안내서가 영어, 한국어 등 여러 가지 언어로 제공된다. 도쿄 지하철 노선도, 도쿄 전체 지도 및 지역별로 가볼만한 곳이 자세히 표시된 책자도 얻을 수 있다. 여행사에서 상품을 예약할 때 제공되는 지도도 이곳에서 찾아 볼 수 있는데, 도쿄 여행에 관련된 지도가 필요하다면 전망대를 방문할 때 이곳에 들러 필요한 지도를 구해 가면 여러 모로 도움이 된다. 참고로 이곳에서 안내를 해주는 사람은 있으나 한국어는 할 줄은 모른다.

▶ 전망대 관광 안내소

NS빌딩

JR 신주쿠역에서 도쿄도청으로 가는 길에 보이는 고층의 NS빌딩은 '빌딩이 무슨 볼거리가 있겠어!' 하는 생각을 무색케 할 만큼의 볼거리가 있는 빌딩이다. 대표적인 것은 빌딩 입구에 마련된 대형 시계와 30층에 자리한 전망대이다. 우선 1층 로비에 들어서면 세계에서 가장 긴 추를 가진 시계를 볼 수 있다. 시계로 유명한 세이코에서 제작한 것으로 이 시계를 배경으로 사진 찍는 이들도 제법 많다. NS빌딩은 특이하게도 내부가 두 개로 나뉜 건물 사이로 비어있는 모습을 하고 있는데 이 때문에 자연 채광이 되어 다른 빌딩보다 밝고 따스한 느낌을 준다.

▶ NS빌딩 전경

▶ 세계에서 가장 큰 추의 시계

▶ 29층의 두 건물을 잇는 유리다리

▶ 전망대로 가는 고속 엘리베이터

30층에 마련된 전망대는 엘리베이터를 타고 올라갈 수 있고, 대형 유리창을 통해 볼 수 있지만, 다른 전망대에 비해 한적하다. 또한 전망대 바로 아래층인 29층에는 투명 유리로 연결한 다리를 통해 반대편 건물로 편리하게 이동할 수 있다. 29층 높이에서 아래를 내려다 볼 수 있는 신기함 때문인지 고소공포증이 없다면 들려 볼 만하다. 참고로 빌딩 1층에 편의점이 있으며 건물 곳곳에 국제전화를 걸 수 있는 공중전화기가 마련돼 있다.

▶ 비교적 협소한 전망대

▶ 전망대에서 내려다 본 도쿄 시내

키노쿠니야 서점

>> 키노쿠니야 서점은 일본의 대표적인 대형서점이다. 신주쿠에만 두 개의 키노쿠니야 서점이 있는데 니시 신주쿠에 있는 것이 키노쿠니야 본점이다. 모두 7층으로 이루어져 있으며 층별로 분야가 잘 정리되어 있다. 지금은 사라졌지만, 예전 우리나라의 종로서적과 같은 스타일이라고나 할까. 아울러 뒤편 별관에는 다양한 만화책과 문구류를 판매하고 있다. 남쪽의 미나미 신주쿠에도 키노쿠니야 미나미점이 있으며, 타임즈스퀘어와 함께 있어 편리한 쇼핑을 원한다면 이곳을 방문해도 좋다.

▶ 신주쿠 키노쿠니야 본점

O **위치** : JR 신주쿠역 동쪽 출구
O **시간** : 10:00~21:00
O **휴무** : 연중무휴
O www.kinokuniya.co.jp

▶ 키노쿠니야 1층

▶ 지하 아케이드 매장

신주쿠 교엔(新宿御苑)

>> 도쿄에 가면 커다란 도시만큼이나 잘 가꾸어진 공원이 많은 것도 한국 여행자에게 부러움의 대상이 된다. 그중 유료지만 명소로 손꼽힐만한 정원이 있는데, 그곳이 신주쿠 교엔이다. 하지만 신주쿠 동쪽 끝자락에 위치해서인지 신주쿠를 방문하더라도 이곳까지 발길이 쉽게 닿지 않는다. 게다가 문 닫는 시간이 비교적 일러서 서두르지 않으면 들어가기도 쉽지 않은 곳이다.

신주쿠 교엔은 원래 메이지시대의 황실정원이었지만 2차 세계대전 이후 지금의 모습으로 꾸며졌다. 1500여 그루의 벚나무가 빚어내는 벚꽃 자태가 매우 아름다운 곳으로도 유명하다. 정문 쪽은 프랑스식 정원, 그리고 안쪽으로 들어가면 영국과 일본식 정원이 조화를 이루고 있으며, 잘 가꾸어진 울창한 플라타너스와 만발한 국화꽃으로 가을에는 도심에서 한가로이 단풍 구경하기에 알맞은 곳이다. 또한 난을 비롯해 열대식물들을 볼 수 있는 대형 온실도 있으나 유료 정원임에도 불구하고 온실은 별도의 추가 입장료(100엔)를 지불해야 한다. 유료 정원으로 큰 규모는 아니지만 아기자기한 일본 특유의 멋을 느낄 수 있으며 정원 내에는 방문객들이 간단한 음료나 다과 등을 먹을 수 있는 편의시설도 마련되어 있다.

○ 위치 : 도쿄 메트로 마루노우치센 신주쿠교엔역 5분 거리
JR 신주쿠역 남쪽 출구에서 도보 15분
○ 시간 : 9:00~16:00
○ 휴무 : 월요일(벚꽃놀이 철인 3/25~4/24와 단풍놀이 철인 11/1~15에는 무휴)
○ 비용 : 200엔, 초중고생 50엔
○ www.shinjukugyoen.go.jp

빅 카메라 신주쿠점

>> 영어 발음 상 우리는 빅 카메라라고 부르지만 일본인들은 비쿠카메라(ビックカメラ)라고 부르곤 한다. 신주쿠는 거대 양판점들이 치열한 경쟁을 벌이는 곳인데, 빅 카메라는 판매의 저변화를 위해서인지 신주쿠 서쪽과 동쪽 두 곳에 빅 카메라 매장을 운

▶ HALC에 입점한 서쪽의 빅 카메라 매장

▶ 동쪽의 빅카메라 매장

영한다. 동쪽 매장은 협소하고 물건의 종류가 많지 않는데 비해 서쪽 매장은 오다큐백화점 스포츠 용품점인 HALC에 입점해 있어 크기도 단일 매장으로서는 긴자 매장과 비교될 정도로 크다. 취급 상품의 종류도 다양하며 백화점 내에 입점해 있어서 편의시설도 꽤 갖추어져 있다. 가장 다양한 상품의 빅 카메라 매장을 찾는다면 이곳이 적당하다.

○ 위치 : JR 신주쿠역 서쪽 출구의 오다큐백화점 2~6층에 위치
○ 시간 : 10:00~21:00
○ 휴무 : 연중무휴

요도바시 카메라 신주쿠점

>> 일본에서 가장 쉽게 볼 수 있는 대표적인 전자제품 전문 매장이다. 요도바시 카메라라는 타이틀에서 알 수 있듯이 일본의 유명 전자제품 대형매장은 항상 카메라라는 타이틀을 달고 있다. 그 이유는 카메라 전문 매장에서 출발했기 때문이다. 신주쿠의 요도바시 카메라는 다른 곳과 달리 취급하는 물건에 따라 여러 개의 건물로 나누어 위치한다. 카메라만 취급하는 매장과 게임만 전문적으로 취급하는 매장, 시계만 판매하는 매장 등 판매하는 물건에 따라 몇 개의 상점으로 분할되어 있다. 그래서 그런지 다른 양판점에 비해 전문화된 특성을 갖추고 있으며 시계나 게임의 경우 그 종류가 타사의 것보다 다양하다. 구하기 힘든 상품이나 좀 더 전문 제품을 찾는다면 빅 카메라 보다 좋은 결과를 얻을 수 있다. 외국 고객들에게 좀 아쉬운 점은 포인트 카드 발급이 되지 않는다는 점이다. 만약 일본에 지인이 있다면 적당한 주소를 적어 작성하면 포인트 카드를 만들 수도 있다. 외국인도 자유롭게 포인트

▶ 요도바시 카메라의 게임 전문 매장

를 만들어 적립하여 사용할 수 있는 빅 카메라가 보다 약간 불리하다.

▶ 요도바시 카메라의 시계 전문 매장　　▶ 요도바시의 카메라 전문 매장

○ **위치** : JR 신주쿠역 서쪽 출구에서 도청 방향 도보 2분
○ **시간** : 9:30~22:00
○ **휴무** : 연중무휴

사쿠라야 히가시 신주쿠점

>> 빅 카메라나 요도바시 카메라와 더불어 일본의 대표적인 양판점이지만 앞서 두 곳에 비해 규모도 작고 매장 수도 적은 편이다. 주요 상품으로는 카메라, 가전, OA기기, 시계, 안경, 완구 등이 주종이다. 신주쿠 히가시구치(東口)에 비교적 규모 있는 매장을 갖추고 있으며 니시구치(西口)에도 매장이 있다. 사쿠라야도 포인트 카드 제도가 있어 외국인이라도 일본 내 주소와 연락처가 분명하면 포인트 카드를 만들 수 있다.

○ **위치** : 신주쿠역 동쪽 출구
○ **시간** : 10:00~21:00
○ **휴무** : 연중무휴

가부키쵸

>> 가부키쵸의 지명 유래는 원래 2차 세계대전 이후 가부키 극장이 들어설 예정지였다가 비용상의 문제로 결국 들어서지 못하고 신주쿠 코마극장 정도만이 들어섰는데 이것을 계기로 가부키쵸라는 지명이 생겨났다고 한다. 이러한 신주쿠

의 가부키쵸는 도쿄의 큰 유흥가이다. 빠칭코, 오락실, 음식점 등 각종 유흥업소들의 밀집지역으로 호스트바나 마사지클럽, 이미지클럽(손님이 원하는 옷을 입고 서비스를 제공하는 곳) 등 향락적인 성인 업소들도 성행하고 있다. 지나가는 사람들에 대

▶ 가부키쵸 주변의 빠칭코

한 호객행위도 심해 그다지 추천할만한 곳이 되지 못한다. 단, 애주가라면 100여 곳의 술집이 모여 있는 가부키쵸 내의 골덴가이 정도는 가볼 만하다.

○ 위치 : JR 신주쿠역 동쪽 출구에서 걸어서 5분 거리, 세이부 신주쿠 바로 앞

미츠이 빌딩

>> NS빌딩과 더불어 도쿄도청 전망대를 보고 자투리로 들릴만한 곳이 도쿄도청 맞은편에 위치한 미쓰이 빌딩이다. 디지털 카메라 관심이 있다면 한 번 들려볼만한 곳으로 캐논과 펜탁스 쇼룸이 있어서 이들 카메라들을 직접 조작해 볼 수 있다. 또한 엡손 전시장도 함께 있는데 제품을 전시한 것이 아니라 일본의 유명 사진작가 작품들을 감상할 수 있도록 하였다. 일본어를 알아들 수 있다면 빌딩 안의 미래과학기술박물관의 정보관도 둘러보자. 박물관이라고 하기에는 규모가 작지만, 과학기술에 관한 전시물과 강좌를 들을 수 있다.

▶ 미츠이 빌딩

▶ 주말에 펼쳐지는 벼룩시장

▶ 펜탁스 쇼룸

▶ 엡손의 사진 전시장

▶ 미래과학기술박물관의 정보관

○ 위치 : 도쿄도청 맞은편

신주쿠 사잔테라스(Shinjuku Southern Terrace)

>> 신주쿠 남쪽으로 향하면 타카시마야 타임즈스퀘어와 더불어 꼭 들릴만한 사잔테라스가 나온다. 타카시마야 타임즈스퀘어와 다리로 연결돼 있으며, 신주쿠 남쪽 출구에서 약 350m 정도의 거리로 스타벅스를 비롯한 커피숍과 레스토랑, 패션숍 등이 있다. 해질 무렵 쭉 늘어선 벤치에 앉아 신주쿠를 즐기기에 적당하고, 겨울철엔 일루미네이션이 설치되어 환상적인 분위기를 연출하기도 한다.

○ 위치 : JR 신주쿠역 남쪽 출구와 연결
○ 시간 : 10:00~21:00

프랑프랑

>> 사잔테라스에 위치한 프랑프랑은 무인양품과 비슷한 생활 잡화점으로 가구에서부터 문구, 욕실, 부엌용품까지 다양한 리빙제품을 한곳에 모은 숍이다. 주로 20~30대 층을 겨냥한 가구 브랜드로 소파, 침대, 장식장을 비롯한 파스텔톤 디자인 가구와 독특한 디자인의 냉장고나 밥솥까지 진열되어 있다. 도쿄에 13개 체인점이 있고, 신주쿠에만 3곳의 지점이 있다. 그 외 하라주쿠, 이케부크로, 오다이바, 시부야에서도 만날 수 있다.

▶ 사잔테라스에 위치한 프랑프랑

▶ 파르코에 입점한 프랑프랑 신주쿠점

○ 위치 : 신주쿠역 남쪽 출구 5분 거리
○ 시간 : 11:00~20:00

ABC-MART

>> 우리나라 명동에서도 볼 수 있는 ABC 마트는 각종 신발을 취급하는 전문매장이다. 나이키나 아디다스 등의 브랜드 신발을 비롯해 다양한 디자인의 신발들을 파

격적인 가격에 구입할 수 있다. 특히, 계절에 맞는 신발들과 구두도 판매하는데, 정기적인 할인 행사를 잘 맞추면 아주 저렴한 가격에 좋은 신발들을 구입할 수 있다. ABC 마트는 체인으로 신주쿠뿐만 아니라 시부야 등에서도 볼 수 있다.

○ 위치 : 신주쿠역 동쪽 출구
○ 시간 : 11:00~21:00

캔두 신주쿠점

>> 대표적인 100엔숍인 캔두 신주쿠점은 거리에 노출돼 있지 않기 때문에 일부러 찾아가지 않는 한 찾기가 그리 쉽지 않다. 세이부 신주쿠 페페 쇼핑몰 내 8층에 있으며 생활용품에서 식료품까지 다양한 상품 구색을 갖추고 있다. 특히 캔두 오리지널 상품을 많이 갖추고 있어 특색있는 물건들을 100엔에 구입할 수 있다.

○ 위치 : 세이부 신주쿠 페페
8층
○ 시간 : 10:00~21:00
○ 휴무 : 연중무휴

돈키호테 신주쿠점

>> 돈키호테는 만물상이라고 할 만큼 수많은 제품을 취급하는 입점 업체들로 구성된 대형 쇼핑몰이다. 식료품을 비롯해 가전제품, 장식용품, 스포츠용품, 심지어 명품 핸드백에 이르기까지 "도대체 이곳에서 팔지 않는 제품은 뭘까?" 하는 생각이 들 정도로 그 종류가 수를 헤아릴 수조차 없을 만큼 다양하다. 종류가 너무 많다보니 쇼핑 환경은 썩 좋지 않은데 물건이 빼곡히 쌓여 있어 내부는 비좁고 길을 잃어버리기 쉬울 정도로 복잡하다. 참고로 24시간 영업하므로 언제든지 방문하여 구입할 수 있고, 구입액이 1만 엔 이상이면 외국인 면세 혜택도 주어진다.

○ 위치 : 신주쿠 동쪽 출구에서 5분 거리, 가부키쵸 바로 옆
○ 시간 : 24시간
○ 휴무 : 연중무휴

랑킹란퀸

>> 한국은 일본에서 유행하는 것에 대해 매우 민감한 편이다. 만약 일본에서 유행하는 것들에 대해 알고 싶다면 랑킹란퀸 만큼은 꼭 들려보자. 이곳은 우리나라 TV에서도 여러 차례 소개된 바 있는데, 지금 일본에서 무엇이 유행하고 잘 팔리는지를 쉽게 알 수 있는 곳이기 때문이다. 신뢰성 있는 자료를 바탕으로 잘 팔리는 인기 상품을 1위부터 분야별로 모아서 판매하는 곳으로 시부야와 신주쿠에 매장을 갖추고 있다. 지하철 역사 내에 위치한 신주쿠 매장은 다소 작은 편이고, MYLORD 주변에도 있다. 판매하는 상품들도 음악 CD, 음료수, 잡지, 과자 등 매우 다양하다. 일본의 최신 트렌드 정보나 아이템 등을 얻고자 한다면 한 번쯤 들려보길 권한다.

- ○ 위치 : 신주쿠역 지하 1층
- ○ 시간 : 10:00~23:00
- ○ 휴무 : 연중무휴

타카시마야 타임즈스퀘어

>> 신주쿠에 위치한 유명 백화점 중에 유달리 돋보이는 백화점이 있다. 타카시마야 타임즈스퀘어가 그것인데, 엄청난 규모만큼이나 14층으로 구성된 건물에는 타카시마야백화점과 그에 버금갈 정도로 큰 도큐핸즈가 입점해 있다. 별관

에는 키노쿠니야 미나미 신주쿠점도 입점해 있는데, 이곳은 보유 장서로는 일본 최대를 자랑할 정도로 넓다. 또한 극장 타임즈스퀘어와 게임센터에 이르기까지 이곳 한 곳만 둘러보아도 상당한 시간이 걸릴만한 곳이다. 12층~14층 식당가에는 다양한 종류의 음식점이 있는데 가격은 좀 비싸지만 전망 하나는 매우 좋은 편이라 멋진 분위기에서 식사를 즐기고자 한다면 과감히 투자할만하다.

- ○ 위치 : JR 신주쿠역 남쪽 출구
- ○ 시간 : 11:00~19:30(레스토랑가는 11:00~23:00)

도큐핸즈 신주쿠점

>> 도큐핸즈는 DIY용품 전문점이지만 종합 쇼핑몰이라 해도 지나치지 않을 만큼 다양한 종류의 상품을 취급한다. 도큐핸즈의 대형 매장은 이케부크로와 다카시마야 타임즈스퀘어에 입점한 신주쿠점인데, 신주쿠의 그것은 다카시마야 타임즈스퀘어의 약 1/3을 차지할 정도의 거대 매장이다.

○ 시간 : 10:00~20:00

스튜디오 알타

>> 대형 전광판이 걸려 있는 건물로 내부에는 후지 TV 생방송 스튜디오와 쇼핑센터, 레스토랑이 모여 있다. 대형 전광판 때문에 유명해진만큼 신주쿠의 대표적인 약속 장소로 활용된다. 1층부터 4층까지는 패션 소품 위주의 쇼핑센터이며, 7층의 스튜디오를 제외하면 나머지는 대부분 식당가를 이룬다.

○ 위치 : JR 신주쿠역 동쪽 출구 바로 길 건너편
○ 시간 : 11:00~20:00(레스토랑은 11:00~23:00)

오다큐백화점(小田急百貨店)

>> 신주쿠 서쪽에 자리한 오다큐백화점은 여느 백화점들처럼 여성 의류 중심의 매장을 갖추고 있다. 인테리어 소품이 볼만하며 별도의 스포츠용품 위주로 구성된 별관에는 빅 카메라 매장이 함께 있다. 식품매장이 비교적 잘 갖추어져 있어서 저녁 무

▶ 스포츠용품 중심의 별관매장 HALC

렵에 식사를 즐기기에도 그만이다.

ㅇ 위치 : JR 신주쿠역 서쪽 출구에서 바로 연결
ㅇ 시간 : 10:00~20:00(레스토랑은 가게별로 다름)
ㅇ 휴무 : 화요일(부정기적)

이세탄백화점

>> 1886년에 세워진 오랜 전통을 자랑하는 백화점인 만큼 고가의 럭셔리 브랜드를 주로 취급한다. 백화점 구성은 다른 곳과 비슷하며, 특히 식기나 가구 중 돋보이는 제품들을 만나 볼 수 있다.

ㅇ 위치 : 신주쿠 동쪽
ㅇ 시간 : 10:00~20:00

미츠코시백화점

>> 긴자에서도 볼 수 있는 미츠코시백화점의 신주쿠점은 도쿄에서 가장 오래된 백화점이다. 주로 고급 제품 위주의 상품들을 갖추고 있으며, 고가의 해외 브랜드가 많다. 특히 화장품 매장이 잘 갖춰져 있다.

ㅇ 위치 : 신주쿠 동쪽
ㅇ 시간 : 10:00~20:00

루미네 신주쿠(ルミネ新宿)

>> 루미네 신주쿠는 JR 신주쿠역과 바로 연결된 20대 중심의 패션 전문 백화점이다. 1관과 2관이 있으며, 패션 소품부터 생활용품에 이르기까지 여성들을 위한 상품 위주로 구성되어 있다. 원래

이름은 MY CITY였는데 루미네에서 인수 후 루미네로 부르고 있다.

O 위치 : JR 신주쿠역 서쪽 출구
O 시간 : 11:00~21:00
O www.lumine.ne.jp/shopinfo/shinjuku

마루이백화점 맨

>> 마루이시티 남성 전문점이라 할 수 있는 마루이백화점 맨은 대부분의 백화점이 여성위주의 상품들을 갖추고 있는데 반해 이세탄백화점처럼 일부 백화점은 남성중심의 상품을, 별관을 활용하여 전문화시키고 있다. 마루이백화점 맨은 남성들에게 적합한 패션 아이템을 갖춘 패션타운으로 남성 패션에 관심이 있다면 들릴만한 매장이다.

O 시간 : 11:00~20:00

마루이시티(丸井, 이이)

>> 수영복과 유타카로 유명한 마루이백화점은 패션에 관련된 제품만 전문적으로 취급하는 곳이다. 여성 고객이 주를 이루기 때문에 남성들이 볼만한 것은 없다. 대신 남성 고객을 위한 마루이 맨 신주쿠점이 따로 있다. 다른 패션타워보다는 개성이 덜한 편이지만 고품질의 도쿄 최신 패션에 관심이 있다면 꼭 들려볼만한 곳이다.

O 시간 : 11:00~20:00

유니클로

>> 한국의 백화점에도 입점해 있는 일본의 패션 브랜드이다. 대중적인 중저가 브랜드답게 저렴하면서도 만족스러운 품질을 얻을 수 있다. 신주쿠 동쪽 백화점 밀집 지역을 지나면 만날 수 있으며 신주쿠 페페 쇼핑센터 내에도 입점해 있다. 계

절에 따라 일본 전통 스타일의 옷이나 신발을 구입할 수도 있어서 기념이 될만한 선물을 구입하기에 적당하다.

▶ 신주쿠 페페에 입점한 유니클로

▶ 신주쿠 동쪽의 매장

인더룸

>> 인더룸은 인테리어 전문점으로 식당이나 거실을 장식할만한 가구를 비롯하여 다양한 형태의 인테리어용품을 판매하고 있다. 인더룸의 플래그먼트 쉽 숍이라고 부르는 인더룸 신주쿠점은 3층으로 구성돼 있으며 지하 1층은 홈 오피

스·인테리어 잡화, 2층은 리빙룸과 부엌 관련 제품, 3층은 침실 가구와 패브릭 관련 제품을 취급한다. 시부야에 있던 인더룸이 폐점한 대신 신주쿠, 이케부쿠로 등에 매장이 있다.

○ 시간 : 10:00~20:00
○ 휴무 : 1월과 2월에 부정기적으로 쉼

라멘집 산토카

>> 신주쿠를 대표할만한 라멘집으로 알려져 있다. 산토카는 간장 소스를 주원료로 한 라멘집으로 일본 전역에 체인을 갖춘 라멘 전문점이다. 신주쿠에는 이곳 말고도 서구에도 분점이 있다.

○ 위치 : 오다큐 신주쿠역 MYLORD 8층

하나조노신사

>> 오다이바에는 건물 옥상에까지 신사가 있을 정도로 일본 어디를 가나 흔히 볼 수 있는 것이 신사이지만 신주쿠에 있는 하나조노신사(花園神社)는 다른 신사와는 조금 다른 도쿠가와(德川)를 숭배하는 신사이다. 이곳을 참배하면 연예계에서 성공할 수 있다고 알려져 일본의 연예인들을 가끔씩 볼 수 있는 이색적인 신사이다. 특히 일요일엔 이곳 앞에서 벼룩시장이 열리므로 독특한 볼거리를 원한다면 방문해볼 만한 장소이다.

 ○ 위치 : 신주쿠 동쪽

▶ 하나조노신사 입구

▶ 도쿠가와를 숭배하는 하나조노신사

6-6 하라주쿠 原宿, 오모테산도 表参道

>> 도쿄에 가보지 않은 사람도 하라주쿠라는 지명을 한 번쯤은 들어보았을 정도로 이미 한국에 잘 알려진 곳이다. 일본의 패션이 만들어지는 곳, 대중적 스타나 만화, 게임 주인공 등의 의상과 헤어 스타일을 흉내 내는 코스프레가 열리는 유행의 거리이다. 그 명성에 걸맞게 패션과 관련한 크고 작은 쇼핑몰들이 밀집해 있는 지역이라서 도쿄를 방문하는 사람이라면 반드시 들리는 곳이 하라주쿠이다. 남자 여행객들이 즐겨 찾는 곳이 아키하바라라면 여성들이 즐겨 찾는 곳은 단연 하라주쿠라 말해도 과언이 아니다. 물론 예전 하라주쿠의 명성은 시부야로 상당부분 이동했지만 여전히 만족감을 주는 곳임에는 틀림없는 것 같다. 하라주쿠는 쇼핑몰 외에도 도쿄 관광객들이 거의 빠짐없이 들리는 메이지 진구가 있으며, 주변 요요기 공원과 공원에서 펼쳐지는 벼룩시장, 그리고 메이지 진구 초입에서 벌이는 젊은이들의 코스프레 등 볼거리도 제법 많다. 메이지 진구는 걷기를 즐기는 여행자에게는 최적이나 그렇지 않은 경우는 입구에서 사진만 찍고 가는 여행자도 많다. 하지만 종종 진구 안에서 일본의 전통 결혼식이 열리는 광경을 보는 것은 외국 여행자들에게 신선한 볼거리이다.

▶ 하라주쿠를 대표하는 두 개의 거리가 교차하는 중심 지점. 하라주쿠에는 해외 명품점이 즐비하다.

하라주쿠의 관광 포인트

>> 관광차 도쿄를 여행하는 사람이 거의 빠짐없이 들리는 곳인 메이지 진구와 패셔너블한 쇼핑 거리는 하라주쿠의 전부라고 할 수 있다.

하라주쿠의 패션 거리는 크게 세 갈래로 나눌 수 있는데 3곳 모두 특색이 조금씩 다르다. 그중 하라주쿠의 다케시타도리는 마치 한국의 이화여대 앞과 비슷한 풍경으로 주로 10대~20대 중심의 중저가 제품을 만날 수 있는 곳이고, 오모테산도는 윈도우 쇼핑에 적합한 고급 브랜드가 즐비하다. 이곳은 구석구석 골목으로 괜찮은 음식점이나 카페들이

▶ 메이지 진구의 전경

숨어 있어 여행의 재미를 더해준다. 하라주쿠에는 대형 쇼핑몰보다는 중소 규모의 매장을 갖춘 작은 쇼핑타운과 소규모 상점이 주류를 이루고 있다. 그중 명물로 알려진 크레페와 큐슈장카라 라멘, 그리고 타코야끼와 작은 카페들은 여행자에게 크고작은 즐거움을 줄 수 있는 볼거리이다.

▶ 다케시타도리의 전경

또한 아이들을 위한 특별한 서점 크레용 하우스는 일본 최대의 아동 전문서점이며, 키디랜드라는 인형이나 완구를 판매하는 매장도 만날 수 있다. 하라주쿠에서 제일 큰 오모테산도 힐은 고급스러운 느낌이 드는 패션 전문 쇼핑몰로 다케시타도리의 작은 점포와는 전혀 다른 분위기를 느낄 수 있다. 특히 주말에는 볼거리가 많기로 유명한데 요요기 공원에서 벌어지는 코스프레와 벼룩시장도 만날 수 있다. 보통 하라주쿠와 시부야는 거리상 가깝기 때문에 하라주쿠를 둘러보고 시부야까지 걸어서 가기에 적당하다.

▶ 하라주쿠 교차로의 중소형 쇼핑몰들

▶ 하라주쿠의 크레페점

Tip 하라주쿠의 괜찮은 맛집

마이센
부드러운 고기가 인상적인 일본 전통 돈가스 전문점

ㅇ 위치 : 오모테산도의 맥도날드 근처
ㅇ 가격 : 861엔(돈가스 정식)
ㅇ 시간 : 11:00~22:00

하라주쿠 가는 법

>> 하라주쿠역은 하나이지만 실은 두 개의 역으로 구성되어 있다. 다른 역사와는 달리 조금 특색 있는 외형을 하고 있는데 JR 하라주쿠역은 도쿄에서 가장 오래된

목조 역사로 알려져 있다. 역사의 안쪽에는 일반인이 사용하지 않는 곳이 또 하나 있는데 이곳은 황실 가족만이 사용하는 역사로 메이지 진구가 역사 바로 뒤에 있다. 하라주쿠 상점들은 대부분 오전 10시가 훌쩍 넘어야 문을 열기 때문에 아침 일찍 하라주쿠에 도착한 여행자라면 메이지 진구를 먼저 보고 나오는 게 좋다. 아침 일찍 산책하는 기분으로 걷는 메이지 진구는 시선을 압도하는 숲과 우뚝우뚝 솟은 나무들을 즐기는 여유로움도 얻을 수 있다.

▶ 다케시타도리 쪽의 하라주쿠역

▶ 메이지 진구 쪽의 하라주쿠역

하라주쿠는 도쿄의 다른 관광지에 비해 그리 크지는 않다. 오모테산도 주변 거리를 캣스트리트라고 부르곤 하는데 참신한 스타일의 젊은 디자이너 매장이나 셀렉트숍이 밀집해 있다. 오모테산도의 끝자락에 다다르면 도쿄메트로 지하철역이 나온다. 사설 지하철을 이용하면 JR 하라주쿠가 아닌 이곳에서부터 하라주쿠를 구경할 수도 있다. 하라주쿠에서 시부야까지는 걸어서 약 20분 정도면 갈 수 있고, 오전에 하라주쿠에서 볼 일을 보고 오후에 시부야로 이동하면 무난하다. 걸어서 시부야를 간다면 NHK 방송센터부터 시작할 수 있다. 아울러 메이지 진구 옆 요요기 공원에서는 주말에 많이 열리는 특별한 행사들을 볼 수 있고, 그 외에는 꽃피는 봄이나 단풍드는 가을에 한적함을 누릴 수 있는 곳이다.

▶ 하라주쿠의 교차로

▶ 오모테산도로 내려가는 길

▶ 메이지 진구에서 다케시타도리로 가는 길

▶ 하라주쿠에서 시부야로 가는 메이지도리

▶ 패션숍이 즐비한 오모테산도스 힐 주변의 골목

하라주쿠 미리보기 (Map)

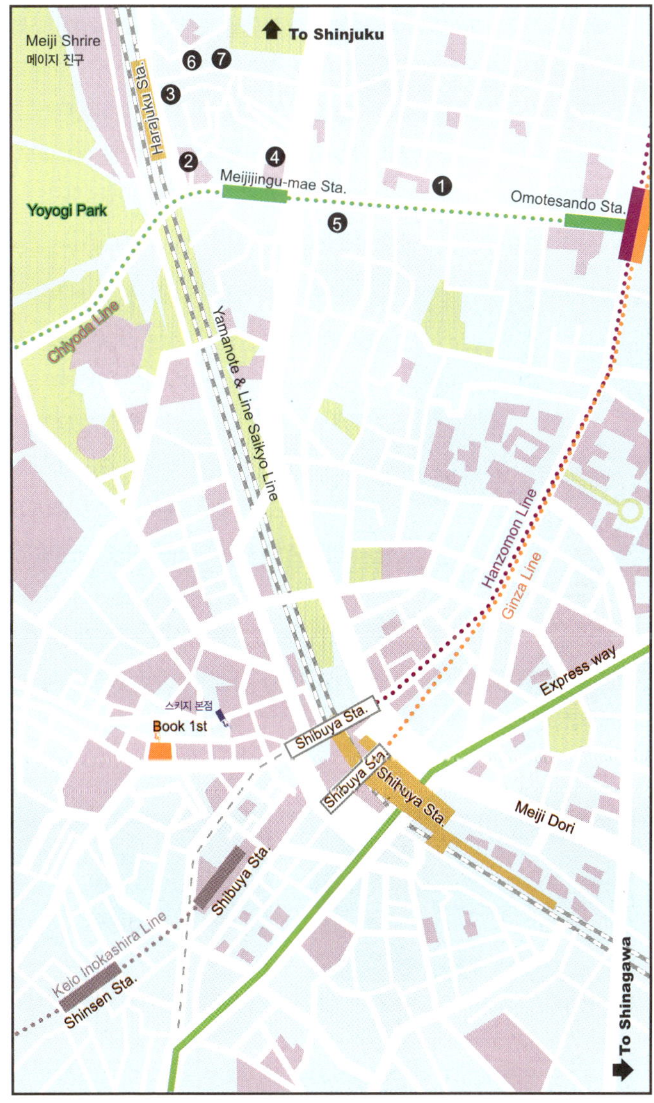

❶ 오모테산도 힐스
❷ Quest 홀
❸ 스누피 타운
❹ 라포레 하라주쿠(Laforet Harajuku)
❺ 키디랜드(Kiddy Land)
❻ 다케시타도리(竹下通り)
❼ 마리온 크레페

메이지 진구

>> 메이지 진구는 메이지(明治) 일황과 그 부인을 모신 신사로 울창한 나무가 인상적이다. 물론 우리 역사에 한일합방이라는 불미스러운 이력을 남긴 그이지만, 이곳이 그의 제사를 지내는 곳이다. 1912년 1월 3일 메이지 천황(明治天皇), 2년 후인 1914년 쇼켄 황태후(昭憲皇太后)가 사망하자 천황 부부의 제사를 위해 1920년 11월 1일에 메이지 진구가 세워졌다. 2차 세계대전의 막바지인 1945년 미군의 공습으로 신사 대부분이 소실됐으나 1958년 지금의 메이지 진구가 재건되었다고 한다.

▶ 메이지 진궁으로 향하는 숲길

메이지 진구는 다른 신사와 달리 진구라는 이름이 붙을 정도로 일본인들에게는 각별한 곳이다. 초입에서 신사에 이르는 길 좌우에는 1915년부터 일본 각지에서 기증받은 나무들이 빽빽하게 우거져 있으며, 도로도 잘 다져진 굵은 자갈이 깔려 있어 콘크리트로 포장된 도쿄의 길들과는 사뭇 느낌이 다르다. 이 진구의 숲을 가꾸는 데 5년 이상 10만여 명이 동원되었다는 입구에서 신사까지는 마치 커다란 식물원을 들어가는 느낌을 받는다. 초입에서 신사까지 가는 길은 매우 길고, 날짜만 잘 맞추면 진구 안에서 열리는 다양한 축제들을 볼 수 있다. 또한 매월 1일과 15일에는 오전과 오후 두 번에 걸쳐 월차제를 지낸다.

▶ 진구바시

▶ 1500년된 나무로 만든 초입의 오도리

하라주쿠의 명물 메이지 진구에 들어서면 입구에 돌로 만들어진 다리가 하나 나온다. 이를 진구바시(神宮橋)라고 부르며, 진구바시를 건너 메이지 진구 입구에 들어서면 '오도리'라고 부르는 마치 사찰의 일주문 같은 거대한 문이 방문객을 맞는다. 이 문은 한자 '하늘 천'(天)자 모양으로 만들어진 큰 관문으로 약 1500년 된 나무로 만들었다고 한다. 오도리는 메이지 진구 방문 기념으로 여행자들이 사진을 가장 많이 찍는 곳 중 하나이기도 하다. 메이지 진구로 한참 걸어가다 보면 우측에 특이한 여러 개의 통으로 장식된 조형물을 만날 수 있다. 이 통들은 모두 술통으로 일본 전통주인 코모타루를 담은 술통들이다.

참고로 메이지 진구 초입에는 두 갈래의 길이 있는데, 오도리를 통과해서 신사로 들어가는 길과 그 옆길로 가면 나오는 메이지 진구 교엔으로 가는 길이다. 메이지 진구 교엔은 유료로 운영되는 전통

▶ 메이지 진구 진입로의 술통들

일본식 정원으로 서구풍의 정원과는 사뭇 다른 정통 일본풍 정원으로 꾸며 놓았다. TV 드라마의 배경지로도 자주 나오고 계절별로 그 색을 달리하는 아름다움 때문인지 봄이면 다양한 꽃과 창포밭이 인상적이다. 특히 140여 그루의 단풍나무가 400m 정도의 길가에 심어져 있어 가을철이면 장관을 이루기도 한다. 정원 안에는 간단히 식사를 할 수 있는 곳도 있으며, 좀 더 위쪽으로 올라가면 황실에서 사용하던 어려 물건들을 전시한 보물전이 있다.

▶ 오도리 옆으로 메이지 신구 교엔 살림실이 나온다.

▶ 메이시 신구로 들어가는 바시막 입구

▶ 여러 가지 소원을 적은 에마(나무판)

▶ 한국어로 적힌 에마. 사용료는 500엔이다.

쭉 뻗은 나무 사이로 메이지 진구 내부에 들어오면 다른 신사들처럼 왼편에 손을 씻을 수 있는 곳이 있고, 좌우로는 천황과 황태후를 상징하는 커다란 나무가 각각 한 그루씩 서 있다. 특히 오른쪽 나무 밑에는 신사나 절에서 모시는 신에게

▶ 메이지 진구 왼편의 손 씻는 곳

자신의 소원, 다짐, 포부 등을 적어 거는 에마(えま)가 있는데, 개중에는 한글로 적힌 것도 제법 보이다. 한글 외에도 각국의 언어로 소원이 적혀 있는 다양한 에마를 볼 수 있다. 에마에 소원을 적어 걸려면 500엔을 내야한다.

▶ 메이지 진구 내부는 출입금지

▶ 소원을 빌 때 넣는 헌금함

▶ 각 국의 언어로 제공되는 안내서

▶ 메이지 진구 좌측의 휴게소와 기념품점

▶ 소원을 기원하는 카라키전

▶ 예식장 내부

메이지 진구 내부의 신사 안쪽은 함부로 입장할 수 없다. 대신 앞에서 헌금을 하고 기도를 할 수 있도록 자리가 마련돼 있다. 신사 우측으로는 별도의 건물이 세워져 있는데 이곳은 메이지 진구 카라키전으로 소원을 기원하기 위한 곳이다. 자녀의 대학 합격, 사업이 잘되기를 빌거나 태어난 아기가 잘되기를 비는 등 여러 이유의 의식이 행해진다. 물론 유료로 진행되는 장소이고 개인적인 행사이므로 관

▶ 메이지 신궁 전경

광객들은 볼 수 없다. 또한 이곳에서는 전통 혼례식이 행해지기도 하여 방문시간 때가 잘 맞으면 일본 고유의 전통 혼례식을 볼 수도 있다.

○ **위치** : JR 야마노테센 하라주쿠역 하차 후 도보 3분
○ **시간** : 해뜰 때부터 해질 때까지(새벽 5시쯤), 메이지 진구 교엔은 9:00~16:00
○ **휴무** : 보물전은 매달 세 번째 주의 금요일은 휴무
○ **비용** : 무료, 메이지 진구 교엔은 500엔, 어린이 200엔, 보물전은 일반 500엔, 학생 200엔

Tip 휴게소 및 전시실

메이지 진구로 가는 길은 매우 길지만, 신사라는 장소의 특성상 화장실이나 잠시 음료를 마시며 쉴만한 장소는 없다. 화장실은 메이지 진구로 들어가는 길 주변 어두컴컴한 곳에 있는 나무집에 있기는 하지만 약간 음습한 분위기이다. 메이지 진구 초입에 휴게실 겸 전시장이 따로 마련되어 있으므로 편리하게 이용할 수 있다. 이곳은 단체 관광객들이 버스에서 내리는 주차장이기도 하다.

스누피 타운

>> 메이지 진구쪽 하라주쿠역 바로 앞에 있는 스누피 타운은 스누피와 관련된 상품들을 판매하는 캐릭터 숍이다. 이런 것도 캐릭터 상품화시킬 수 있을까 할 정도로 온갖 생활잡화부터 학용품 인형, 과자 등에 이르기까지 스누피와 찰리 브라운으로 꾸며진 상품들을 구입할 수 있다. 스누피 공식 매장답게 이곳에서만 구입이 가능한 상품도 제법 많다.

○ **위치** : JR 하라주쿠역 바로 길 건너편
○ **시간** : 11:00~20:00
○ **휴무** : 부정기적

요요기코엔(公園)

>> 메이지 진구 옆에 도쿄에서 4번째로 큰 공원이 있으니 바로 요요기 공원이다. 본래 일본군의 연병장으로 사용되었던 곳을 1964년 도쿄 올림픽 개최를 위해 경기장을 지

으면서 주변을 공원화시켜 현재의 공원으로 만들어졌다. 우에노 공원처럼 미술관이나 박물관 등 볼거리가 있는 것은 아니지만, 크고 작은 나무들이 말해주듯 벚꽃 필 무렵이나 가을 단풍들이 제법 멋진 배경을 만들어주는 서양식 공원이다. 주말에 공원에서 벼룩시장이 열리기 때문에 볼거리가 사뭇 풍성해지며, 이때는 옷이나 액세서리, 가구 등 다양한 중고 제품과 독창성 있는 수제품 등을 저렴한 가격에 구입할 수 있다.

○ 위치 : 하라주쿠역 하차 후 도보 3분
○ 시간 : 05:00~20:00(10월 16일~4월 30일까지는 17:00까지)
○ 비용 : 무료

Tip 도쿄에서 의류 구매시 주의할 점

다케시타도리는 보세의류를 모아놓은 곳처럼 느껴질 만큼 크고 작은 소규모 매장이 집중된 거리로 이미 잘 알려져 있다. 참고로 여기서 옷을 구입할 때에는 약간의 주의가 필요하다. 먼저, 옷의 품질이 좋은 제품도 있지만 그렇지 못한 제품도 많다. 가령 가격이 싼 옷들은 한두 번 세탁 후에 옷이 상하거나 하는 일이 많다. 그러므로 구입할 때에는 디자인뿐만 아니라 옷의 재질, 바느질 상태 등도 꼼꼼히 확인하도록 하자. 또한 브랜드 매장의 옷들도 그 인지도 만큼 품질이 보장되지 못한 경우도 있으므로 주의가 필요하다. 일부 브랜드 상품은 좀 더 저렴한 가격에 구입할 수는 장점도 있지만 품질이 떨어지는 부분도 있기 때문에 상표나 디자인만 보고 구입하면 후회할 수도 있다.

· 한국과 실제 사이즈가 다른 일본의 의류
도쿄를 다니면서 일본 여성들을 보면 느끼겠지만 일본 여성의 체형은 한국 여성의 체형과는 좀 다르다는 것을 알 수 있다. 일본에서는 XXXS처럼 한국에서는 보기 어려운 사이즈의 옷들을 자주 볼 수 있다. 일본 여성들의 다소 외소한 체형 때문인지 덩치가 큰 여성이라면 마음에 드는 사이즈의 옷은 좀처럼 찾기가 어렵다. 또한 같은 사이즈라도 한국의 사이즈와 비교해 조금 작게 나오는 편이다. 특히 속옷 등은 국내의 사이즈만 생각하고 구입하면 당황하기 쉽다. 그러므로 옷을 구입할 때에는 가급적 피팅룸에서 입어보고 구입하는 것이 바람직하다.

다케시타도리(竹下通り)

>> 하라주쿠에서 가장 큰 젊음의 거리를 꼽으라면 단연 수십 개의 작은 매장들이 빼곡히 모여 있는 다케시타도리이다. 약 400m 정도의 골목길에 빽빽하게 들어서 있는 상점들은 대부분 패션 아이템 상품들로 채워져 있다. 이곳은 독특한 주제와 개성이 넘치는 저렴한 제품들이 많아 굳이 구입하지 않아도 눈을 즐겁게 하기에 충분하다. 다케시타도리는 주로 10대들이 많이 찾는 곳인 만큼 하라주쿠 유행 패션의 산실 역할을 한다. 참고로 이곳에서 파는 옷 등은 모두 일본에서 디자인하고 생산한 제품이 아니고, 한국이나 중국에서 생산된 옷도 상당히 많다.

▶ 입구의 독특한 입간판

▶ 주말이면 인파로 꽉 들어차는 좁은 거리

▶ TV에 자주 나오는 캐릭터 전문점

▶ 다양한 상품을 판매하는 약국

▶ 다케시타도리의 한 골목

❶ 다이소

매장 내 모든 물건을 100엔에 구입할 수 있는 다이소. 유리로 된 외벽이 인상적인 하라주쿠의 다이소는 다른 다이소 매장에 비해 그 규모가 제법 큰 편이다. 지하 1층에는 화장품이나 음반류, 2층

은 식품류, 3층은 생활 잡화를 취급한다. 특히 한국인들이 많이 찾는 곳으로 매장을 돌다보면 한국 여행자들과 자주 만나게 된다. 100엔이라고는 하지만 사실상 소비세를 포함하면 105엔에 물건을 구입하는 셈이다.

○ 시간 : 10:00~21:00
○ 휴무 : 연중무휴
○ 홈페이지 : www.daiso-sangyo.co.jp

❷ 클레르스

미국, 유럽 등 전 세계에 체인점을 갖추고 있는 매장이다. 그 중 일본에서는 오다이바와 하라주쿠 매장이 가장 대표적인 곳이다. 최신 유행의 액세서리를 취급하는 클레르스는 가격이 매우 저렴하기로 유명하고, 다양한 원색적인 머리핀부터 우산에 이르기까지 다양한 상품을 갖추고 있다.

○ 시간 : 11:00~21:00
○ 휴무 : 부정기적

❸ 마이티 삭서

마이티 삭서는 양말에 관해서는 타의 추종을 불허할 만큼 다양한 제품을 갖춘 양말 전문점이다. 원색적인 디자인뿐만 아니라 신고 다니기 부담스러운 독특한 디자인의 양말들을 갖춘 이곳은 하라주쿠 외에 이케부크로의 선샤인 빌딩에서도 볼 수 있다. 하라주쿠 매장은 개점 시간이 늦어 너무 일찍 가면 기다려야 한다. 가격은 다른 양말 매장과 비슷하여 보통 1,000엔에 3켤레를 살 수 있다.

▶ 다른 매장보다 개점 시간이 늦다.

▶ 이색적인 양말들

Tip **다케시타도리의 별미**

오전에 메이지 진구를 관람하고 나면 대부분 다케시타도리로 발길이 이어지는 것이 일반적이며, 조금 늦게 하라주쿠에 도착했다면 점심시간이 걸릴 가능성이 많다. 하라주쿠 다케시타도리에서는 허기를 달래거나 심심한 입을 즐겁게 할만한 음식점을 쉽게 찾을 수 있다. 다케시타도리에서 가장 유명한 별미는 단연 크레페이다. 물론 크레페는 이곳에서만 먹을 수 있는 음식은 아니지만, 다케시타도리 크레페는 그 위치가 갖는 특징 때문에 더욱 알려져 있다.

한국에서는 크레페가 그다지 인기가 없는데 아마도 특유의 느끼함 때문인 것 같다. 얇은 전병에 생크림과 아이스크림을 넣고, 거기에 과일 등을 토핑한 것으로 달콤하고 부드럽지만 생크림 때문에 매우 느끼하다. 다케시타도리의 크레페를 유명하게 만든 마리온 크레페와 바로 앞의 엔젤스 하트라는 크레페 전문점 등 근처에 여러 크레페점을 만날 수 있다. 크레페 가격은 토핑의 종류에 따라 가격이 달라지는데 360~450엔 사이면 먹어 볼 수 있다.

○ 시간 : 엔젤스 하트 10:30~20:30
마리온 크레페 11:00~20:00

▶ 마리온 크레페

▶ 엔젤스 하트

▶ 다양한 토핑을 보고 선택할 수 있다.

▶ 하라주쿠 크레페 전문점

그외에도 다케시타도리 입구에 있는 요시노야나 골목 안쪽에는 오오토야 같은 체인점을 이용하면 맛있는 식사를 할 수 있다. 물론 패스트푸드점도 있으며, 입구 쪽의 맥도날드나 다케시타도리 끝자락에 위치한 롯데리아를 이용할 수 있다. 저렴한 가격대에 만족스러운 식사를 원하면 하나마루 우동을 추천한다. 그리고 다케시타도리 중간에는 편의점이 있어 물이나 음료를 보충하고자 한다면 이곳을 이용하도록 하자.

❹ 러브미텐더

특정 테마를 가진 상점도 제법 있는데 다케시타도리의 러브미텐더가 그중 하나이다. 엘비스 프레슬리를 주제로 상품을 한곳에 모아 놓은 곳으로 상점 앞에 그의 동상까지 있을 정도로 엘비스 프레슬리나 록음악에 관심 있는 사람의 발길이 이어지게 한다. 다케시타도리에서 우측 골목길로 들어가야 볼 수 있어 일부러 찾지 않으면 지나치기 쉽다. 연중무휴로 운영하며, 영업은 11:00~21:00까지다.

❺ 펫 파라다이스

하라주쿠에서 거의 유일 무일한 애완용품용 패션숍이다. 매장은 작지만 독특한 디자인의 제품들을 갖추고 있다. 영업은 10:00~20:30분까지이다.

오모테산도(Omotesando)

>> 하라주쿠역에서 아래쪽으로 내려오면 느티나무 가로수가 좌우에 뻗은 큰길을 만날 수 있는데 이 길을 오모테산도라고 한다. 오모테산도는 본래 메이지 진구의 참배를 위해 만들어진 길이었지만, 지금은 유명 패션 매장들이 들어서 있다. 끝자락에는 오모테산도 지하철역이 연결돼 있으며 길 좌우로 고급스런 부티크들과 예쁜 카페를 만날 수 있다.

▶ 하라주쿠역에서 오모테산도로 내려가는 길

▶ 오모테산도의 유명 브랜드점

▶ 오모테산도 주변의 골목

▶ 오모테산도 끝자락의 교차로

❶ 키디랜드

5층 건물 전체가 아이들과 어른들이 좋아할만한 캐릭터 상품 및 장난감으로 채워진 곳이다. TV나 영화 애니메이션에 나오는 캐릭터는 물론 월트 디즈니 캐릭터까지 다양한 편이며, 시계, 인형, 학용품, 해외에서 수입한 오리지널 피규어도 갖추고 있다. 특히 멋진 디스플레이가 두드러져 방문 고객에게 쇼핑의 즐거움을 주는 매력적인 공간이다. 1층은 인기 상품 위주로, 2층은 디즈니 관련 캐릭터 상품, 4층은 애니메이션 관련 상품, 5층은 피규어 위주로 구성돼 있다. 장난감을 대표하는 토이자라스가 창고형 마트라면, 키디랜드는 셀렉트숍에 가깝다.

○ **위치** : JR 하라수구역 오모테산도 출구 5분거리
○ **시간** : 10:00~20:00
○ **휴무** : 매월 셋째 주 화요일

❷ 콘도마니아

일본은 성인용품이 아주 발달된 나라로 하라주쿠에는 콘돔 전문점인 콘도마니아가 있다. 기상천외한 콘돔들을 판매하는 이 매장은 독특한 외관과 상품소재 때문에 도쿄를 소개하는 책자에 빠지지 않고 등장하곤 한다. 하라주쿠 4거리 교차로에 있어서 눈에 쉽게 띄는데다가 하라주쿠의 상징적인 장소이기도 하다. 시부야에도 콘도마니아 매장이 있다.

❸ 크레용하우스

도쿄의 유명 대형서점에서도 찾기 어려운 어린이 책은 어디에서 찾아야 할까? 도쿄 사람이라면 대부분 하라주쿠 크레용하우스에서 찾아야 한다는 것을 알고 있다. 1976년에 시작한 어린이 책 전문점 크레용하우스는 작가 오치아이 케이코가

아이들과 여성을 위해 만든 전문서점이다. 어린이 책만을 취급하며, 직접 어린이용 책을 출판하기도 한다. 책 외에 문구나 완구, 그리고 유기농 음식을 제공하는 레스토랑까지 있어 아이들과 함께 온 부모라면 꼭 들려볼만한 곳이다.

○ **위치** : 지하철 오모테산도역 A1 출구 도보 2분
○ **시간** : 11:00～19:00(레스토랑은 22:00까지)
○ **휴무** : 연중무휴
○ **홈페이지** : www.crayonhouse.co.jp

▶ 골목 안쪽에 위치한 크레용하우스

❹ 오모테산도 힐즈

2006년 오픈한 오모테산도 힐즈는 오모테산도 스타일을 가장 대변해주는 패션 전문 쇼핑몰이다. 기존에 자리했던 도쥰카이 아오야마 아파트를 재건축하여 탄생한 오모텐산도 힐즈는 건축가 안도타다오(安藤忠雄)가 설계한 지상 6층 지하 6층의 부티크 중심의 쇼핑타운으로 레스토로랑과 상점 주거용 맨션까지 다채롭게 구성되어 있다. 내부 조명과 구성이 독특하고, 해외 명품 패션 업체들이 대거 입점해 있으며 유리로 만들어진 외형을 이용해 자연 채광과 인공 조명이 매우 아늑한 느낌을 주는 고급스러움이 넘치는 곳이다.

○ **시간** : 11:00～21:00

❺ 어페티트

제법 규모있는 카페이자 샌드위치 전문점인 어페티트는 저렴한 가격으로 부담 없이 식사를 즐길 수 있다. 특히 점심 특선 런치팩(580엔)은 가격이 저렴하여 샌드위치가 아니라도 잠시 쉬어 갈만한 오모테산도의 숨겨진 휴식공간이다. 단, 눈에 띄는 곳에 위치하지 않아 골목 안쪽을 일부러 찾아 들어가지 않으면 잘 보이지 않는다.

❻ 큐슈잔카라 라멘

큐슈잔카라 라멘은 돼지고기를 주재료로 사용한 다양한 메뉴의 라멘 전문점이다. 특히, 전부 넣어 먹기 메뉴와 같은 독특한 스타일도 선택할 수 있는데, 명태 알, 돼지고기 조림, 양념된 달걀 등의 재료를 넣어 돼지고기 냄새가 강해 입맛에 맞지 않을 수도 있다. 국물은 매우 구수하나 기름이 많아 느끼한 편이다. 메이지 진구 건너편에 있어서 점심식사 하기에 적당한 장소이며 도쿄 시내에 체인점을 갖추고 있다.

○ **시간** : 10:45~새벽 2시, 금, 토요일은 새벽 3:30까지
○ **휴무** : 연중무휴
○ **가격** : 큐슈잔카라 라멘 550엔, 도핑 전부 넣은 라멘 980엔

❼ 긴자 나쯔노

일본식 젓가락 전문점이다. 하라주쿠에서 만날 수 있는 특색있는 곳 중 하나가 어페티트 바로 앞에 위치한 나쯔노이다. 젓가락 전문점도 다 있을까 할 정도로 1000여 가지가 넘는 젓가락과 젓가락 받침대를 비롯해 전통 식기와 주방 소품들을 판매한다. 젓가락의 소재도 다양하여 노송이나 대나무로 만든 제품은 물론 유리나 은, 쇠로 만든 제품도 다양하다. 도쿄를 방문을 기념하여 선물용으로 구입하기 적당하다.

메이지도리(明治通リ)

>> 메이지도리는 다케시타도리 끝자락과 연결된 길로 시부야까지 이어지는 거리이다. 다케시타도리에서 오모테산도 힐로 교차하는 사거리까지 중소 규모의 쇼핑센터가 밀집되어 있다.

Tip 하라주쿠의 테마 쇼핑

· 메이지도리의 명품 브랜드 매장들

메이지도리는 다케시타도리와는 분위기에 있어 차이가 많다. 우선 고가의 유명 브랜드 매장과 고급화된 뷰티크를 한곳에 모은 오모테산도 힐즈가 볼만하다. 고급화된 제품답게 가격도 고가이며 웬만한 여행자들에게 윈도우 쇼핑 이상은 버거운 가격대의 상품이 주류를 이룬다. 물론 명품매장의 소품류는 비교적 저렴한 것들도 있지만 기타 옷이나 가방처럼 가격이 고가인 삼품들은 면세점이 오히려 저렴하다.

· 아이들을 위한 전문 매장들

하라주쿠의 키디랜드, 스누피타운, 크레용하우스는 모두 이이들을 위한 매장이다. 특히 키디랜드는 일본의 대표적인 캐릭터 상품을 판매하는 곳이니만큼 한번쯤 들려볼만한 곳이다. 크레용하우스는 어린이 전문서점으로 일본어가 되는 여행자면 다양한 내용과 디자인의 일본 동화책 정보들을 얻을 수 있다. 그리고 스누피타운은 캐릭터를 이용하여 정말 기발한 아이디어로 만들어진 상품들을 모아놓은 곳이라 방문한 여행자들의 충동구매를 부추기는 매장 중의 하나이다.

❶ 라포레 하라주쿠(Laforet Harajuku)

하라주쿠 패션 쇼핑몰들은 작은 숍들로 이루어졌지만, 라포레 하라주쿠는 중대형 패션 쇼핑타운에 해당된다. 5층 건물에는 각 층마다 다양한 브랜드의 150여 작은 상점들이 모여 여성 중심의 패션 쇼핑몰을 이루고 있다. 대부분인 인기 고급 브랜드 위주여서 그런지 다케시타도리의 작은 매장들에 비해 가격이 비싼 편이다. 라포레 하라주쿠는 매년 여름과 겨울에 대폭 할인된 가격으로 할인을 하므로 할인 기간을 잘 맞추면 저렴한 가격에 쇼핑할 수 있다.

ㅇ **위치** : JR 하라주쿠역 오모테산도 출구에서 도보 4분
ㅇ **시간** : 11:00~20:00
ㅇ **휴무** : 연중무휴

▶ 라포레 하라주쿠

▶ 함께 입점해 있는 HMV

❷ 티스 하라주쿠(t's harajuku)

라포레 하라주쿠 건너편에 위치한 티스 하라주쿠는 좀 색다른 구성을 하고 있는데, GAP 매장을 비롯해 수입 상품 판매점인 소니 플라자와 피자 익스프레스라는 피자 전문점으로 구성되어 있다. 이외에도 각종 의류 숍과 인테리어 잡화를 취급하는 곳까지 한곳에 모여 있어 색다른 재미를 얻을 수 있다.

▶ 티스 하라주쿠 GAP 매장 앞

▶ 소니 플라자가 입점한 티스 하라주쿠

캣 스트리트

>> 하라주쿠에서 시부야는 거리가 가까워 도보로 이동하는 사람들이 많다. 물론 메이지도리의 큰길을 따라가는 방법도 있지만 이왕이면 캣 스트리트라고 부르는 골목길을 따라가는 것이 볼거리가 많아 지치지도 않고 좋다. 캣 스트리트에는 독특한 콘셉트로 눈길을 끄는 작은 크기의 패션 매장도 많고, 또한 하라주쿠에서 가장 유행이 민감하게 반응하는 곳이기 때문에 다양한 패션 상품들도 만날 수 있다.

▶ 캣 스트리트의 예쁜 상점

▶ 아담한 캣 스트리트 전경

▶ 캣 스트리트의 한 상점

▶ 볼거리가 많은 캣 스트리트 골목길

❶ 안나 수이(ANNA SUI) 오모테산도점

화장품, 향수, 옷에 이르기까지 안나 수이 대부분의 제품을 한자리에 모아 놓은 하라주쿠 안나 수이 매장이다. 미국의 뉴욕점과 같은 스타일로 만들어진 안나 수이 오모테산도점은 기본적인 안나 수이 화장품, 향수는 물론 옷과 지갑과 같은 패션 소품까지 두루 갖추고 있어 꼭 사지 않더라도 안나 수이 제품을 애용한다면 들려볼만한 곳이다. 매장이 골목 안쪽에 있어 찾기가 쉽지 않은데 키디랜드가 있는 곳의 골목으로 들어가면 만날 수 있다. 가격은 다소 비싼 편이다.

○ **위치** : JR 하라주쿠역 오모테산도 출구에서 도보 5분
○ **시간** : 11:00~20:00
○ **홈페이지**:http://www.annasui-cosmetics.com

❷ 오리지널 타코야끼 − 다이하치타코하나마루

우리식으로는 문어빵이라고나 할까? 타코야끼는 이제 사람이 많이 모이는 곳이면 한국에서도 쉽게 볼 수 있는 길거리 음식 중 하나가 되었다. 다이하치타코하나마루는 일본식 오리지널 타코야끼를 먹어볼 수 있는 곳으로 한국에서 판매하는 타코야끼의 종류가 하나뿐인데 반해 그 종류가 10여 가지나 될 정도로 다양하다. 특히 이곳의 타코야끼는 문어가 손가락 한마디 정도로 크기가 커서 만족스럽고, 타코야끼에 올리는 소스가 다양해 여러 가지 맛을 함께 볼 수 있다. 다만 영어로 주문하면 잘 알아듣지 못하므로 메뉴판 그림을 보고 쉽게 주문할 수 있다. 테이크아웃 서비스라서 그런지 많은 사람들이 도로에 앉아서 먹는 진풍경을 볼 수 있다.

○ **시간** : 11:00~21:00
○ **휴무** : 연중무휴
○ **가격** : 타코야키 8개 420엔

6-7 시부야 渋谷

>> 여행자들은 도쿄 최대의 중심지로 신주쿠를 꼽는 경우가 많다. 하지만 신주쿠 버금가는 중심지를 뽑는다면 단연 시부야이다. 신주쿠가 유흥가는 물론 오피스 시설을 갖춘 빌딩 숲과 공원 등 다채로운 모습을 지닌 지역이라면, 시부야는 젊은 취향의 감각적인 정서로 꾸며진 백화점, 쇼핑센터, 대형 서점, 대형 음반매장, 심지어 PC방까지 갖추어진 복합 문화공간으로서의 중심지 역할을 한다. 비교적 정돈된 거리는 신주쿠와 비교되며, 시부야역 앞 스크럼블 교차로는 수많은 인파로 북적이는 도쿄를 대표하는 모습으로 종종 TV를 통해 볼 수 있다.

복합 문화공간으로서의 역할 뿐만 아니라 저렴한 가격의 패스트푸드점, 라멘점, 초밥집 등 음식점들이 즐비하고, 할인매장에서 복합 패션타운에 이르기까지 일본 젊은이들이 모일만한 비주얼로 가득 채워져 있다해도 과언이 아니다. 패션의 중심이 하라주쿠에서 시부야로 넘어왔다고 할 정도로 패션 관련 상점도 제법 많지만 하라주쿠처럼 온통 패션 관련 상점만 밀집해있지 않고 비교적 다른 문화공간들과 어우러져 균형 잡힌 공간이라고 할 수 있다. 특히 음악뿐만 아니라 여러 공연장도 있어 일본의 문화를 엿볼 기회가 많은 곳이다.

시부야의 관광 포인트

>> 시부야는 쇼핑과 문화체험을 한 곳에서 즐길 수 있는 균형 잡힌 상업지구이다. 시부야역 앞에서 만날 수 있는 자그마한 하치코 상은 시부야를 알리는 상징적인 곳으로 주로 약속 장소로 활용된다. 이곳에는 음악을 즐기는 사람이라면 당연히 들릴만한 일본 최대의 음반매장 HMV와 타워레코드 본점이 들어서 있

▶ 인파로 가득한 시부야역 광장

다. 특히 중고 음반을 파는 레코판 빔스와 같은 곳도 꼭 들려볼만하다. 만화책을 좋아한다면 이곳에 만다라케 또한 빠트릴 수 없다. 엄청난 양의 만화책과 피규어를 갖춘 만다라케는 신품이 아닌 중고라는 점에서 가격에 매력을 느낄 수 있으며, 구하기 어려운 만화책도 볼 수 있다는 강점때문에 만화 마니아라면 이곳 역시 반드시 들리는 곳이다. 또한 북퍼스트라는 대형서점은 잡지만큼은 어느 서점에도 비교할 수 없을 만큼 일본에서 발행되는 거의 모든 잡지를 한자리에서 볼 수 있다.

시부야에서 아까운 볼거리를 그냥 지나치고 오는 이들이 많은데, 그중 하나가 시부야 북쪽에 위치한 NHK 방송 테마파크인 NHK 스튜디오 파크이다. 이곳은 오다이바의 후지 TV와는 달리 스튜디오 견학이나 캐릭터 상품 판매대뿐만 아니라 시간만 맞추어 가면

▶ 다채로운 문화가 공존하는 시부야 거리

공개방송을 직접 관람할 수도 있다. 또한 NHK 주변에 '담배와 소금 박물관'과 도큐핸즈나 로프트와 같은 생활 잡화를 취급하는 백화점급 쇼핑센터도 빠질 수 없는 볼거리들이다.

시부야 가는 법

시부야는 JR 야마노테센 시부야역을 중심으로 게이오센, 도쿄 메트로 긴자센 등이 연결된 교통의 요충지이다. JR 시부야역도 매우 큰 편인데 지하 3층, 지상 3층으로 되어 있으며 JR 야마노테센을 비롯해 사철과 지하철 등 5개의 노선이 정차한다. 이렇게 여러 노선이 집중된 만큼 출구도 많아서 JR 시부야역 광장으로 나가려면 하치코구치(ハチ公口)로 나오면 된다. 출구 이름처럼 하치코 상이 바로 역 앞에 있어 이정표 역할을 하고 있다.

반면 시부야역 반대편은 의외로 한적하고 대부분의 볼거리와 상권은 역 광장을 중심으로 퍼져 있다. 물론 역을 중심으로 여러 갈래의 큰길이 퍼져 있는데 거리마다 분카무라도리, 도겐자카, 센타가이, 코엔, 이노카시라도리 등의 이름이 있다. 어느 곳을 먼저 보든 결국 최종 목적지는 다시 시부야역이 된다. 신주쿠보다는 작지만 시부야 역시 광범위하기 때문에 보고자 하는 것들을 미리 파악한 뒤 큰길을 중심으로 이동하는 것이 바람직하다. 복잡한 길은 가급적 큰 건물을 이정표 삼으면 헷갈리지 않는데, 보통 HMV나 시부야 109, 북퍼스트와 같이 눈에 잘 띄는 건물을 익혀 놓으면 길을 잃어버릴 염려는 없다.

Tip 시부야의 괜찮은 맛집

젊음의 거리라고 할 수 있는 시부야에도 비교적 괜찮은 맛집들이 곳곳에 숨어 있다. 하지만 워낙 넓은 지역이라 찾기가 만만치는 않지만, 여행자들이 무난하게 먹을 수 있는 라멘집을 하나 소개한다.

이치란 라멘
시부야를 대표하는 국물맛이 진국인 라멘집
– 위치 : 타워레코드 오른편 건물 – 가격 : 750엔
– 시간 : 24시간 영업

시부야 미리보기 (Map)

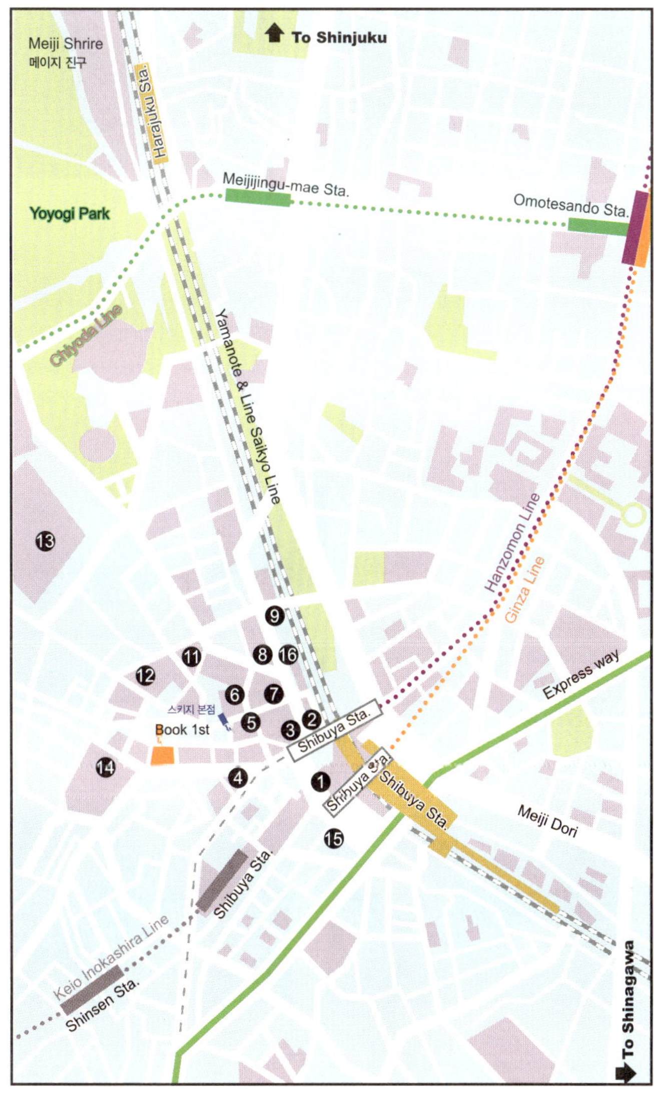

❶ 하치코 상
❷ 시부야 109-Ⅱ
❸ 세이부 A관(Seibu Dept.) / QFRONT
❹ 시부야 109
❺ HMV 시부야점
❻ 로프트(Loft)
❼ 세이부 B관(Seibu Dept.)
❽ 마루이시티 시부야점
❾ 타워레코드
❿ 담배와 소금 박물관
⓫ 파르코(Parco) 파트 Ⅰ, Ⅲ

⓬ 도큐핸즈 시부야점
⓭ NHK Studio Park
⓮ 도큐 백화점(Tokyu Dept.)
⓯ 도큐 플라자(Tokyu Plaza)
⓰ 이치란

▶ JR 시부야역

▶ 분주한 역 앞의 교차로

Tip 하라주쿠에서 시부야 찾아가기

하라주쿠와 시부야를 하루에 보려면 하라주쿠에서 시부야로 도보로 이동하는 방법이 있다. 걸어서 약 20분쯤 걸리는 거리로 하라주쿠 교차로에서 메이지도리 방향으로 약 20분 걸어 가면 시부야 초입에 다다를 수 있다. 가장 먼저 볼 수 있는 것이 타워레코드며 조금 위쪽으 로 올라가면 NHK 방송센터가 나온다. 걷기가 불편하면 JR 하라주쿠역에서 한 정거장만 오 면 JR 시부야역이다.

① 메이지도리와 오모테산도가 교차하 는 교차로에서 보면 콘도마니아가 보 인다. 콘도마니아가 있는 쪽으로 내려 간다. 큰길로 가지 않고 오모테산도의 캣 스트리트를 따라서 내려가면 아기 자기한 숍들을 구경하면서 갈 수 있다.

② 계속 내려가다 보면 교차로가 나오는데 교차로를 지나면 푸른색으로 된 육교를 볼 수 있 다. 육교로 올라가지 않고 아래쪽 길을 따라 우회전한다.

③ 다시 오르막길이 나타나는데 오르막길로 올라가면 왼쪽에 타워레코드가 보인다. 또한 주 변에 ABC 마트와 같은 이정표가 될만한 곳이 있는데 타워레코드를 끼고 왼쪽으로 계속 내 려가면 시부야역을 만날 수 있다.

하치코 상

>> JR 시부야역 광장 쪽 출구 이름처럼 광장에는 하치코 상이 있다. 사람들이 워낙 북적여서 그런지 눈에 잘 띄지 않는데, 하치코 상 자체도 매우 작다. 우리 나라에서도 이미 '하치이야기'라 하여 책과 영화로 알려져 있는 하치코는 역 앞에서 주인을 기다리다 죽은 개 하치코를 기리기 위해서 세워진 동상이다. 물론 실화이며 주인이 죽은 후에도 10년 동안 매일 역에 나와 주인이 오기만 기다렸다고 한다. 마치 우리나라의 백구 이야기와 유사한 내용이다. 하치코 동상은 시부역 광장의 약속 장소로 유명하며, 동상 주변은 앉아서 기다릴 수 있도록 벤치가 마련되어 있다.

Tip 금연 구역

시부야의 거리는 금연 구역이다. 이 때문에 담배를 필 수 있는 별도의 장소가 마련돼 있다. 하치코상 뒷편에 보면 담배를 필 수 있는 부스에서 애연가들이 담배를 피는 것을 볼 수 있다.

돈키호테 시부야점

>> 만물상 스타일의 돈키호테는 규모보다 월등히 많은 물건으로 빼곡히 채워진 대형 쇼핑몰이다. 여러 업체가 입점한 형태가 아닌 하나의 업체에서 수많은 종류의 제품을 취급한다. 취급 제품들은 주로 식료품, 가전제품, 자전거, 명품 시계, 핸드백 등 그 종류가 셀 수 없을 만큼 다양하다. 내부는 비좁고 길을 잃어버리기 쉬울 정도로 복잡하여 물건을 고르기도 수월치 않다. 24시간 영업을 하기 때문에 언제든 쇼핑할 수 있다.

외국인 여행자에 대한 면세 혜택은 구매 금액이 1만 엔이 넘어야만 가능하다. 시부야 말고도 신주쿠점도 있으며 시중보다 가격이 저렴하기 때문에 호텔 등에서 저녁에 먹을 만한 먹거리 등을 미리 구입해오면 편의점에서 사는 것보다 비용을 절감할 수 있다. 실제로 시중에서 파는 150엔짜리 음료수를 100엔에 구입할 수 있었다. 매장 안이 워낙 복잡해 출구나 계산대를 찾기가 어려운 단점이 있으며, 매장 직원 중에는 간혹 연세가 많은 할머니들도 있기 때문에 영어나 바디 랭귀지로 원하는 물건을 찾아달라고 하기는 좀 버겁다.

○ 시간 : 24시간 운영

로프트(Shibuya Loft)와 무인양품

>> 시부야의 대표적인 잡화점으로 꼽는 로프트는 6층 전체의 취급 제품이 부채, 포장 재료, 옷, 문구류 등으로 매우 다양하다. 어찌 보면 도큐핸즈와 비슷해 보이지만, 이곳은 무엇을 만들기 보다는 집에서 사용하는 일상용품이 주류를 이룬다.

또한 지하 1층은 무인양품점과 연결되어 있어 가구나 생활용품도 볼 수 있다. 계절에 따라 유카타를 판매하기도 하며 크리스마스 시즌에는 크리스마스 용품으로 바뀌는 등 계절에 따른 상품 변화가 비교적 다양하다.

▶ 지하 1층에 마련된 무인양품점

▶ 시즌에 따라 상품 구색이 다양하다.

○ 시간 : 10:00~21:00
○ 휴무 : 연중무휴

NHK 스튜디오 파크

>> 테마파크처럼 서비스를 제공하는 방송국 중에는 오다이바 후지TV가 있지만, 시부야의 NHK 방송국도 이와 비슷한

서비스를 제공한다. 유료로 입장할 수 있는 이곳은 방송국의 실제 제작 과정을 관람할 수 있으며, 드라마 세트장에서 주인공처럼 사진도 찍을 수 있다. 특히 체험 스튜디오Q는 뉴스 스튜디오를 만들어 놓고 직접 아나운서처럼 앉아서 방송 카메라에 잡힌 자신의 모습도 보면서 사진 촬영이 가능하다. 또한 성우처럼 자신의 목소리를 더빙해 볼 수 있는 아프레코 스튜디오와 같은 체험 코스도 마련돼 있다.

▶ NHK 방송센터 전경

▶ 스튜디오 파크 입구

1층의 공개방송 스튜디오에서는 실제 NHK 방송의 방청객으로 참여할 수도 있다. 그 외 NHK 스튜디오 파크에는 NHK 방송에 나오는 각종 캐릭터 상품을 구입할 수 있으며, 이곳에서 대장금과 같은 한국 드라마를 이용한 상품도 볼 수 있다. 아울러 전시장의 전시물을 관람하다가 배가 고프면 허기를 채울 수 있도록 작은 푸드코트도 마련되어 있다. NHK 스튜디오 파크는 시부야 구석에 있어서 의외로 지나치기 쉬운데 하라주쿠에서 도부로 이동한다면 시부야로 오는 길에 쉽게 들릴 수 있으며, 아이들을 동반한 여행자라면 꼭 들려볼만한 곳이다.

▶ NHK 스튜디오 파크의 매표소

○ **위치** : JR 시부야역 하치코구치에서 코엔도리를 따라 도보 15분
○ **시간** : 10:00~18:00
○ **휴무** : 매월 두째 주 월요일(8월 제외), 12월 25일~ 31일까지 휴관
○ **입장료** : 어른 200엔, 고교생 150엔

▶ 입체 음향을 들을 수 있는 소극장

▶ 실제 방송 제작 과정을 볼 수 있다.

▶ 방문자 체험 스튜디오

▶ 드라마에 사용된 소품 전시장

▶ 재현해 놓은 드라마 세트

▶ NHK 캐릭터 숍

▶ 스튜디오 카페

▶ 한류상품도 취급한다.

Tip 움직이는 시계 분수대

시부야와 NHK 방송센터가 만나는 길에서 만날 수 있는 독특한 형태의 분수시계이다. 매 정시가 되면 아래의 원형 통이 열리면서 멋진 움직임과 함께 음악이 곁들여진 쇼를 볼 수 있다.

도큐핸즈 시부야

로프트와 비슷한 도큐핸즈는 DIY용품 전문점이라는 타이틀에 걸맞지 않게 온갖 다양한 잡화를 취급하는 종합 백화점 같은 곳이다. 아이디어 넘치는 액세서리나 생활용품은 물론 주방기구, 도자기, 부채, 문구에 이르기까지 사고 싶은 충동을

느낄만한 제품들로 가득 채워져 있다. 시부야의 도큐핸즈점은 이케부크로점과 신주쿠점에 비해 규모가 조금 작은 편이다.

○ 시간 : 10:00~20:30
○ 휴무 : 부정기적, 한 달에 한 번

레코판 Beam

>> 최신 음반에서 중고 음반, DVD는 물론 LP나 EP, 비디오 테이프, 거기에 음악 관련 서적까지 모두 취급하고 있다. 정찰제가 일반적인 음반 매장에서 중고 음반이라는 특성을 살려 조금 더 저렴한 가격에 구입이 가능하며 보유하고 있는 CD의 수도 꽤나 많다. 레코판 빔은 시부야 외에도 이케부크로와 아키하바라, 세이부 신주쿠 페페점에도 있다. 시부야점은 빔스빌딩 4층 전체를 사용하며 엘리베이터를 타고 이동하면 된다.

○ 시간 : 11:30~21:00
○ 휴무 · 연중무휴

시부야 109

>> 시부야의 다섯 갈래 거리 중 분카무라도리와 도겐자카가 갈라지는 지점에 시부야의 대표적인 패션타운 시부야 109가 자리하고 있다. 시부야역 정면에서 보면 독특한 원형 건물이 우뚝 서 있는데, 내부는 마치 동대문의 패션타운과 같은 형태를 띠고 있다. 20대를 타겟으로 구성된 상품들이 지하 2층부터 6층까지 내부에 빼곡히 들어서 다양한 패션 상품들을 만날 수 있다.

○ **시간** : 10:00~21:00(단, 레스토랑은 11:00~22:30)
○ **휴무** : 연중무휴(1월 1일 제외)

쓰리 미닛츠 해피니스(Three Minutes Happiness)

>> 3분만 봐도 행복을 얻을 수 있다는 콘셉트의 잡화 전문점인 쓰리 미닛츠 해피니스는 언뜻 로프트나 도큐핸즈와 비슷하다고 생각할 수 있지만 파는 물건의 종류가 적은 대신 가격이 저렴하다. 보통 100엔~1000엔이 조금 넘는 정도의 정도면 구입이 가능한 제품들이 많고, 상품의 품질도 제법 좋은 편이다.

○ **시간** : 11:00~21:00
○ **휴무** : 연중무휴

북퍼스트(BOOK 1ST)

>> 시부야의 북퍼스트 서점은 규모나 시설면에서 키노쿠니야에 뒤지지 않는 대형 서점으로 지점이 있어서 도쿄에 여러 매장을 갖추고 있다. 특이하게도 한큐 전철에서 세운 서점이라 그런지 한큐 전철이 지나는 노선을 따라 해당 지점들이 위치해 있다. 그중 가장 대표적인 서점이 오다이바점과 시부야점이다. 시부야점은 여러 북퍼스트점 중에서 가장 큰 곳으로 특히 잡지 코너가 잘 갖추어져 있다. 1층에는 도쿄 매거진센터라고 부르는 잡지 코너가 있는데 일본뿐만 아니라 유명 외국잡지와 일반 서점에서는 보기 힘든 전문 잡지, 컴퓨터 관련 잡지들을 모두 볼 수 있다. 그 외 다른 서점보다 컴퓨터 관련 서적이 충실히 갖추어져 있으며 만화나 게임 관련 책도 쉽게 구할 수 있다.

○ **시간** : 10:00~22:00

HMV 시부야점

>> 타워레코드와 쌍벽을 이루는 대형 음반 매장인 HMV 시부야점은 HMV 중에서도 가장 큰 매장으로 손꼽히며, 가장 먼저 세워진 1호점으로 1990년 매장 오픈 이래 2002년 확장을 통해 현재의 모습을 갖추고 있다. 대규모 음반 매장다운 면모를 느낄 수 있도록 건물 전체에 음반, DVD와 관련 서적 등을 구비하고 있고 여러 개의 청음 코너를 통해 일본 최신의 인기음반을 체험할 수 있다.

○ 시간 : 10:00~23:00
○ 휴무 : 연중무휴

타워레코드

>> 미국과 한국에서는 이미 타워레코드 매장들이 하나 둘 철수했지만, 일본의 도쿄 타워레코드점은 독자적인 운영으로 여전히 음악 애호가들에게 많은 사랑을 받고 있다. 6층 건물에 수십만 개의 음반 관련 상품을 취급하는 대규모 DVD&CD 전문점이다. HMV가 시부야역 주변에 있는 것과는 달리 타워레코드는 북쪽에 위치하여 하라주쿠와도 가깝다.

○ 시간 : 10:00~23:00
○ 휴무 : 부정기적(1년에 4번 휴무)

담배와 소금 박물관

>> 박물관 이름부터가 왠지 좀 생소하고 특별한 박물관이다. NHK 스튜디오 근처 시부야 북쪽에 위치한 담배와 소금 박물관은 1978년 개관하여 담배와 담배 도구, 그리고 소금의 제조 과정에 관한 정보와 역사들을 전시한 곳이다. 일

본전매공사가 전매제도 70주년을 기념해 건립한 박물관으로서 4층짜리 건물에 1만여 점 이상의 자료가 전시되어 있다. 일본뿐만 아니라 다른 나라의 담배나 소금 관련 전시물도 있으므로 여유가 되면 들려봄직하다. 참고로 박물관은 입장료를 내고 관람할 수 있다.

○ **입장료** : 100엔, 고교생 이하 학생 50엔
○ **시간** : 10:00~18:00
○ **휴무** : 월요일, 연말연시

디즈니 스토어

>> 입구부터 독특한 분위기를 자극하는 디즈니 스토어는 내부 인테리어까지도 아이들이나 젊은 여성들이 좋아할만한 캐릭터 상품들로 꾸며져 있다. 테마는 모두 디즈니 캐릭터이지만, 대부분의 상품들은 일본에서 직접 디자인된 제품들이다.

○ **시간** : 10:00~21:00

만다라케 시부야점

>> 애니메이션이나 만화를 즐기는 마니아이 반드시 들려볼만한 장소가 만다라케이다. 만다라케의 출발은 일본 나카노에서 시작됐지만 1994년에 들어선 만다라케 시부야점은 본점 못지않은 규모를 자랑한다. 만다라케 시부야점 내부는 대형서점처럼 그 규모가 크고 책도 빽빽이 들어차 있어서 구경하다 보면 시간가는 줄 모른

다. 참고로 19세 이상만 볼 수 있는 성인만화나 피규어도 있으므로 미성년자와 동행한다면 주의가 필요하다.

○ 위치 : BEAM 지하
○ 시간 : 12:00~20:00
○ 휴무 : 연중무휴

애플스토어 시부야

>> 아이팟(IPOD)으로 유명한 애플 컴퓨터 직영점을 보통 애플스토어라고 하는데 한국에는 단 한 곳도 없지만 일본에는 도쿄 중심가 긴자와 시부야 두 곳에 있다. 한눈에 애플 매장임을 알 수 있는 사과 마크가 돋보인다. 애플스토어에서는 아이팟과 맥북을 중심으로 다양한 애플 컴퓨터와 주변기기를 직접 체험해보고 구입할 수 있다. 국내에는 다른 곳에 비해 애플 관련 액세서리기 많지 않으므로 매킨토시나 아이팟 사용자라면 들려볼만한 곳이다. 참고로 이곳은 1만엔 이상 구매해야 면세 혜택을 주며, 대부분 정찰제라 빅 카메라나 요도바시 카메라점처럼 애플 제품을 취급하는 매장에서 구입하는 것보다 메리트는 떨어진다.

○ 시간 : 10:00~21:00

큐프론트(Q-Front)

>> 큐프론트는 건물 벽면 자체가 대형 화면으로 이루어진 복합건물로 1999년에 오픈했다. 지하 2층에 지상 8층으로 이루어진 건물에는 음반이나 영상물, 책을 임

대 및 판매하는 츠타야(TSUTAYA)가 입점해 있다. 츠타야에서 가장 볼만한 곳은 4층 게임, 애니메이션 코너로 1만 권이 넘는 만화책을 보유하고 있다. 또한 인터넷방송국과 CINE FRONT라는 영화관, 음식점 등이 한곳에 모여 있다. 건물 2층의 스타벅스는 도쿄에서 가장 크다.

○ 시간 : 7:00~이튿날 새벽 4:00(가게에 조금씩 따라 다름)

랭킹란퀸 시부야점

>> 앞서 소개한바 있지만, 일본 최신 유행을 알려면 랭킹란퀸 만큼은 꼭 가보라고 들 한다. 물론 우리나라 방송 프로그램에서도 소개한 적이 있었는데, 신뢰성 있는 자료를 바탕으로 1위부터 잘 팔리는 인기 상품을 분야별로 판매하는 곳이 랭킹란퀸이다. 시부야 외에 신주쿠점도 있는 랭킹란퀸의 순위는 도쿄백화점과 할인점 판매 순위, 그리고 음반의 경우 오리콘 차트를 기준으로 하고 있다. JR 시부야역에 위치한 랭킹란퀸은 규모가 제법 크고 상품 종류도 매우 다양하다.

○ 시간 : 10:00~23:00
○ 휴무 : 연중무휴

인터넷 미라이 만가 깃사

>> 도쿄를 여행하면서 중요한 일 때문에 PC를 사용해야 한다면 여행자들에게 도쿄는 그다지 편리하지 않은 곳이다. 한국은 곳곳에 PC방이 들어서 인터넷이나 PC 사용에 불편한 점이 없지만 도쿄는 다르다. 그렇지만 시부야에서 색다른 형태의 PC방을 만날 수 있는 곳이 인터넷 미라이 만가 깃사이다. 이곳은 일정 비용을 지불하면 인터넷은 물론 잡지나 만화, DVD 등을 마음 놓고 볼 수 있다. 또한 단순히

컴퓨터가 차례대로 놓인 책상이 아닌 룸처럼 아담한 자신만의 공간에서 TV나 PC를 사용하면서 여행 중에 잠시 쉴 수도 있다. 단, TV가 함께 있는 공간을 사용하려면 주문할 때 미리 요청해야 한다. 더욱 편리한 것은 코인락도 마련되어 있어 밤도깨비 여행으로 새벽에 도착해 마땅히 머물 곳이 없을 때는 임시 숙소 대용으로도 그만이다. 수십 가지 음료수가 공짜로 무제한 제공되며, 만화책과 DVD 잡지도 종류가 상당해 시간을 때우기에도 적당하다. 시부야 HMV 7층에 마련된 인터넷 미라이 만가 깃사는 입구에 작은 입간판이 이곳을 소개하는 전부이기 때문에 이곳이 있는지도 모르는 사람이 대부분이다. HMV가 있는 2층에서 엘리베이터를 타면 바로 7층으로 갈 수 있다.

○ 위치 : HMV빌딩 7층
○ 시간 : 24시간
○ 휴무 : 연중무휴
○ 비용 : 1시간 450엔(금요일, 토요일은 480엔), 10분당 70엔씩 추가

도큐백화점 시부야점

시부야 백화점 중 가장 오래된 백화점 중 하나이다. 구성은 여느 백화점과 크게 다르지 않지만 아이들 옷이나 애견용품과 같은 특색 있는 매장들이 있다. 전반적으로 시부야의 음식점들이 젊은 취향에 맞추어져 있는데 비해 도큐백화점

8층 레스토랑은 약간 비싸지만 고급스러운 분위기를 찾고자 할 때 적당하다.

○ 시간 : 10:00~20:00(식당은 11:00~21:45)

피크닉 온 피크닉

>> 독특한 디자인의 문구류를 취급하며, 수첩, 다이어리, 필통, 펜, 노트 등에 이르기까지 다양한 디자인 문구들이 많다. 아이디어가 넘치는 제품도 있지만 그보다는 더 시선이 가는 것들은 아기자기하거나 세련된 디자인의 문구들이다.

▶ picnic on picnic은 오전 11시~오후 8시까지

ABC-MART 시부야점

>> 이미 언급했던 일본의 대표적인 신발 체인점이다. 나이키나 아디다스와 같은 브랜드 신발은 물론 다양한 디자인의 계절 신발들을 저렴한 가격에 구입할 수 있다. 시부야 외에도 JR 신주쿠역 근처와 하라주쿠에도 있다. 시부야역 근처의 매장은 크기도 클뿐더러 많은 상품들이 진열되어 있다. 계절별 세일 기간을 잘 활용하면 더욱 저렴하게 구입할 수 있으며, 직원들이 매우 친절해 말이 통하지 않아도 사이즈나 신발 고르기가 용이하다. 오전 11시에 개점하여 9시에 폐점한다.

할리 데이비슨

>> 오토바이의 대명사를 뽑는다면 단연 일본 오토바이 메이커들이 주류를 이루겠지만 이에 뒤지지 않는 오토바이가 바로 할리 데이비슨이다. 할리 데이비슨 시부야 매장은 고가의 바이크는 물론 국내에서는 구경조차 하기가 어려운 다양한 바이크들을 직접 볼 수 있다. 또한 오토바이 뿐만 아니라 의류나 액세서리 등도 판매한다.

사쿠라야 시부야점

>> 사쿠라야 시부야점은 시부야에서 만큼은 빅 카메라보다 규모나 제품의 종류 등에서 모두 앞서 있다. 휴대전화, 카메라, 가전, OA기기, 시계 등 다양한 전자제

품을 한곳에서 만날 수 있으며, 외국인이라도 일본 내 호텔 주소와 연락처 등을 적어서 제출하면 쉽게 포인트 카드를 만들 수 있다.

회전초밥집 츠키지 본점

>> 도쿄 100엔 초밥집 중에서 가장 유명한 곳이 시부야의 츠키지이다. 접시 색깔에 따라 가격이 다른 일반 초밥집과는 달리 이곳은 모든 그릇을 100엔에 판다. 실제는 세금을 포함해 105엔인데 '가격이 싸면 맛이 떨어지겠지'라고 생각하면 오산이다. 이곳은 값도 싸고 맛도 훌륭하다. 단, 츠키지에서는 30분 이내에 7접시 이상을 먹어야 하는 조건이 있나. 시간은 30분이면 먹기에 충분한 시간이고, 별도로 주문을 해서 원하는 초밥을 먹을 수도 있다. 워낙 유명하고, 인기가 많아 식사시간에 들리면 이미 수십 명이 줄지어 기다리고 있는 광경을 볼 수 있다. 그래서 웬만해선 기다려야 한다. 여행자들에게 독특하게도 느껴질 수도 있는데, 직원 중에는 외국인으로 보이는 사람들이 더러 있다. 아마도 외국인 손님들의 주문을 도와주기 위함이 아닐까 싶다. 영어를 하는 외국인은 물론 교포 또는 유학생으로 보이는 한국어를 할 줄 아는 직원도 있어 일본어를 못해도 맘 놓고 먹을 수 있다.

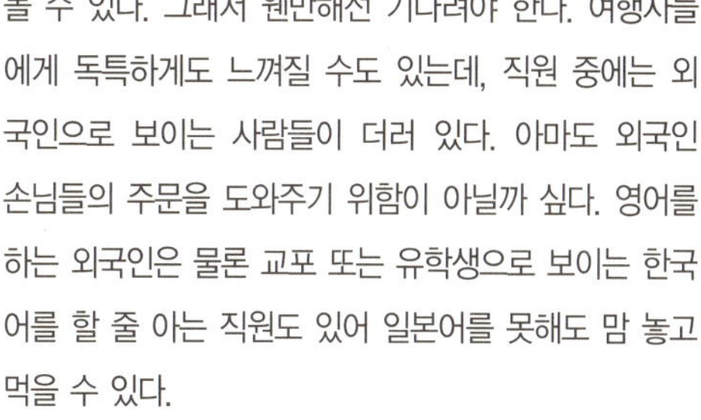

○ 시간 : 11:00~06:00, 일요일 11:00~23:00
○ 휴무 : 연중무휴

Tip 초밥마니아를 위한 츠키지시장(築地市場)

도쿄 도심 한 가운데 부산의 자갈치 어시장이나 서울 노량진 수산시장 같은 곳이 있다. 바로 츠키지 시장인데, 긴자에서 불과 몇 블럭 내려가면 쉽게 만날 수 있는 곳에 위치하고 있다. 도매 어시장이라 상인들이 꼭두새벽부터 분주하게 움직이는 광경을 볼 수가 있어 도깨비 여행으로 도쿄를 방문한 여행자라면 첫 방문지로 손꼽을만하다. 특히 거대한 참치를 부위별로 자르는 모습은 아침 8시 전에 도착해야 구경할 수 있다. 츠키지 시장은 에도시대부터 주로 도쿄지역 간의 식료품 거래 시장으로 시작하여 1923년 니혼바시 어시장으로 특화되었고, 간토 대지진 이후 1935년 현재의 위치에 시장이 세워졌다. 시장은 장내시장과 장외시장으로 나뉘어 장내시장은 주로 수산물 경매가 이루어지며, 장외시장은 일반 소매점들이 장사를 하고 있다. 또한 구미를 당기는 크고 작은 초밥집들이 모여 있어 그럴싸한 도심의 고급 회전식 초밥은 아닐지라도 저렴한 가격에 싱싱한 초밥을 맛볼 수 있다.

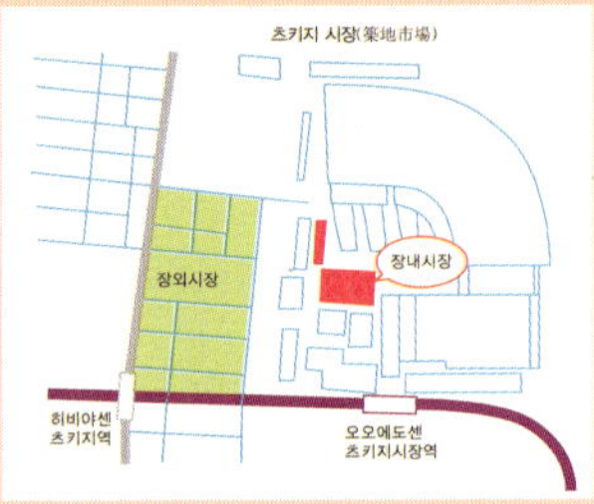

○ 가는법 : JR 신바시역 근처, 긴자에서 약 20분 거리
오오에도센(大江線) 츠키지시죠(築地市場)역 A1출에서 바로
히비야센(日比谷線) 츠키지(築地)역 1번 출구를 등지고 좌측으로 도보 5분
○ 휴일 : 일요일, 매월 수요일 2회씩.
http:// www.tsukiji-market.or.jp/etc/calendar/2008.html 참조

● 가볼만한 스시집

- 스시다이 : 장내 6호관, 05:30~13:30, 오마가세코스 3670엔(초밥 10개)

- 다이와스시 : 장내 6호관, 05:30~13:30, 오마가세코스 3500엔(초밥 7개)

- 류스시 : 장내 1호관, 06:30~14:00, 기쿠세트 2100엔

- 나가야 : 장내 8호관, 06:00~13:30, 가이센돈 1000엔

- 스시잔마이 : 장외시장, 24시간, 세트 3150엔

- 다네이치 : 장외시장, 06:30~15:00, 가이센돈 1000엔

6-8 우에노 上野

>> 이웃나라 일본은 우리와 비슷한 문화와 환경을 가진 나라이다. 그래서 그런지 도쿄를 비롯해 일본을 여행하다보면 제법 이질적인 생소함이 들지 않는 점이 많다. 특히 도쿄와 서울의 풍경은 더욱 그런데 도쿄에도 새롭게 변화한 도심이 있는 반면, 아직까지 일본 전통의 향수를 느낄만한 곳이 여럿 남아 있다. 다른 지역에 비해 덜 발전되었다고 하면 비하일까? 오히려 개발되어 없어지지 않기를 바라는 것이 더 클지도 모르겠다. 도쿄에서 아직도 일본의 전통이 남아 있는 곳이라면 우

▶ 우에노의 매력은 재래시장

에노와 아사쿠사가 대표적이다. 만약 도쿄에 이런 곳이 없다면 도쿄 여행의 묘미마저 반감되지 않을까 싶다. 우에노는 우에노공원을 중심으로 일본 전통을 살필만한 여러 개의 박물관과 미술관들이 자리하고 있으며, 일본 근대의 잔상이 남아 있는 저택까지 만날 수 있다.

✔ 우에노의 관광 포인트

>> 도쿄를 단순히 쇼핑 목적으로 방문한 여행자라면 우에노는 그다지 매력 있는 지역은 아닐 것이다. 그저 나리타공항에서 도쿄로 들어오거나 출국할 때 나리타공항을 가기 위해 게이세이를 타기 위한 장소 정도로만 인식될까? 하지만 어느 나라를 가든지 그 나라의 역사를 이해하기 위해서는 고궁이나 박물관을 들리게 되는데 도쿄의 우에노는 그 일본 역사를 체험할 수 있는 곳이다.

▶ 넓은 우에노공원

▶ 고주테신사

▶ 도쿄도미술관

우에노의 중심은 우에노공원에서 시작된다고 해도 틀린 말은 아니다. 우에노공원은 매우 크고 넓을 뿐더러 수목들이 잘 기꾸어져 있지만 완전히 개방된 공원인 덧에 다른 도쿄 공원에 비해 노숙자도 많고 좀 지저분한 편이다. 하지만 계절에 따라 방문하면 벚꽃이나 단풍 등 멋진 풍경을 볼 수 있다. 공원 자체는 공원으로서의 기능 외에 볼거리가 많지는 않지만 주변의 도쿄국립박물관, 국립과학박물관,

국립서양미술관, 도쿄도미술관 등이 자리하고 있어서 광범하게 일본 문화를 체험할 수도 있다. 또한 동물원은 우에노공원에 있는 시노바즈노이케라는 큰 연못까지 일부 포함하고 있어 다른 동물원보다 자연스러운 동물들의 모습을 볼 수 있다. 만약 여행자가 우에노에 간다면 월요일만은 반드시 피해야 한다. 공원 주변의 박물관과 동물원, 미술관 등은 대부분 휴무이기 때문에 월요일에 우에노를 찾는다면 휑한 공원에서 나무와 까마귀만 실컷 보고 올지도 모르겠다.

▶ 시노바즈노이케

▶ 우에노동물원

우에노공원 바로 옆 시노바즈노이케에서 여름철에 만발한 연꽃을 보면서 산책하는 것도 매우 인상적이다. 그리고 도쇼구나 주변의 신사도 있으며 무엇보다도 가장 매력적인 구경거리는 일본 근대 전통 가옥인 이와자키테이다. 아울러 우에노에 와서 빠질 수 없는 즐거움이 하나 더 남아 있다면 단연 야메요코 재래시장이다. 철길 주변에 만들어진 재래시장 야메요코는 백화점에서와는 다른 도쿄의 색다른 볼거리로 마치 잘 정비된 남대문 시장과 같은 느낌이다.

우에노 가는 법

>> 우에노는 공항에서 도쿄로 들어가는 관문 역할을 하는 곳이다. 특히 나리타공항에서 게이세이 전철을 타고 올 경우 최종 목적지가 된다. 여기서 다시 JR 야마노테센이나 지하철로 갈아타기 때문에 나리타에서 오는 사람이라면 익숙한 지역일 것이다. 우에노에는 세 개의 역이 있는데 JR 우에노역과 도쿄 지하철(도쿄 메트로), 그리고 게이세이 철도이다. JR 우에노역에는 JR 야마노테센뿐만 아니라 신칸센을 비롯한 도쿄의 북쪽으로 향하는 열차들의 관문 역할을 한다. 지하철도 연결되어 있어 긴자센(銀座線)이나 히비야센(日比谷線)을 이용하면 우에노역으로 올 수 있다. JR 우에노역에는 고엔구치(公園口), 시노바즈구치(しのばず口), 츄오구치(中央口), 아사쿠사구치(草口) 등 4개의 출입구가 있다. 우에노공원 방면으로 가고자 한다면 고엔구치(公園口) 방면으로 나가면 된다.

우에노 미리보기 (Map)

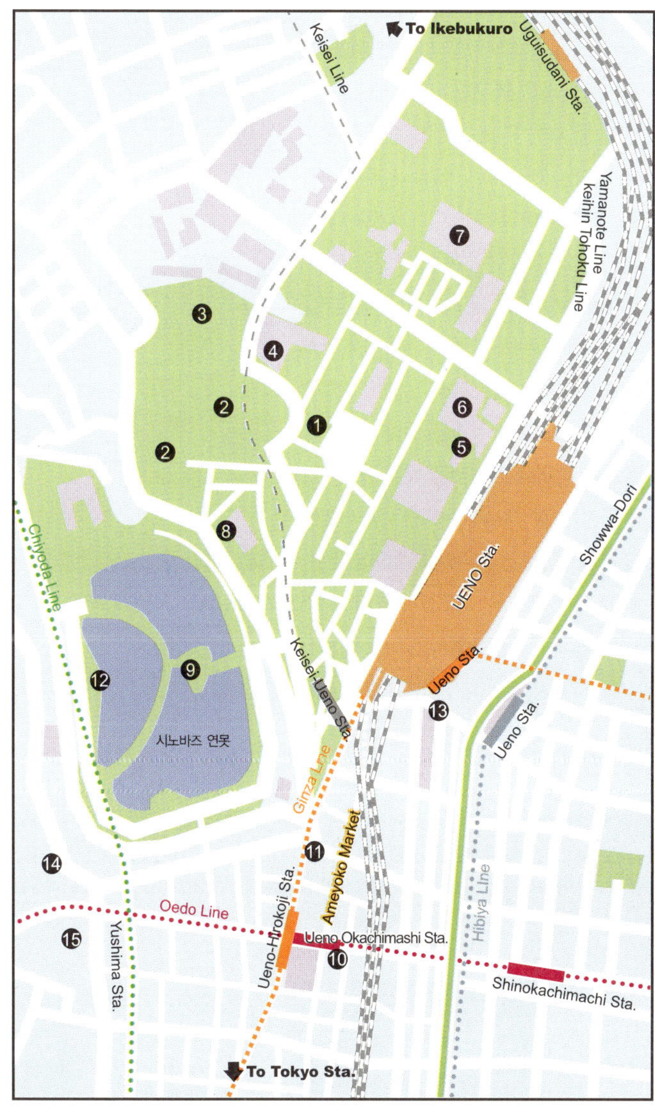

❶ 우에노공원(上野公園)
❷ 도쇼구
❸ 우에노동물원
❹ 도쿄도미술관
❺ 국립서양미술관
❻ 도쿄과학박물관
❼ 도쿄국립박물관
❽ 고주테진자(신사)
❾ 벤텐도(弁天堂)
❿ 마츠자카야백화점(Matsuzakaya Dept.)
⓫ ABAB
⓬ 보트 선착장
⓭ 마루이백화점(Marui Dept.)
⓮ 구 이와사키 저택
⓯ 유시마 텐진

우에노를 둘러보는 가장 일반적인 코스는 우에노공원으로 가서 박물관이나 미술관 또는 우에노동물원, 신사 등을 보고, 공원 바로 옆 시노바즈이케를 반 바퀴쯤 돈 후에 우에노공원의 반대편 출구로 나가는 코스이다. 여기서 100여 미터를 더 가면 이와자키테이가 나오는데 이곳과 아래쪽의 유시마텐진을 둘러본 뒤 우에노역 쪽으로 올라와서 야메요코를 보는 것이 우에노의 주요 관광지를 대부분 섭렵할 수 있는 코스가 된다. 박물관이나 미술관에서 시간을 얼마나 투자하느냐에 따라 다르겠지만 박물관을 지나친다면 보통 3~4시간이면 한 바퀴를 순회할 수 있다. 시간이 부족하여 짧은 시간에 우에노를 보고자 한다면 우에노공원에 있는 도쇼구, 고조진자나 시노바즈노이케를 보고 공원을 빠져나와 아메요코 시장 쪽으로 발길을 돌리면 어느 정도 만족감을 줄 것이다.

▶ JR 우에노역

▶ 우에노공원 입구의 계단

Tip 우에노역은 먹거리 집합소

우에노역은 여러 철도와 지하철, 그리고 공항철도가 드나드는 길목인 까닭에 여행자들이 많이 지나는 교통 요충지이다. 이 때문인지 역사 안에는 선물을 팔거나 식사할만한 상점들이 많이 밀집해 있다. 일본 브랜드의 커피숍인 도토루, 밖으로 나오면 바로 스타벅스 커피숍이 있으며, 전통 과자나 떡을 만들어 파는 상점, 일본의 대표적인 빵집인 안데르센도 입점해 있다. 우에노를 구경하면서 심심하지 않도록 간식거리를 구입하거나 공항으로 갈 때 게이세이 스카이라이너 안에서 먹을 만한 음식을 구입하기에도 적당하다. 특히 귀국할 때 마땅한 선물을 준비하지 못했다면 이곳에서 구입하는 것도 좋다.

우에노공원

>> 도쿄 여행자들의 우에노공원에 대한 평은 매우 엇갈린다. 어떤 이는 볼품없고 지저분한 까마귀의 소굴이라고 폄하하는 분들도 있고, 벚꽃이 화려한 멋진 공원이라고 치켜세우는 분들도 있는데, 이는 계절이나 시기에 따라 다양한 시각에서 나타난다. 우에노공원은 1874년 만들어진 일본 최초의 공원으로 그 오래된 역사만큼이나 이곳에 있는 박물관과 미술관 동물원 등도 제법 오래된 느낌이 나는 편이다. 울창한 수목이 우거져 있으며 차가 다니지 않는 큰길은 봄이면 벚꽃이 만개해 환상적인 분위기를 자아내지만 여름철엔 넓고 긴 길가에 노숙자들 때문에 실망할 수도 있다. 도쇼구나 사이고타카모리 동상과 같은 유적들, 특히 시노바즈이케는 연꽃으로 가득해 독특한 분위기를 연출한다.

▶ 우에노공원의 중앙 분수대

○ **위치** : 우에노역에서 1분 거리
○ **시간** : 5:00~23:00
○ **휴무** : 연중무휴
○ **비용** : 무료

▶ 우에노공원

❶ 국립서양미술관

우에노 공원을 대표하는 미술관으로 피카소나 모네, 로댕 등의 작품을 실제로 볼 수 있다. 국립서양미술관에는 중세에서 20세기 사이의 유명 서양 미술 작품 180여 점이 전시되어 있다. 1층은 로댕의 조각품이 전시되어 있고, 그 외 모네,

르노와르와 같은 이미 잘 알려진 화가들의 작품을 감상할 수 있다. 기간에 따라 특별전도 있어 미술에 관심 있는 여행자라면 놓치지 말아야할 필수 코스 중 하나이다. 홈페이지(www.nmwa.go.jp)에서 미리 특별전에 대한 정보를 파악해서 때를 맞추어 방문하면 더욱 만족스러운 곳이 될 것이다.

○ **시간** : 9:30~17:30(금요일은 20:00까지)
○ **휴무** : 월요일
○ **비용** : 일반 420엔, 대학생 130엔, 고등학생 70엔

❷ 도쇼구(東照宮)

▶ 도쇼구 입구

▶ 도쇼구 기념품점

도쿠가와 이에야스를 추모하기 위한 사당인 우에노의 도쇼구는 도쿠가와 이에야스의 시신이 안치된 닛코의 도쇼구(日光 東照宮)를 재현해 놓은 곳이다. 닛코의 도쇼구는 놀랍게도 세계문화유산으로 등재된 곳이기도 하다. 도쿠가와 막부의 1대 쇼군인 도쿠가와 이에야스를 추모하는 신사인 도쇼구는 여러 곳에 남아 있는데 메이지 유신 이후 없어지거나 합쳐졌음에도 아직까지 100여 개 이상이 남아 있다. 우에노의 도쇼구는 중요 문화재로 지정되어 도쿠가와 이에야스의 신봉자들이 1627년에 만든 신사가 지금까지 이어진 것이라고 한다. 중국 양식의 본당은 모두 금색으로 칠해져 있으며, 입구에는 석등롱과 청동등롱이 길게 도열해 있다.

Tip 닛코의 도쇼구(日光 東照宮)

닛코의 도쇼구는 도쿠가와 이에야스의 시신이 안치된 곳으로 도쿠가와 막부의 3대 쇼군인 이에미스(德川家光)가 수많은 장인과 대규모 인력을 동원해 만든 신사이다. 금으로 장식된 문 등이 화려한 일본의 대표적인 신사이다.

▶ 문화재로 지정된 등롱

▶ 도쇼구 본당

○ **위치** : 우에노동물원 입구 왼쪽
○ **시간** : 09:00〜일몰시까지
○ **휴무** : 없음
○ **비용** : 무료

▶ 헌금함

❸ 도쿄국립박물관

우에노공원 중앙의 분수대를 지나면 아주 웅장한 건물이 시선을 끄는데, 이곳이 도쿄국립박물관이다. 1874년에 우에노공원이 조성되었다면 도쿄국립박물관은 1872년에 개장을 하였고, 도쿄국립박물관을 위해 만들어진 것이 우에노공원이다. 도쿄국립빅물관은 모두 5개의 진시실로 구성되어 미술품은 물론 고대 유물, 국보 등 약 10만여 점 이상의 전시품이 전시되고 있으며, 국보급 문화재들이 밀집한 곳인 만큼 일본이 자랑하는 역사나 예술품을 관람할 수 있다. 또한 일본뿐만 아니라 다른 아시아나 이집트 등 고대 유물과 미술품도 함께 관람할 수 있다. 지하 1층의 뮤지엄숍에서 기념품이나 일본 전통 상품 등을 구입할 수 있다.

○ **시간** : 9:30〜17:00
○ **휴무** : 월요일
○ **입장료** : 420엔, 학생 130엔

❹ 우에노동물원　上野動物園

1882년에 세워진 우에노동물원은 일본에서 가장 오래된 도쿄의 대표적인 동물원이다. 외관만 봐도 꽤 오래 전에 세워진 동물원임을 짐작케 한다. 우에노동물원의 명물은 1992년 중국에서 온 팬더 "랑랑"이다. 그 외 500여 종의 동물들이 살고 있으며, 동원과 서원으로 나뉘어 동원에는 팬더, 고릴라 등이, 서원에는 어린이 동물원과 기린 등이 있다. 동원과 서원은 모노레일을 타고 이동할 수 있으며, 모노레일을 타려면 150엔을 지불해야 한다. 만약 아이들을 동반한 가족이라면 볼거리가 많아 들려볼 것을 권하며, 적어도 반나절의 시간은 잡아야 한다. 참고로 개원기념일(3월 20일)을 비롯하여 특정 기념일에는 무료로 입장한다.

▶ 우에노동물원 입구

▶ 우에노동물원의 놀이기구

○ **시간 :** 9:30~17:00(16:00까지 입장)
○ **휴무 :** 월요일, 12월 29일~1월 1일
○ **비용 :** 600엔, 중학생 200엔, 모노레일 150엔

❺ 시노바즈노이케

우에노공원 안의 인공 호수 시노바즈노이케는 호수의 절반을 덮은 연꽃이 매우 인상적이다. 중앙에는 작은 섬이 연결되어 있는데, 특이하게도 그 작은 섬에 벤텐도(弁天堂)라고 부르는 절이 하나 있다. 이 절은 자손을 번영시킨다는 벤자이텐 여신을 모신 곳이다. 벤텐도는 17세기에 만들어졌으나 2차 세계대전 당시 공습 때 소실된 후 1958년에 재건되었다. 시노바즈노이케는 여름철엔 만개한 연꽃이 장관을 이루며, 겨울철에는 다양한 철새를 볼 수 있다. 봄에는 우에노공원처럼 만개한 벚꽃이 장관이다. 호수의 일부는 동물원에서 사용하고 있으며 나머지는 호수 주변을 돌며 산책을 하거나 보트를 타고 보트놀이를 할 수도 있다.

▶ 연꽃으로 가득 찬 시노바즈노이케

▶ 벤텐도로 향하는 입구

○ **비용 :** 일반 보트 600엔(1시간), 페달 보트 600엔(30분)

▶ 호수 안 작은 섬에 있는 벤텐도

▶ 다양한 보트들

▶ 산책하기 좋은 호수 주변

❻ 도쿄국립과학박물관

일본까지 와서 과학관엘 가야 하나 하는 생각이 들지도 모르겠으나, 아이들과 함께 왔다면 신사에 들리는 것보다는 훨씬 탁월한 선택이 될 것이다. 과학박물관은 일본 각지에서 올라온 유치원생들이나 초등학생들의 단체 관람 코스로 어린이들이 무리지어 관람하는 모습을 쉽게 볼 수 있다. 우에노공원 오른쪽에 위치한 도쿄국립과학박물관은 동식물에서 과학 기술, 인류의 발전에 이르는 다양한 내용들을 체험할 수 있는 형태의 박물관이다. 공룡 모형이나 동물 박제, 인공위성도 볼 수 있어 보는 것만으로도 만족스러운 학습 효과를 누릴 수 있다.

- ○ 시간 : 9:00~16:30
- ○ 휴무 : 매주 월요일 휴관, 12월 28일~1월 1일 휴관
- ○ 비용 : 일반 500엔, 대학생 500엔

❼ 고주테신사(五條天神社)

▶ 붉은색의 독특한 도리이

고주테신사는 우에노공원 왼편 시노바즈노이케 근처에 위치하고 있다. 초입의 붉은 도리이가 인상적이며, 오솔길을 따라 내려가면 옷을 입혀 놓은 여우 상과 신사를 만날 수 있다. 다른 신사와는 조금 다른 모습을 발견할 수 있는데 아마도 미신이 섞인 서민적 분위기로 꾸며져 있기 때문이 아닐까 싶다. 특이한 것은 이 신사의 숭배 대상이 일본 건국 신화에 등장하는 두 신(神)인 스쿠나히코나노미코토(少彦名命)와 오나무지노미코토(大己貴命)를 모시고 있다는 점이다.

▶ 서민적인 모습의 고주테신사

▶ 붉은색 옷을 입은 여우 상

▶ 고주테신사 참배 모습

○ 시간 : 09:00~일몰시까지

❽ 도쿄도미술관(東京都美術館)

국립서양미술관과 함께 우에노의 대표적인 미술관이다. 숲이 우거진 우에노공원의 왼편에 자리하고 있어 일부러 찾아가지 않으면 쉽게 발걸음하기 어려운 곳이다. 도쿄도미술관은 주로 유명 전시회가 열리는 곳으로 그 전시 대상이 상대적으로 자유로운 편이다. 1년에 100회 이상의 미술전이 열릴 만큼 전시가 활발한데 예전에는 일본미술전람회나 여러 단체의 공모전의 전시까지 이곳에서 했었는데 좁은 전시 구역으로 인해 최근에는 롯뽄기 국립미술관(The National Art Center)에서 주로 열린다고 한다. 상설기획전시실과 공모전시실로 이루어져 있으며 미술 도서실도 갖추고 있다.

○ 시간 : 9:00~17:00
○ 비용 : 입장료(전시회마다 다름)

❾ 이즈에이 우메카와데이

우에노공원 주변엔 전통 음식점인 이즈에이 우메카와데이가 있다. 270년의 전통을 자랑하는 음식점답게 매우 고전적인 모습으로 손님을 반긴다. 이곳은 참숯으로 구운 별미 장어를 맛볼 수 있다. 누구나 편히 먹을 수 있는 도시락 정식이 1500엔

정도로 좀 비싸다. 하지만 우에노공원 안에서 먹을 수 있는 음식점은 이곳이 유일하며 울창한 숲에 둘러싸인 전통 음식점에서 별미를 즐길 수 있다.

○ **위치** : 도쇼구 옆 셋길 보탄엔 쪽으로 나오면 있음
○ **비용** : 장어도시락 1500엔

아메요코 시장

>> 우에노공원 앞 건너편 철로 밑으로 쭈욱 늘어서 있는 도쿄의 몇 안 되는 재래시장으로 일본 서민들의 생활을 직접 눈으로 보고 느낄 수 있는 곳이다. 아메요코라는 이름은 2차 세계대전 이후 미군의 불하물자가 시장으로 쏟아져 나오면서 일본식 영어의 합성어로 아메리카(アメリカ)의 아메(アメ)에 골목을 뜻하는 일본어 요코가 합쳐져 만들어졌다.

철길은 우에노역에서 JR 오카치마치역까지 다다르며 길이는 약 600여 미터 정도로 시장 규모가 제법 큰 편이다. 400여 개 이상이 밀집된 상점에는 생선, 야채, 과자 등의 군것질거리, 신발, 옷, 화장품 등 각양각색의 물건들이 거래되며, 비교적 싼 가격에 구입할 수 있다. 어느 곳의 재래시장이든 정찰제 방식의 백화점보다 가격이 훨씬 저렴하기 때문에 실속파 고객에게는 쇼핑하기 좋은 곳이다. 물론 재래시장이라 흥정을 위해 대화하는 것이 수월치 않겠지만 원하는 물건을 값싸게 사려면 몸짓을 써서라도 흥정해보는 것도 재래시장의 재미가 아닐까. 한편 시장에는 재일 한국인이 운영하는 상점도 제법 있다.

○ **시간** : 10:00~20:00(상점마다 다름)
○ **홈페이지** : www.ameyoko.net

요도바시 카메라 우에노점

>> 우에노의 요도바시 카메라는 공항으로 출국을 앞둔 관광객들이 이용하기 적당한 곳이다. 미처 마련하지 못한 전자제품이나 준비하지 못한 선물 쪽을 잠시 짬을 내어 이용하면 편리하다. JR 우에노역과 게이세이 전철역 사이의 길 건너편에 있다.

구 이와사키 저택 정원(舊 岩崎邸 庭園)

>> 도쿄의 손꼽히는 정원 중 하나로 정원 관람보다는 저택 관람이 더 정확한 표현인 듯하다. 이와사키라 하면 일본의 자동차, 중공업 등으로 유명한 미쯔비시 그룹의 창업자를 가리키며, 이와사키 가문의 저택인 구 이와사키 저택 정원은 지어진 지 100년이 넘은 건물로 1999년 문화재로 지정된 후 지금은 관광지로 바뀌었다. 구 이와사키 저택의 가장 큰 특징은 오래된 집이지만 잘 보존돼 있으며 서양식과 일본식 가옥 형태를 두루 갖추고 있다. 본관은 서구식 건축물이지만 별관은 일본식 전통가옥이며, 원래는 20개가 넘는 건물이 있었지만 지금은 3개만 남아 있다.

▶ 잘 보존된 서양식 건물

▶ 저택으로 가는 입구

구 이와사키 저택은 영국인 건축가 조사이아 콘도르의 작품으로 그는 도쿄대학 최초의 외국인 교수를 지냈으며, 우에노박물관과 니콜라이당이 그의 작품이다. 앞서 도쿄역에 대해 언급했을 때 나온 이야기지만, 그의 제자인 다츠노 긴코는 지금의 도쿄역을 설계하였다. 저택을 짓는데 필요한 대부분의 자재는 영국에서 수입하였으며, 그 잔흔이 지금도 보존되어 있다. 서양식 건물의 천정은 실크로 꾸며

▶ 내부의 가구

▶ 카페트가 깔린 바닥

▶ 이와사키 저택의 실내

▶ 2층 베란다에서 본 정원 풍경

졌고, 베란다 타일은 이슬람풍으로 매우 이국적인 느낌을 준다. 함께 마련된 당구장은 스위스 스타일로 이 또한 같은 사람이 설계하였다고 한다.

서구식 건물과 별관의 일본 전통가옥은 서로 연결되어 있어 한번에 관람할 수 있다. 집에 들어가기 전에 비닐봉투를 하나씩 주는데 실내는 카펫이 깔려 있어 신을 벗고 벗은 신을 비닐에 넣어가지고 다녀야 한다. 단체 관람객에 한해 안내를 해주기도 하는데 대부분 일본어만 지

▶ 일본 전통의 다다미

Tip 우에노공원에서 이와사키 저택 정원 가는 법

우에노공원에서 인공 호수의 끝자락으로 가면 밖으로 나가는 길이 나온다. 이곳에서 쉽게 구 이와사키 저택 정원으로 갈 수 있다.

① 인공 호수가 끝자락을 나오면 도로가 있다. 건너편에 골목길이 보이는데 건널목을 건너 그 골목으로 들어가자.

② 골목길의 첫 번째 좌회전 골목 입구에 구 이와사키 저택 정원의 위치를 알려주는 입간판이 보인다. 약 100m 정도의 길을 따라 걷는다.

③ 길이 끝나는 곳에 구 이와사키 저택 정원 입구가 나온다. 입구에서 구 이와사키 저택이 있는 곳까지 다시 언덕길을 오르면 저택과 매표소가 있다.

▶ 입장권 매표소

원한다. 입장권을 구입하는 곳에서 한글로 된 안내서를 받을 수 있으며 건물 뒤쪽으로는 넓은 잔디밭이 있어 집을 배경으로 멋진 사진을 찍을 수 있다. 우에노의 대표적인 관광지임에도 불구하고 우에노 구석에 자리하고 있어서 일부러 찾아가지 않고서는 있는지조차 모르는 사람이 많다.

▶ 정원 안의 미쯔비시 마크와 문양

○ 시간 : 9:00~17:00
○ 휴무 : 연말연시
○ 비용 : 400엔, 65세 이상 200엔

유시마텐진

>> 유시마텐진은 구 이와사키 저택 정원 근처에 있는 신사로 학문의 신(神)이라 일컫는 스가와라노 미치자네공을 모시는 텐신사(天神社)이다. 이곳은 자녀가 공부를 잘할 수 있기를 기원하는 학부모들이 자주 방문하는 곳으로 중요 시험 철에만 사람이 북적일 뿐 평상시에는 한가하다. 꽤 오랜 역사를 지닌 신사로서 서기 458년에 세워졌고, 예전 건물은 노화되어 1995년에 다시 세워졌다. 특히 매실나무가 많아 매화 축제도 열리곤 하는데 이곳에 가려면 2~3월이 적당하다. 일반적인 신사의 모습이라 이른 봄에 매화가 만발할 때가 아니면 힘들게 챙겨 볼만한 곳은 아닌 듯 싶다.

○ 시간 : 06:00~20:00
○ www.yushimatenjin.or.jp

▶ 정문 쪽에서 들어가는 입구

▶ 구 이와사키테이에서 5분 거리의 유시마 텐진

▶ 동전을 넣으면 춤추는 인형

▶ 평일에는 매우 한가롭다.

▶ 모륜이 설치돼 있기도 하다.

▶ 유시마텐진 근처의 중국 음식점

마루이시티(丸井 이이) 우에노점

>> 우에노에서 ABAB와 더불어 유일한 패션 백화점이다. 주로 수영복과 유타카로 유명하고, 백화점이라고는 하지만 패션 전문 상가에 가까울 정도로 여성 의류가 대부분이다.

▶ 우에노의 유일한 패션 백화점 마루이시티

ABAB

>> ABAB는 마루이시티 우에노점 근처에 있는 패션타운이다. 이곳도 여성 의류 중심이며, 세일 기간 중에는 독특한 판매방식을 이용한 이벤트도 하는데 랜덤하게 옷가지가 들어 있는 쇼핑백을 저렴한 가격에 판매하기도 한다. 고객들은 봉투에 어떤 옷이 들어있는지 볼 수 없는 일종의 뽑기인데 운 좋으면 파격적인 가격에 옷을 구입할 수 있다.

▶ 패션타운 ABAB

6-9 아키하바라 秋葉原,
오차노미즈 御茶ノ水, 간다 神田

>> 한 소심한 남자의 좌충우돌 연애담을 다룬 전차남(電車男)의 배경지로도 잘 알려진 아키하바라는 오타쿠의 진원지라는 말들도 많지만, 도쿄를 방문하는 여행자들이 한 번쯤은 들리게 되는 관광지이다. 마치 한국 전자상가의 메카인 용산전자상가처럼 갖가지 전자제품 상가들이 밀집해 있는 곳이기도 하다. 그러나 일본의 빅 카메라나 요도바시 카메라와 같은 대규모 양판점이 주도권을 잡은 후부터는 그 명성이 조금씩 하락하고 있는 것 같다. 또한 이전과 달리 전자제품 일색에서 벗어나 애니메이션이나 게임, 피규어 등의 업체들이 이곳에서 약진하고 있다.

▶ 북적이는 아키하바라역 주변

아키하바라는 에도막부 말기까지 화재 시 피난소였던 히요케치(火除地)에 화재를 막는 신(神)을 모신 아키바신사(秋葉神社)가 들어선 뒤부터 "아키바가하라(あきばがはら)"라고 불리게 되었단다. 아이러니하게도 2차 세계대전 때 화재를 막는 신(神)에서 유래된 지명과 달리 불타버려 폐허가 된 이곳에 노점상들이 하나 둘 들어오면서 주변의 도쿄전기대학과 같은 전문학교 학생들에게 전기부

▶ 아키하바라의 간다가와(神田川)

품을 팔기 시작하였다. 그것이 점차 확대되어 지금의 아키하바라를 형성하게 되었다. 도쿄의 아키하바라는 전자제품의 상징처럼 저렴한 전자제품을 살 수 있다는 것 말고도 더 매력적인 볼거리가 많다. 가령 오차노미즈나 간다와 같은 곳은 걸어서도 충분히 이동 가능한 곳이며, 특히 고서적이나 악기에 관심이 많다면 반드시 들려볼 만하다.

📍 아키하바라, 간다의 관광 포인트

>> 도쿄의 아키하바라를 방문하는 목적의 십중팔구는 전자제품의 쇼핑이나 애니메이션 등의 구경이나 구입이다. 아키하바라는 한국의 용산전자상가와 비슷해 전체적으로 가격이 딱 정해진 곳도 있지만 그렇지 않은 곳도 많다. 워낙 넓고 수많은 업체들이 들어서서 저렴한 값에 원하는 제품을 구입하려면 미리 가격비교 사이

트 등을 통해 사전 조사가 필요하다. 또한 이곳은 현금만 받는 상점도 있으므로 어느 정도 현금도 준비해야 한다.

아키하바라 전자상가는 작은 규모의 상점들과 요도바시나 이시마루와 같은 대형업체들, 그리고 주로 외국인을 대상으로 하는 라옥스, 신제품은 물론 중고제품도 취급하는 소프트맵과 같은 전문적인 업체들로 이루어져 있다. 이들 대형업체나 상점들은 대부분 가격표를 붙여놓고 팔기 때문에 별다른 흥정이 필요하지는 않지만 업체 간의 가격차가 있으므로 여러 곳을 들러보고 구입하는 것이 좋다. 특히 빅 카메라나 요도바시 카메

▶ JR 아키하바라역 앞

▶ 좁은 골목 사이의 전자부품점

라처럼 포인트 카드의 적립금을 활용할 수 있어 같은 값이라도 이점이 크다.

▶ 니콜라이당

▶ 간다가와(神田川)

아키하바라가 도쿄에서 한국인이 가장 많이 찾는 지역 중 하나임은 역에 도착한 후 광장 앞에 서면 실감할 수 있는데 여기 저기 눈에 띄는 한국어 광고판만으로도 쉽게 알 수 있다. 한국어 광고가 여기저기 붙어있다고 해서 매장에서도 한국어가 통하겠지 하고 생각하면 오산이다. 영어조차 잘 통하지 않아 애를 먹는 경우도 종종 있다. 이런 경우에는 미리 국내에서 해당 제품과 관련된 정보를 일본어 웹사이트 등에서 사진 등을 포함해 출력해 가면 많은 도움이 된다.

전자제품 외에도 아키하바라 주변에는 독특한 외형을 뽐내는 성당인 니콜라이당과 유시마성당이 있다. 또한 강이라고 하기는 좀 협소해보이는 간다가와(神田川)의 주변 풍경도 이국적이다. 아키하바라에서 좀 더 내려가면 간다 지역으로 들어서는데, 이곳은 대표적인 고서점들이 밀집된 곳으로 대형서점보다는 작은 규모의 전문서점과 전통적인 고서점들을 만날 수 있다. 전문적인 분야는 물론 책의 종류도 다양하여 원하는 분야의 책을 찾으려면 가볼만한 곳이다. 서점이

있는 지역으로 이동하다보면 한 편으로 악기상가가 즐비하게 늘어선 거리를 만나게 되는데 기타나 색소폰을 비롯한 다양한 중고악기와 새 악기를 구경하거나 구입할 수 있다.

▶ 간다의 악기상가

간다 서점가로 가는 길엔 도쿄(東京)의 과치과대학, 메이지(明治)대학, 도쿄대(東京大) 등 일본 유수의 대학들이 자리하고 있다. 한국의 대학가와 일본의 대학가는 어떻게 다른지, 또 일본 대학 캠퍼스의 모습들을 엿보는 것도 흥미있는 경험이 될 것이다. 걷다가 허기가 지면 일본 대학가에 있는 저렴한 음식점을 들

▶ 간다의 스포츠용품 상가

려도 좋다. 특히 오차노미즈에서 가볍게 술 한잔하고 싶다면 들려볼만하다. 메뉴들은 주로 소바(메밀국수), 장어 전문점이 많고, 카레전문점도 있어 기호에 따라 선택할 수 있다.

▶ 카레 전문점

아키하바라, 간다 가는 법

>> 아키하바라는 JR 야마노테센(山手線)을 이용하는 것이 보통이지만 아키하바라(秋葉原)역에는 야마노테센뿐만 아니라 JR 소부센과 JR 게이힌도호쿠센도 정차한다. 전자상가만 구경한다면 아키하바라역에서 내려서 역 앞 광장을 지나가면 아키하바라를 가로지르는 츄오도리(중앙로)로 나갈 수 있다. 지하철을 이용할 수도 있는데 히비야센(日比谷線)을 이용해 지하철 아키하바라역에 내릴 수 있다.

▶ 전자상가로 나가는 표지판

간다나 오차노미즈로 여행한다면 지하철을 타는 방법도 있겠지만 전자상가를 보고 나서 간다나 오차노미즈까지 도보로 이동하는 것이 유리하다. 왜냐하면 가는 길에 유시마성당, 니콜라이당, 헌책방 거리, 스포츠용품 거리, 악기상점 거리까지 모두 만날 수 있기 때문이다. 서점 거리는 진보쵸역 주변 일대

에 모여 있으며 악기거리는 오차노미즈역 서쪽 출구에서 야스쿠니도리 방향 메이다이도리에 위치하고 있다.

▶ 아키하바라역에서 오차노미즈 가기

▶ JR 오차노미즈역

▶ 지하철 진보쵸역

▶ 진보쵸역의 승차권 자판기

만약 전자상가를 들리지 않고 바로 헌책방 거리와 악기상가, 일본의 대학교 등으로 가려면 아키하바라역에 내릴 필요 없이 JR 야마노테센을 타고 아키하바라(秋葉原)역에서 JR 소부센으로 환승한 후 한 정거장 지나 오차노미즈역에 내리는 것이 좋다. 헌책방 상가나 스포츠용품 거리만 보고자 한다면 전철이 아닌 도쿄메트로 한조몬센이나 도에이 미타센과 같은 지하철을 이용해 진보쵸역에서 내리면 된다.

아키하바라는 무엇을 볼까하는 선택에 따라 시간과 교통을 적절하게 활용할 수 있는 곳이다. 주의할 점은 진보쵸역은 지하철이기 때문에 승차권 발매기가 JR 전철과는 조금 다르다는 것이다. 특히 지하철 노선표에 영어 표기가 전혀 되어 있지 않아 요금이 얼마인지 알기가 어렵다. 이럴 때는 매표소 상단 등에 영문과 일본어가 함께 걸린 지하철 노선도나 종이로 된 지하철 노선표 등을 보고 요금을 확인한 후에 지하철 노선표를 구입하면 된다.

○ 전자상가, 악기상가, 헌책방, 스포츠용품 모두 볼 경우(야마노테센 기준)
JR 아기하비라역 하차 → 전자상가 → 유시마서원 및 니콜라이딩 → 악기상가 → 책방 거리 → 스포츠용품 거리 → 지하철 진보쵸역에서 도쿄메트로 한조몬센이나 도에이미타센 이용

아키하바라 미리보기 (Map)

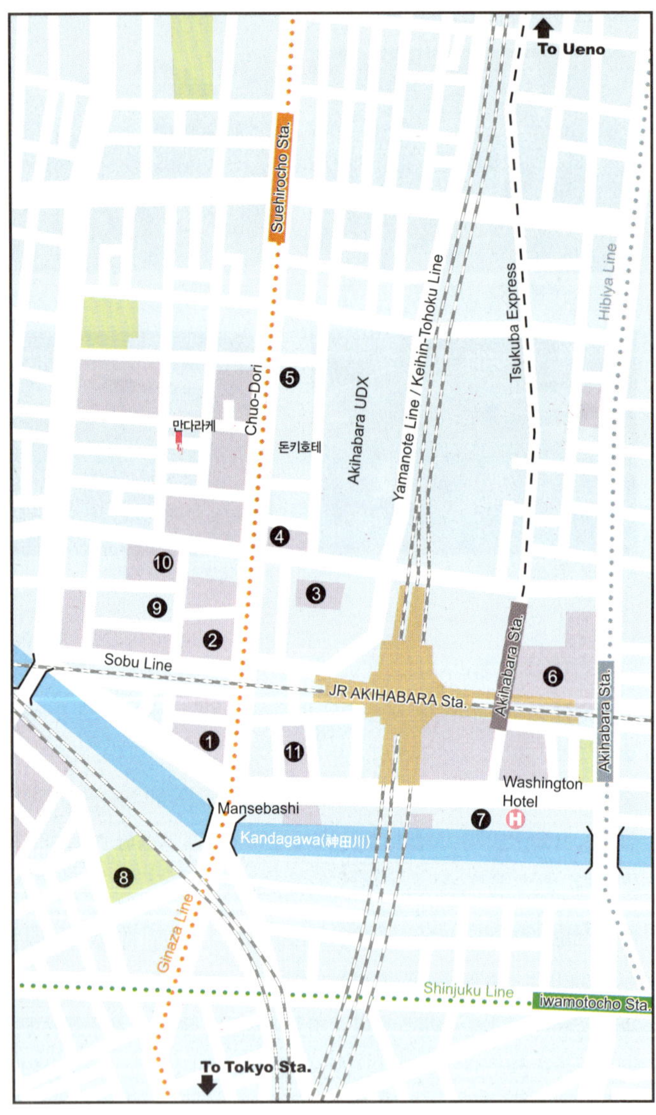

❶ 라옥스(Laox) 본점

❷ 소프맙(Sofmap) / 도쿄 라디오 백화점

❸ 아키하바라 전자상가 입구 / 아키하바라
다이빌딩

❹ 야마기와(Yamagiwa) 소프트 애니메관

❺ T-Zone 본점

❻ 요도바시 카메라(Yodobashi Camera)

❼ 아키하바라 워싱턴 호텔

❽ 구. 교통박물관

❾ 라옥스(Laox) 맥(Mac)관

❿ 라옥스(Laox) 컴퓨터(Computer)관

⓫ K-BOOKS

O 전자상가만 볼 경우
아키하바라역 하차 → 전자상가 → 아키하바라

O 악기상가, 헌책방, 스포츠용품 모두 볼 경우(야마노테센 기준)
JR 아키하바라역에서 JR 소부센 갈아타고 오차노미즈역 하차 → 유시마
서원 및 니콜라이당 → 악기상가 → 책방 거리 → 스포츠용품 거리 →
지하철 진보쵸역에서 도쿄 메트로 한조몬센이나 도에이미타센 이용

O 책방 거리와 스포츠용품 거리만 볼 경우
도쿄 메트로 한조몬센이나 도에이 미타센 이용 지하철 진보쵸역 하차 →
책방 거리 → 스포츠용품 거리 → 지하철 진보쵸역에서 도쿄 메트로 한
조몬센이나 도에이미타센 이용

아키하바라 전자상가

>> 아마도 도쿄에서 한국어 입간판이나 안내 표지를 가장 많이 볼 수 있는 거리가
아키하바라가 아닐까. 일본의 대표적인 전자상가로 크고 작은 전자상품 대리점과
점포들이 즐비하게 들어서 천차만별의 가격과 다양한 상품을 선보이는 곳이다. 역
앞 광장을 지나면 바로 나오는 넓은 츄오도리(중앙로) 양옆으로 수많은 전자제품
상가들이 골목까지 꽉 들어차 있다.

아키하바라는 전자상가만 제대로 본다해도 하루가 꼬박 걸릴 수 있다. 그리고 구
입을 위해 데모 제품을 사용해보려면 작은 점포에서는 힘들고, 이시마루나 요도바
시 같은 대형 양판점에서나 가능하다. 또한 일부 매장 중에 면세 혜택(Duty Free)
을 크게 표기해 놓은 곳도 많지만, 면세를 받는다 해도 실제 판매가격은 대형 양

판점보다 오히려 비싼 경우가 더 많다. 이 때문에 면세 후의 금액과 다른 곳의 가격을 비교해보고 선택해야 한다.

❶ 라옥스

라옥스는 아키하바라에 여러 매장을 갖춘 양판점으로 제품에 따라 The COM, The Mac STORE, 이소빗씨티 등 라옥스의 브랜드를 특화한다. 가령, 이소빗시티는 애니메이션 관련 상품이나 각종 완구 등을 취급하며, 라옥스 더 컴(LAOX THE COM)은 컴퓨터 전문매장으로 1층~6층까지 데스크탑, 노트북, 주변기기, 컴퓨터 서적 등을 갖추고 있다. 또한 라옥스 맥스토어는 매킨토시 전문매장으로 매킨토시 관련 노트북, 데스크탑, IPOD, 액세서리 등을 만날 수 있다. 그 외 눈에 잘 띄는 흰색 건물의 중고매장도 갖추고 있다.

▶ 라옥스 더 컴

▶ 라옥스 맥 스토어

아키하바라역 광장에서 큰 길 쪽으로 가다보면 Laox Duty Free 아키하바라가 보인다. 밖에서 볼 때는 비좁아 보이지만, 실제로는 뒤쪽의 큰 매장과 연결된 작은 출입구에 불과하다. 외국 여행자를 위해 면세 금액으로 판매되는 매장중에

▶ 라옥스 듀티 프리

는 다른 곳보다 비싼 경우가 더 많다. 그 이유는 외국인에게는 비싸게 팔기 때문이다. 또한 일부 제품은 수출용 제품이거나 해외에서 사용할 수 있도록 전압이 다른 제품일 때가 있다. 면세 혜택을 제공하는 만큼 구입할 때 여권이 필요하다. 주로 외국인을 대상으로 하는 매장답게 한국어, 영어, 중국어 등을 구사할 수 있는 직원들도 있다.

ㅇ **시간** : 라옥스 더 컴은 10:30~21:00(토요일은 10시부터, 일요일, 공휴일은 10:00~20:00)
ㅇ 라옥스 Duty Free는 08:00~21:00

❷ 요도바시 아키바

일본 3대 양판점 중 유일하게 아키하바라에 입성한 곳이다. 아키하바라 요도바시 카메라는 요도바시 아키바라고 부르는데 다른 어떤 요도바시 카메라보다 규모가 큰 곳으로 빌딩 전체가 요도바시 카메라로 채워져 있으며 식당 등 다양한 편의시설도 갖춘 쇼핑몰이다. 요도바시 카메라 포인트 카드가 있다면 포인트 적립을 통해 저렴한 쇼핑을 할 수 있으며, 이곳저곳 발품 팔지 않고 편하게 쇼핑하려면 이곳을 이용하는 것도 좋은 방법이다. 내부에는 서점, 음반숍까지 갖추고 있으며 쇼핑몰 맨 위층에 식당들이 자리하고 있다. 요도바시 아키바는 멀티미디어 아키바라고 부르기도 한다.

○ 위치 : 아키하바라역 뒷쪽
○ 시간 : 09:00~22:00

❸ 소프맙 아키하바라점

소프맙(소프트맵)이 다른 매장과 차이가 있다면 중고 제품과 신제품을 모두 취급한다는 점이다. 컴퓨터, 애니메이션, 게임 등의 상품을 위주로 일본 내 여러 곳에 매장을 갖추고 있으며 도쿄 중심가에는 신주쿠와 아키하바라에 매장이 있다. 제품 종류에 따라 아키하바라에만 12개의 매장이 있어 관심 있는 제품별로 매장을 찾아다녀야 하는 단점이 있다. 또한 회원카드를 발급해 주기 때문에 구입액에 따라 적립된 포인트를 현금처럼 쓸 수 있다.

○ 시간 : 11:00~21:00(휴일은 20:00까지)
○ 휴무 : 연중무휴

❹ 이시마루

아키하바라에서 눈에 잘 띄는 대형 양판점 중 하나
이다. 정확히는 이시마루 전기인데 다른 대형 양판
점처럼 컴퓨터나 가전제품 중심으로 다양한 상품
을 갖추고 있다. 특히 음반이나 DVD도 뒤지지 않
아 일본의 아이돌 스타 팬 사인회 등을 자주 열어
서 독특한 광경을 볼 수도 있다. 아키하바라 주변
에 여러 매장이 있으며, 역 근처 매장보다는 골목
에 위치한 매장이 규모나 상품의 종류 면에서 다양
하다.

❺ T-ZONE PC DIY SHOP

예전 서울의 종로2가에도 T-ZONE이 있었다는 사실을 기억하는 사람은 그다지
많지 않을 것이다. 한국의 T-ZONE도 일본 T-ZONE의 지점 형태로 들어온 것
이었지만 아쉽게도 국내에서는 큰 인기를 끌지 못했다. 지금은 일본의 T-ZONE
도 찾아보기가 어려운 편이지만, T-ZONE PC DIY SHOP은 이름처럼 조립 PC

를 위한 제품들로 채워진 매장이다. 하드웨어와 소프트
웨어를 모두 갖추고 있으며 다른 아키하바라 대형 양판
점의 직원들보다는 컴퓨터에 대한 조회가 깊다. 일본까
지 가서 PC를 조립하는 사람은 없겠지만 PC에 관심이
많다면 일본에서는 어느 정도 가격에 부품이 판매되고
어떻게 다른지를 비교해보는 것도 괜찮을 것 같다.

○ **시간** : 11:00~20:00(금요일은 20:30까지, 토
요일 10~20시까지, 휴일 19:30까지)
○ **휴무** : 연중무휴

K-BOOKS 아키하바라점

>> 동인지 애니메이션과 만화책 등을 취급하는 K-BOOKS는 이케부크로점 외에 아키하바라에도 있다. 이케부크로 보다 훨씬 큰 규모의 아키하바라점은 섬세한 피규어부터 포스터, 인형, 캐릭터 상품이 많고, 대형 음반점에서 구하기 힘든 애니메이션 DVD나 CD-ROM 등을 판매한다. 아키하바라역 앞에 자리하고 있어 쉽게 찾을 수 있다. 남성 취향 동인지가 비교적 잘 갖춰져 있다.

○ 위치 : JR 아키하바라역 앞 아키바하라 회관 건물 3층
○ 시간 : 11:00~20:00
○ 휴무 : 연중무휴

애니메이트 아키하바라점

>> K-BOOKS 보다 대중적인 애니메이션 제품이 많고, 피규어, DVD 등의 상품를 갖추고 있다. 1층은 DVD, 2층은 음반, 3~4층은 캐릭터 상품, 그리고 5~6층은 만화책, 7층은 잡지를 판매한다. 아키하바라 외에 이케부크로전도 있다.

○ 시간 : 10:00~21:00
○ 휴무 : 연중무휴

간다 헌책방 거리

>> 간다에 유달리 고서점이 밀집한 것은 주변의 학교들과도 무관하지 않다. 1870년대부터 형성되기 시작한 헌책방 거리는 약 500m의 거리에 150여 개의 헌책방과 크고 작은 서점들이 모여 있으며 일반 책에서 전문서적까지 두루 갖추고

있다. 오래된 서점답게 책을 보는 서점 주인들의 안목이나 전문성도 해박하여 책에 대한 질문에 만족스러운 대답을 얻을 수 있지만 그것은 아쉽게도 일본어를 구사할 줄 아는 여행자에게만 주어지는 혜택이다.

▶ 간다 서점가의 한 고서점

▶ 간다 서점가 길목의 마루젠 서점

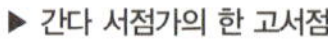

○ **위치** : 미타센 진보쵸역 하차 후 바로 앞
○ **시간** : 10:30~18:00(서점에 따라 다름)
○ **휴일** : 일요일

간다 센세이도(三省堂) 서점

>> 지금의 산세이도는 손꼽히는 대형서점이지만 처음엔 고서점에서 출발했다고 한다. 1881년 개점 당시 고서점으로 출발해 지금은 이곳에서 가장 오래된 서점 중 하나이다. 산세이도 간다 본점은 6층으로 구성된 건물에 다른 대형서점처럼 층별로 도서의 분야가 나뉘어 있다.

○ **위치** : 미타센 진보쵸역 하차 후 바로 앞
○ **시간** : 10:00~19:30

유시마성당

>> 유시마성당이라 하여 천주교 성당인줄 알았는데, 놀랍게도 공자를 모시는 성당이다. JR 오차노미즈역 뒤쪽 숲속에 마련된 유시마성당은 도시 속의 조용한 숲 섬이라고 할 만큼 도심 하늘을 온통 나무로 가려 대낮에도 카메라 플래시가 자동으로 터질 정도로 어둡다. 내부 건물은 1923년 관동대지진으로 소실되고, 1935년

복원하였다. 그중 소실되지 않은 입덕문은 에도시대에 지어진 건물로 공자의 상이 모셔져 있다. 이곳의 공자 상은 세계 최대로 1975년에 대만 라이온스 클럽에서 기증한 것이다. 교육과 관련된 곳인 만큼 시험 시즌이 되면 합격을 기원하는 사람들로 북적이는 곳 중 하나이다.

○ 위치 : JR 오차노미즈(御茶ノ水)역 히지리바시구치(聖橋口)에서 도보 3분
○ 시간 : 09:30~17:00(10월~3월은 16:30까지)
○ 휴무 : 연중무휴
○ 비용 : 무료

니코라이당(ニコライ堂)

>> 도쿄를 거닐다 보면 의외로 종교단체의 건물을 찾아보기기 어렵다. 물론 역사적 가치가 있는 오래된 사찰이나 신사는 많지만 기독교의 교회나 천주교의 성당은 거의 보기 드물다. 그런 면에서 니코라이당은 도쿄에서 보기 쉽지 않은 서양식 종교건물이다. 1891년 러시아에서 온 니코라이 대주교가 건립한 예배당으로 독특한 외형이 인상적이고, 푸른 돔 형태의 지붕은 멀리서 봐도 한눈에 알아볼 수 있다. 지금도 예배를 드리는 것으로 알려져 있지만 내부 견학은 요일과 시간이 제한되어 있으므로 미리 확인하고 방문해야 제대로 관람할 수 있다. 실내는 예전의 것이 그대로 보존되어 벽화나 내부 장식이 매우 아름답고 독특하다.

○ 위치 : JR 오차노미즈(御茶ノ水)역에서 1분
○ 시간 : 주일 미사 10:00, 내부 관람은
13:00~16:00 화 · 수 · 목 · 금만 관람 가능

오차노미즈 악기거리

>> 서울 종로2가에 악기 전문 상가인 낙원상가가 있다면 도쿄에는 오차노미즈 악기거리가 있다. 각종 악기 매장들이 모여 형성된 거리로 중고품과 신제품 등을 함께 볼 수 있다. 생소한 일본 전통악기는 물론 최신 전자악기까지 거의 모든 종류의 악기를 구경할 수 있다.

○ 위치 : JR 소부센 오차노미즈역에서 5분 거리
○ 시간 : 가게에 따라 다름

간다 스포츠용품 거리

>> 서울 동대문운동장 주변의 스포츠용품점처럼 도쿄의 간다거리에도 스포츠용품점들이 밀집해 있다. 다양한 브랜드의 운동화, 스포츠웨어, 운동기구들을 접할 수 있으며, 빅토리아와 같은 대형 스포츠용품점도 있다. 이곳의 스포츠용품점들은 계절에 따라 여러 가지 제품들을 할인 판매하는데, 보통 시중가 보다 20~80% 할인된 가격에 구입할 수 있다.

○ 위치 : JR 소부센 오차노미즈역 15분 거리 신주쿠센 오가와쵸역

예전에 아카하바라 간다가와(神田川)가 흐르는 만세바시 건너편으로 허름한 붉은 벽돌건물의 교통박물관이 있었다. 아카하바라에 가면 꼭 한번씩 들리곤 하였는데, 지금은 폐관이 되었고, 2007년 11월 도쿄 외곽 사이타마 오오미야(大宮) 쪽에 새롭게 철도박물관이 문을 열었다.

▶ 아키하바라 구 교통박물관

▶ 새롭게 세워진 철도박물관

▶ 철도박물관 실내 전경

철도박물관은 산업화에 따른 철도 변천 시스템은 물론, 철도의 역사, 철도의 원리와 구조, 다양한 시뮬레이션 등으로 방문객, 특히 어린이들에게 교통 체험학습을 극대화 할 수 있는 매우 교육적인 박물관으로 알려져 있다.

▶ 오오미야역

▶ 뉴셔틀 탑승(180엔)

▶ 철도박물관역

○ 철도 박물관 찾아가기
오오미야(大宮)역 서구(西口)에서 '사이타마 신도시 교통'(일면 뉴셔틀)로 한승하여 철도박물관역(구 오오나리(大成)역) 하차 후 도보 1분

○ 입장료 : 일반 1,000엔, 초중고생 500엔

○ 개관시간 : 10:00∼18:00

○ 휴관일 : 매주 화요일, 연말연시(12월29일∼1월 2일)

○ 홈페이지 http://www.railway-museum.jp

6-10 에비스 恵比寿 , 다이칸야마 代官山

>> 하라주쿠와 아키하바라는 여성과 남성의 선호도가 갈리는 곳으로, 도쿄의 에비스와 다이칸야마도 그와 비슷한 양상을 띠는 지역이다. 아키하바라와 간다처럼 JR 에비스역 주변을 중심으로 다이칸야마라고 불리는 한적한 주택가에 자리한 패션 중심지와 에비스 맥주공장이 있었던 백화점 등 큰 건물들이 모인 에비스로 나뉜다. 주로 여성 고객들의 발걸음이 잦은 이곳은 여성들이 관심을 가질만한 독특하고 매력적인 매장들이 많이 들어서 있다. 비교적 도쿄 중심가에서 벗어난 곳이지만, 수준 높은 디스플레이 매장들과 개성 넘치는 숍 등 도쿄에서 좀 더 색다른 분위기를 느끼고자 한다면 한번쯤 방문해볼만한 지역이다.

에비스와 다이칸야마의 관광 포인트

>> 다이칸야마와 에비스는 각각의 개성과 색깔이 분명한 지역이다. 에비스는 삿포로 맥주의 전신인 에비스 맥주 공장이 있었던 지역이다. 그 공장 터에 새롭게 들어선 에비스 가든 플레이스는 연인들의 데이트 명소로 호텔, 백화점을 비롯한 위락시설이 모여 있다. JR 에비스역을 중심으로 반대편에 위치한 다이칸야마는 주택가에 들어선 패션 중심지로서 하라주쿠처럼 번잡스럽지 않고 한적한 도쿄의 주택가에서 스타일리쉬한 패션 아이템을 만날 수 있는 곳이다. 레스토랑이나 카페들도 개성과 스타일이 멋지고, 특히 수준 높은 디스플레이가 다른 지역과 차별화 되어 있다.

▶ 에비스 가든 플레이스 입구

▶ 에비스 가든 플레이스 실내 전경

어쩌다가 에비스를 방문하게 되었다면 천천히 판단해야 할 것이 있다. 에비스역에서 에비스 가든 플레이스까지는 생각보다 거리가 있으며, 반대편의 다이칸야마도 제법 걷기에 멀다. 그래서 이 두 곳을 모두 걸어서 이동하려면 많은 시간과 체력이 필요하다. 시간적 여유가 짧다면 두 곳 중 한 곳만 선택하는 것이 적당하며 에비스 방면을 선택했다면 에비스 가든 플레이스으로 향하는 것이 좋다. 반면 다이칸야마 방면으로 가고자 한다면 주택가 골목길을 돌아다녀야 하기 때문에 조금 더 많은 시간이 필요하며, 지도를 꼼꼼히 살피지 않으면 길을 헤맬 수도 있다. 다칸야마는 빈티지 스타일의 셀렉트 숍이나 각종 생활잡화를 판매하는 독특한 느낌의 매장들이 모여 있다.

에비스와 다이칸야마 가는 법

>> 다이칸야마로 가는 지하철이나 전철은 여러 개의 노선이 있다. 우선 JR 야마노테센 에비스역을 중심으로 주변에 도쿄 메트로 히비야센(日比谷線) 에비스역이 있고, 에비스 가든 플레이스를 가려면 대부분 JR 에비스역을 이용한다. 제법 거리가 멀지만 JR 에비스역에서 무빙워크와 비슷한 스카이워크를 이용하면 편리하게 에비스 가든 플레이스까지 이동할 수 있다.

▶ JR 에비스역의 서쪽 출구로 나가면 에비스 가든 플레이스와 다이칸야마로 갈 수 있다.

그리고 JR 에비스역 기준으로 니시구치(다이칸야마의 경우 히가시구치) 쪽으로 에비스 가든 플레이스가 위치하고 있는데 다이칸야마로 가려면 많이 걸어야

▶ JR 에비스역의 서쪽 출구

한다. 큰길을 따라 직진하면 되지만 이정표가 될만한 건물이 없어 자칫 헤맬 수도 있다. 다이칸야마는 시부야 바로 아래쪽 지역이기 때문에 마음만 먹으면 시부야에서 걸어서 올 수도 있다. 그렇지 않으면 시부야에서 토큐센 다이칸야마역에서 내리면 다이칸야마의 중심가로 바로 올 수 있다. 만약 다이칸야마에 머물거나 에비스와 다이칸야마를 모두 보고자 한다면 토큐센 다이칸야마역으로 가는 것이 편리하다.

▶ 에비스 가든 플레이스 가는 길

▶ 에비스 가든 플레이스와 에비스역을 연결해주는 스카이워커

에비스, 다이칸야마 미리보기 (Map)

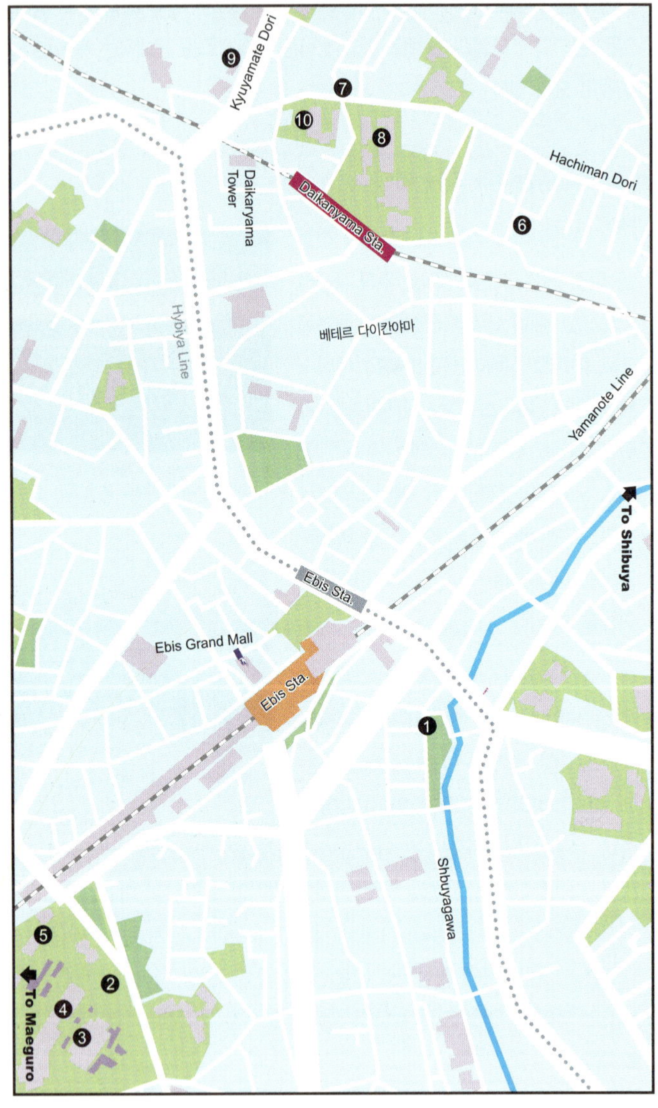

❶ 에비스 히가시코엔東公園 (일명 문어공원)
❷ 에비스 가든 플레이스
❸ 맥주 박물관
❹ 에비스 미츠코시점
❺ 삿포로 비어스테이션
❻ 와플스
❼ 다이칸야마 우체국
❽ 다이칸야마 어드레스
❾ 힐사이드 테라스
❿ 다이칸야마 플러스

에비스 가든 플레이스

>> 에비스 중심가에 있는 에비스 가든 플레이스는 독특한 서양식 건축물의 쇼핑 타운이다. 매우 높게 위치한 투명 지붕은 햇살이 통과할 수 있어 실내임에도 밝다. 또한 투명 지붕 아래의 실내 광장은 작은 공원처럼 아기자기한 디자인으로 매력이 느껴지는 만남의 장소이다. 에비스 가든 플레이스에는 미츠코시백화점, 에비스맥주박물관, 레스토랑 등이 모여 있다.

❶ 에비스 맥주박물관

맥주가 만들어지기까지의 모든 과정과 맥주에 관한 다양한 정보를 전시해 놓은 박물관이다. 박물관 안에는 에비스 메모리엄, 비어 사이언스, 월드 비어 히스토리 등의 전시장으로 나뉘어 있는데 규모가 작은 편이다. 한쪽에 마련된 시음 코너에서는 돈을 내고 에비스 맥주를 마셔 볼 수 있다.

▶ 에비스 맥주박물관 입구

▶ 맥주박물관

○ 운영 : 10:00~18:00(접수는 17시까지)
○ 휴무일 : 월요일
○ 요금 : 무료(맥주 시음은 200~400엔)

❷ 미츠코시백화점 에비스점

일본의 대표적인 백화점 미츠코시 에비스점은 다른 지점의 미츠코시백화점보다 규모가 작은 편이다. 여성 중심의 고가 상품들을 주로 판매하며, 다른 곳에 비해 비교적 한적하다. 푸드코트도 잘 갖

추어져 있어 조금 비싼 가격이라도 식사를 하기에 적당한 장소이다.

○ 운영 : 11:00~20:00
○ 휴일 : 부정기적

❸ 샤토 레스토랑 조엘 로뷔숑

일본 최고의 프랑스 요리를 먹어보고 싶
으면 몇 손가락 안에 드는 샤토 레스토
랑 조엘 로뷔숑에 가면 된다. 조엘 로뷔
숑을 운영하는 이곳은 고급스러운 프랑
스 레스토랑으로 런치 메뉴 중 가장 싼
것이 3,000엔이 넘고, 디너 코스요리는

3만5천엔으로 꽤 비싸다. 일본 서민들이나 지갑이 얇은 여행자는 그저 화려한 건
물만 구경할 수밖에 없는 그림의 떡이지만, 돈을 아껴 런치 메뉴라도 도전해보자.
좀 저렴한 가격에 먹을 수 있는 캐주얼 레스토랑과 와인바도 마련되어 있다.

○ 운영 : 런치 11:30~14:30, 디너 18:00~22:00

❹ 삿포로 비어스테이션

일본인이 즐기는 맥주를 제대로 음미하고 싶다면 삿포로 비어스테이션이 제격이
다. 총 7개의 점포로 구성된 삿포로 비어스테이션은 일본에서 판매되는 다양한 맥
주들을 마셔볼 수 있는 곳이다. 일본산 맥주를 포함해서 세계 각국의 유명 맥주들
도 다양하게 마실 수 있다. 특히 삿포르 맥주를 공장 직송으로 마실 수 있기 때문
에 맥주를 즐기는 여행자들끼리 단체로 들리면 좋을만한 곳이다.

○ 운영 : 11:30~23:00(일요일, 공휴일은 22:00까지)
○ 가격 : 삿포로 생맥주 550엔

다이칸야마

>> 다이칸야마는 호젓한 주택가지만 수많은 셀렉트숍과 인터네리어 소품을 뽐내는 작은 숍들이 골목 구석구석 꼬리를 물듯이 포진해 있는 곳으로 노천카페로도 잘 알려진 지역이다. 그렇다고 하라주쿠 풍경과 비교한다면 착각이다. 주택가 구석구석 골목길을 길게 늘어선 다이

▶ JR 에비스역의 서쪽 출구에서 걸어가야 한다.

칸야마의 개성 넘치는 작은 숍들은 미로처럼 얽혀 있어 가고자 하는 곳을 지도 없이 쉽게 찾아가기는 매우 어렵다. 대신 주택가이기 때문에 한적한 분위기와 깔끔하게 정비된 예쁜 길을 천천히 걸으면서 작은 숍들을 구경하기에 딱 좋다. 도쿄의 색다른 풍경이 숨겨진 다이칸야마의 독특한 숍들을 보면서 자유로운 스냅 사진을 찍기에도 흥미로운 곳이다.

▶ 역 앞 큰길을 따라가면 다이칸야마로 쉽게 갈 수 있다.

▶ 시부야와 다이칸야마역을 이어주는 전철

❶ 와플스

다이칸야마의 와플스는 와플 전문점으로 커피와 함께 즐길 수 있는 공간이다. 가격은 약간 비싼 편으로 와플과 음료를 함께 먹으면 보통 1,000엔이 넘는다. 따끈한 와플 위에 시럽을 부어 먹는 와플 맛의 매력을 뿌리치기란 정말 힘들지만 다이칸야마만의 환상적인 와플 맛을 원한다면 들려볼만하다.

▶ 작은 골목길을 올라가면 만날 수 있다.

○ 시간 : 12:00~20:30
○ 비용 : 플레인 와플 683엔

❷ 미스터 프렌들리

미스터 프렌들리 캐릭터를 소재로 한 상품들로만 구성된 캐릭터 전문점이다. 미스터 프렌들리가 새겨진 가방부터 각종 소품과 문구, 옷에 이르기까지 다양한 상품을 만날 수 있다. 개점은 오전 11시이고, 오후 7시에 폐점한다.

에비스에서 다이칸야마(代官山)까지 걸어가기

>> 에비스와 다이칸야마까지는 제법 멀지만 구경삼아 걷기에는 무난하다. 다이칸야마가 도큐 도요코센 다이칸야마역에 내려야하므로 JR 야마노테센(山手線)을 이용하는 사람이라면 사실 그곳으로 가기가 불편하다. 하지만 에비스에서 다이칸야마로 가는 길은 처음 가는 여행자에게 여러 가지로 헷갈릴 수 있다. 또한 다이칸야마에서 시부야까지도 그다지 멀지는 않으나 에비스역에서 다이칸야마까지의 두 배 정도를 걸어야 시부야역에 도착할 수 있다.

❶ 에비스역 앞으로 나오면 큰 광장이 있다. 역을 등지고 우측으로는 작은 경찰서가 보이고, 좌측으로 다이칸야마로 갈 수가 있다.

❷ 다이칸야마 쪽으로 가려면 먼저 신호등이 있는 횡단보도를 건넌다.

❸ 다시 건너편 횡단보도를 건너 계속해서 걸어 올라간다. 이때 히비야센 에비스 지하철역으로 통하는 입구를 지나치게 된다.

❹ 히비야센 에비스역을 지나면 교차로가 나타나는데 계속 같은 방향으로 걸어간다. 다시 사진과 같은 큰 삼거리가 나타나면 오른쪽으로 올라간다.

❺ 곧 커다란 육교가 나타나는데 오른쪽 골목으로 들어서면 다이칸야마의 중심에 들어서는 초입이 된다.

❻ 안쪽으로 들어가다 보면 건너편에 우체국이 있다. 우체국이 보이는 곳의 삼거리에서 우회전하여 안쪽으로 들어가면 도요코센 다이칸야마역에 다다를 수 있다.

▶ 시부야 다이칸야마 우체국

▶ 도요코센 다이칸야마역 방향으로 꺾어지는 부분

❼ 계속 안쪽으로 걸어가면 일명 캐슬 스트리트로 이어진다. 캐슬 스트리트로 가기 전에 왼편으로 길게 뻗은 길을 만나게 되는데 이곳을 지나 오른쪽으로 난 길을 따라 들어가면 철길이 보이고 이 골목으로 들어가면 다시 에비스역으로 갈 수 있다.

▶ 캐슬 스타리트로 들어가기 전 왼쪽으로 길게 뻗은 길

❽ 철길에는 도요코센 다이칸야마역으로 가는 열차가 지나간다. 이 철길을 넘어 직진하면 JR 에비스역에 도착할 수 있다.

6-11 그외의 볼거리

미타카의 숲 지브리 미술관(三鷹の森ジブリ美術館)

도쿄 디즈니랜드에 비해 저렴한 비용으로 큰 만족을 얻을 수 있는 곳이 지브리 미술관이 아닐까 싶다. 도쿄에서 반나절이면 다녀올 수 있는 거리에 있고, 이미 국내에서 많이 알려진 미야자키 하야오가 감독한 영화는 물론 지브리 스튜디오의 유명 애니메이션을 테마로 만들어진 미술관이다. 미야자키 하야오가 직접 설계하였고 2001년 10월에 문을 연 지브리 미술관은 전시실과 영화관, 기념품 가게, 카페 등이 들어서 있다. 영화관은 100명이 채 들어가지 못할 정도로 작지만 단편 애니메이션을 비롯하여 쉽게 보기 어려운 애니메이션들을 감상할 수 있다. 또한 테마별로 5개의 룸으로 구성된 전시관은 지브리의 작품제작 과정을 비롯하여 지브리 애니메이션에 관한 다양한 볼거리를 제공한다. 입장권은 미술관에서 판매하지 않고 미리 입장권을 구해야 입장할 수 있다. 입장권은 한국에서 판매하는 웹사이트에서 구입을 하거나 일본 내 로손 편의점에서 구입할 수 있다. 입장 시에 가지고 간 입장권은 지브리 미술관의 실제 영화필름(대부분 지브리 미술관 내에서 상영하는 영화 필름)으로 만든 입장권으로 교환해 준다.

미술관 2층은 네고비스를 직접 타 볼 수 있지만 이는 아이들만 탈 수 있고, 옥상정원에는 라퓨타에 등장한 로봇병정이 5.2m로 우뚝 서 있다. 실내 사진 촬영은 금지하지만 이곳은 촬영이 가능

▶ 라퓨타에 나오는 거신병

▶ 토토로가 있는 미술관의 또다른 입구

▶ 미술관 주변의 공원 풍경

▶ 입구에 마련된 독특한 화장실

하므로 사진찍기에 적당하다. 야외에 마련된 카페 무가와라보우시(麥わらぼうし)는 주로 유기농을 사용한 샌드위치, 음료 등을 판매한다. 하지만 가격은 비싸다. 지브리 미술관에는 상당히 큰 기념품 가게가 있다. 동그리공화국과 같은 지브리 상품을 판매하는 곳에서 볼 수 있는 제품도 있지만 이곳에서만 구입할 수 있는 특색 있는 고가의 기념품이 대부분이다.

○ 홈페이지 : www.ghibli-museum.jp
○ 위치 : JR 신주쿠역에서 JR 츄오센 쾌속으로 미타카역에서 내려 남쪽 출구로 나와서 지브리 미술관행 버스 탑승(버스 요금은 성인 200엔, 왕복 300엔, 어린이 100엔, 왕복 150엔, 10분 간격으로 운행)
○ 시간 : 10:00~18:00
○ 휴일 : 매주 화요일
○ 입장 시간 : 4회로 한정(10:00, 12:00, 14:00, 16:00)
○ 입장료 : 성인 1,000엔, 중·고생 700엔, 초등학생 400엔, 4세 이상 100엔, 4세 미만 무료

● **지브리 미술관 가는 법**

❶ 지브리 미술관을 찾아 가려면 도쿄역이나 신주쿠역에서 주홍색의 JR 츄오센(中央線)을 타고 JR 미타카(三鷹)역에서 내리면 된다. 1일 패스를 사용할 경우에도 표를 다시 끊어야 하며 신주쿠역에서 미타카역까지는 약 20~30분 정도 걸린다.

❷ 미타카역에 내린 뒤 역사로 올라가서 개찰구를 통과하여 남쪽 출구로 나간다. 남쪽 출구로 나가면 바로 다리를 건너 건너편 건물로 이동할 수 있다. 하지만 건너지 말고 아래로 내려간다. 다리 위에서 보면 노란색의 지브리 행 버스를 한눈에 알아볼 수 있다.

▶ 한눈에 알 수 있는 지브리행 버스

▶ 승차장 앞에 버스표 파는 곳의 위치

❸ 역사에서 바로 계단을 내려오면 버스표 판매소가 보인다. 버스표를 왕복으로 끊으면 할인 혜택이 있다. 왕복 버스표는 양쪽에 있는 종이를 버스를 탈 때 하나씩 뜯어서 낸다.

❹ 버스 승차장으로 이동하면 지브리 뮤지엄행 버스가 기다리고 있다. 버스는 지브리 뮤지엄뿐만 아니라 미타카 여러 곳을 순환한다.

❺ 지브리 뮤지엄은 입장권 사전판매 및 시간별 입장의 원칙으로 입장 과정이 좀 다르다. 토토로가 입장권을 받는 곳은 단지 기념사진을 위한 이벤트 장소일 뿐이고 버스가 서는 바로 앞 입구로 들어가게 된다. 늘어가면 바로 입상이 되지 않고 시간에 따라 잠시 기다린 후 내부로 들어간다. 이때 가지고 온 입장권을 제시하면 필름으로 된 티켓과 안내 매뉴얼을 받고 입장할 수 있다.

▶ 입구를 지키는 토토로

▶ 미술관 실제 입구

🔑 도쿄디즈니랜드(東京ディズニーランド)

>> 아시아 테마파크의 대명사 도쿄디즈니랜드는 도쿄 여행에서 한번쯤 들려봄직한 손꼽히는 명소지만 도쿄 도심과의 거리, 비용 등을 감안할 때 짧은 여행 기간을 선택한 여행자에게는 약간 무리가 있는 여행지이다. 또한 아이들을 동반한 가족 단위 여행이나 넉넉한 여행일자라면 더할 나위 없이 즐거움을 얻을 수 있는 곳이다. 테마파크 답게 놀이기구는 그다지 많지 않지만 잘 꾸며진 예쁜 건물과 화려한 퍼레이드 등이 미국의 그것과 비슷한 여흥을 준다. 단, 퍼레이드 등의 다양한 행사가 열리는 시간과 테마를 미리 알아두고 가면 더욱 흥미 있게 참여할 수 있다.

▶ 도쿄디즈니랜드의 위치

도쿄디즈니랜드는 1983년 치바(千葉)현 우라야스시(浦安市)에 개장한 미국이 아닌 다른 나라에 세워진 최초의 디즈니 테마파크이다. 2001년 9월에는 바다를 테마로 한 도쿄디즈니 씨(東京ディズニーシー)가 확장되면서 제대로 된 디즈니랜드의 모습을 갖추었다.

○ 한국어 홈페이지 : www.tokyodisneyresort.co.jp/index_kr. html
○ 위치 : JR 게이오센(JR 京葉線) 마이하마(舞浜)역에서 도보 5분
○ 시간 : 08:00~22:00
○ 휴무 : 연중무휴
○ 비용 : 1 DAY 패스포트(디즈니랜드 또는 디즈니 씨 1일 자유이용권) 5500엔(성인), 4800엔(12~17세), 3700엔(4~11세) 2 DAY 패스포트(디즈니랜드와 디즈니씨 하루씩 이용) 9800엔(성인), 8600엔(12~17세), 6700엔(4~11세)

▲ 디즈니랜드

Tokyo Disneyland

도쿄디즈니 씨의 어트랙션 & 엔터테인먼트 지도

메디테러니언 하버

어트랙션
1. 디즈니 씨 트랜지트 스티머 라인
2. 베네치안 곤돌라
3. 포트레스 엑스플러레이션

엔터테인먼트
1. 「레전드 오브 미시카」
2. 「BraviSEAmo!」
3. 「미라 & 스와엘」

미스테리어스 아일랜드

어트랙션
4. 센터 오브 디 어스
5. 해저 2만 마일

아메리칸 워터프런트

어트랙션
6. 빅 시티 비클
7. 디즈니 씨 일렉트로닉 레일웨이
8. 디즈니 씨 트랜지트 스티머 라인
9. 타워 오브 테러 (9/4~)

엔터테인먼트
4. 「빅 밴드 비트」
5. 「오버 더 웨이브」
6. 「도널드의 보트 빌더」

포트 디스커버리

어트랙션
10. 스톰라이더
11. 아쿠아토피아
12. 디즈니 씨 일렉트로라벨 레일웨이

포스트리머 델타

어트랙션
13. 인디존스 어드벤처: 크리스탈 스컬의 마궁
14. 레이징 스피리츠
15. 디즈니 씨 트랜지트 스티머 라인

엔터테인먼트
7. 「미스틱 리듬」

아라비안 코스트

어트랙션
16. 신밧드 세븐 보야지
17. 매직 램프 극장
18. 캐러밴 카로셀

머메이드 라군

어트랙션
19. 프라운더의 프라잉 피시 코스터
20. 스커틀 스쿠터
21. 머메이드 라군 극장
22. 점핑 제리피시
23. 블로우피시 블룬 레이스
24. 윌룸
25. 아리얼의 플레이그라운드

캐릭터 그리팅
26. 아리얼의 그리팅 그롯토

주요 게스트 서비스

- 게스트 릴레이션
- 가이드 투어
- 도쿄디즈니 씨 인포메이션
- 단체창구
- 파크 인포메이션 보드
- 미아 센터
- 베이비 센터
- 유모차 및 휠체어 대여
- 구호실
- 화장실
- 신체장애자용 베드 장착 화장실
- 휠체어 전용 에리어 (퍼레이드 개최시)
- 보관함
- 카드 병림(三井住友銀行)
- 택배 센터
  택배의 송제에서는 계산 시에 택배 서비스를 이용하실 수 있습니다.
- 파크웨이 기프트 사우스/ 파크웨이 기프트 노스
- 포토 가든
- 페트 클럽
- 피크닉 에어리어

Disney's FASTPASS
~디즈니 패스트패스서비스~
긴 줄에 서지 않고도 어트랙션을 즐길 수 있는 방법!

피스트패스는 자들까지처럼 짐 시간 줄을 서지 않고도 미리 정해진 시간에 돌아오기만 하면, 평소보다 짧은 시간 안에 어트랙션을 이용하실 수 있는 시스템. 그날의 스케줄에 맞춰 활용해 주십시오.

* 이용제한이 있습니다. 각 어트랙션의 캐스트에게 문의해 주십시오.
■ —원의시설
패스트 패스 실시 어트랙션

©Disney

도쿄디즈니랜드 의 어트랙션 지도

월드 바자

1. 페니 아케이드
2. 디즈니 갤러리
3. 옴니버스

어드벤처랜드

4. 카리브의 해적
5. 정글 탐험
6. 서부의 강변 철도
7. 스위스 패밀리 트리하우스
8. 마법의 집 티키 "모두 함께 티버"

웨스턴랜드

9. 서부의 사격장
10. 컨트리 베어 극장
11. 다이아몬드 호스슈
12. 마크 트웨인호 기선유람
13. 빅 선더 마운틴
14. 톰 소여섬 뗏목탐험

크리터컨트리

15. 스플래쉬 마운틴
16. 비버 브러더즈의 카누탐험

판타지랜드

17. 피터 팬의 하늘여행
18. 백설공주와 일곱난쟁이
19. 아기미우스 분서로
20. 피노키오의 모험여행
21. 하늘을 나는 코끼리
22. 캐슬 카로셀
23. 헌티드 맨션
24. 스몰월드
25. 앨리스의 티 파티
26. 아기곰 푸의 허니헌트

툰타운

27. 로저 래빗의 카 툰 스핀
28. 미니의 집
29. 미키의 집과 미키와의 만남
30. 칩과 데일의 트리하우스
31. 가젯의 고고스네
32. 도널드의 보트
33. 구피의 험뛰기 집
34. 툰파크
35. 조리 트롤리

투머로우랜드

36. 스타 투어즈
37. 스페이스 마운틴
38. 버즈 라이트이어의 우주 공선룸
39. 마이크로 어드벤처
40. 계행을 스타케이드
41. 스타제트
42. 그랜드 서킷 레이스웨이
43. 쇼 베이스

주요 게스트 서비스

- 메인 스트리트 하우스
- 보석함
- 유모차 및 휠체어 대여
- 택배 센터
  택배의 송제에서는 계산 시에 택배 서비스를 이용하실 수 있습니다.
- 미아 센터
- 베이비 센터
- 미츠미스미토모 은행(三井住友銀行)
- 가이드 투어
- 동문 안내 창구
- 고객입무 창구
- 구호실
- 화장실
- 크레디트 카드 현금인출 서비스
- 신체장애자 전용 화장실
- 휠체어 전용 에리어 (퍼레이드 개최시)
- 선물센터/종문 선물센터
- 단체창구
- 카레지 하우스 의료프리먼트
- 포토 가든
- 피크닉 에어리어
- 빈트 클럽
- 파크 인포메이션 보드

Disney's FASTPASS
~디즈니 패스트패스서비스~
긴 줄에 서지 않고도 어트랙션을 즐길 수 있는 방법!

피스트패스는 지금까지처럼 짐 시간 동안 줄을 서지 않고도 미리 정해진 시간에 돌아오기만 하면, 평소보다 짧은 시간 안에 어트랙션을 이동하실 수 있는 시스템. 그날의 스케줄에 맞춰 활용해 주십시오.

* 이용제한이 있습니다. 각 어트랙션의 캐스트에게 문의해 주십시오.
■ —원의시설
패스트 패스 실시 어트랙션

©Disney

그 외 유익한 도쿄의 이색 박물관들

>> 본문에서 소개한 도쿄의 유명 박물관과 미술관 외에도 특색 있는 크고 작은 박물관과 도서관, 미술관 등도 도쿄에는 제법 많다.

● **과학기술관** – 과학 관련 자료와 체험시설을 갖춘 과학박물관

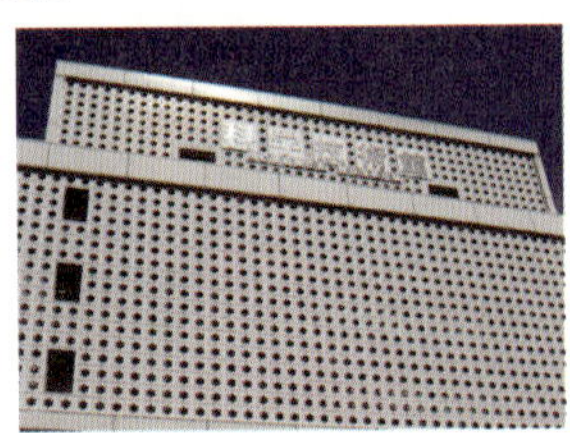

○ 위치 : 도에이 신주쿠센, 도쿄 메트로 한조몬센 쿠단시타역에서 10분 거리
○ 시간 : 9:30~16:50
○ 요금 : 600엔
○ 휴일 : 12월28일~1월4일
○ www.jsf.or.jp

● **체신종합박물관** – 우편 관련 박물관으로 체험시설 등을 갖추고 있다.

○ 위치 : 도쿄 메트로 마루노우치센, 한조몬센 오테마치역에서 10분 거리
○ 시간 : 9:00~16:30
○ 요금 : 110엔
○ 휴일 : 월요일
○ www.teipark.jp

● **니혼노 사케 정보관** – 일본 술인 사케에 관한 역사와 정보를 홍보하고 있다.

○ 위치 : 도쿄 메트로 긴자센 토라노몬역에서 3분 거리
○ 시간 : 10:00~18:00
○ 요금 : 무료
○ 휴일 : 토, 일요일
○ www.japansake.or.jp

● **광고박물관 –** 일본 최대의 광고회사 덴츠에서 설립하였고 덴츠건물 지하 1, 2층에 있다.

- 위치 : 모노레일 유리카모메 시오도메역 1분 거리
- 시간 : 11:00~18:30, 토요일 11:00~16:00
- 요금 : 무료
- 휴일 : 일요일, 월요일
- www.admt.jp

● **현대망가도서관 –** 17만권을 소장한 만화를 테마로 한 도서관이다.

- 위치 : 도쿄 메트로 유라쿠쵸센 에도가와바시역
  5분 거리
- 시간 : 12:00~19:00
- 요금 : 300엔, 책 대여료 100엔
- 휴일 : 화, 금요일
- www.naiki-collection.jp

● **에도도쿄박물관 –** 도쿄의 에도시대 문화와 역사를 모은 박물관

- 위치 : 소부센 로코쿠역 니시구치에서 3분 거리
- 시간 : 9:30~17:30
- 요금 : 일반 600엔, 대학생 480엔
- 휴일 : 월요일, 12월28일~1월4일
- www.edo-tokyo-museum.or.jp

● **스모박물관 –** 스모와 관련한 역사와 자료 등을 전시

- 위치 : 소부센 로코쿠역에서 3분 거리
- 시간 : 10:00~16:30
- 휴일 : 토요일, 일요일
- www.sumo.or.jp/museum/

곤란한 여행 트러블을 위한 가이드

● 도쿄에서 한국인이 운영하는 약국 찾아가기

일본어 소통이 자유롭지 않을 때 갑작스럽게 몸이 불편하거나 아프면 매우 난감하다. 이때 현지의 병원이나 약국을 찾아서 이를 호소하기가 참 곤란한데, 미리 상비약을 충분히 준비해 가지 않았다면 도쿄 중심가 두 곳에 한국인이 운영하는 약국을 찾아가보자. 이곳은 한국인 여행자가 언어로 인해 적절한 의약품을 구입하지 못하는 난처함을 해소할 수 있으며, 한국에서 파는 약도 구입할 수 있다.

참고로 일본은 약값은 비교적 비싸기 때문에 여행자가 쉽게 걸릴 수 있는 감기나 두통, 배탈 설사 등을 대비한 구급약을 미리 챙겨가는 것이 좋다.

– 종로약국
연락처 : 03–3807–8233 / 03–3807–0344
위치 : 아사쿠사 카미나리몬을 지나 나카미세 거리에서 센소지로 들어가기 직전 좌측 길로 향하면 스타광장으로 유명한 아사쿠사 공회당이 나온다. 이 아사쿠사 공회당 뒤편에 종로약국이 있다.

– 김약국
연락처 : 03–5273–6272
위치 : 야마노테센(山手線) 신주쿠 다음 역인 신오쿠보역(新大久保驛)에서 도보 4분 거리로, 역 앞의 우측 찻길을 따라가다 보면 7–Eleven 편의점을 지나 AMPM 편의점이 나오는데, 편의점 골목으로 들어오면 김약국(金藥局) 간판이 보인다.

● 여권을 잃어 버렸을 때

만약 일본에서 여권을 분실했다면 어떻게 해야 할까? 우선 이 책의 서두에서 얘기한 여행 준비물 부분에서 여분의 사진 2장과 여권 복사본을 지참하라는 부분을 기억해보자. 이 두 가지만 있으면 재발급 받기가 매우 수월하다. 여행자가 현지에서 여권을 분실했을 때 취해야 할 사항은 1. 여권 분실 확인을 위한 분실증명서를 가까운 경찰서에서 받는다. 2. 한국영사관을 찾아가 재발급 서류를 작성한다. 여권을 재발급 받는데 필요한 시간은 보통 2~3일 정도지만 상황에 따라 1주일이 넘을 수도 있다.

– 여권 재발급에 필요한 서류 : 사진 2매
　　　　　　　　　여권 분실증명서
　　　　　　　　　여행증명서(Travel Certificate)
　　　　　　　　　입국 증명서
– 도쿄 한국대사관 : ☎ 03–3452–7611~9
– 도쿄 대한민국영사부 : ☎ 03–3452–7611~9

07 귀국 | **Homecoming**

Homecoming

귀국

7-1 호텔 체크아웃

>> 즐거웠던 여행을 마칠 무렵이면 귀국 선물에 대해 한 번쯤 고민을 하게 된다. 선물을 줄 대상도 그렇고, 가격도 고려해야 하기 때문이다. 여행이라는 것이 어차피 일상에 매몰된 자신을 위한 배려였다면 불필요한 선물은 오히려 스스로나 타인에게 거추장스러울 수도 있다. 굳이 필요하다면 여행길에서 얻은 기억될만한 기념품 정도면 충분하다. 많은 여행자들이 귀국길에 선물 고민으로 소중했던 여행의 추억을 그르치는 경우도 쉽게 볼 수 있다. 여행자에게 있어 귀국길만큼은 여유롭게 움직이고 마무리를 하는 것이 그동안의 여행 일정을 멋지게 장식하는 것임을 기억해두자.

마지막 날 호텔 체크아웃을 할 때에는 짐을 챙겨 나온 후 호텔 로비의 프론트에서 'Check Out, Please! 체크아웃 플리스'라고 말하면 정산 과정을 거친 뒤 체크아웃을 마칠 수 있다. 호텔의 체크아웃은 정해진 시간에 이루어지기 때문에 저녁 비행기라도 미리 짐을 챙겨 나와야 한다. 혹시 체크아웃 시 객실 안에서 유료로 상영되는 TV나 냉장고 안의 간단한 술이나 음료를 마셨을 때에는 그에 대한 비용을 지불해야 한다.

7-2 지하철 코인락 활용

>> 　호텔에서 체크아웃을 한 뒤 비행기 출발 시각까지 시간이 많이 남았다면 공항으로 바로 가는 것보다는 지하철 코인락에 잠시 짐을 보관해두고 남은 시간을 적절하게 활용하는 것도 여행의 지혜이다. 코인락은 도쿄 지하철 역사 안에서 쉽게 볼 수 있는데 큰 역사의 경우 별도의 코인락 공간이 마련돼 있기도 하다. 보관할 수 있는 짐의 크기에 따라 큰 것과 작은 것으로 나뉘어 있다. 물론 코인락의 크기에 따라 가격은 다르다. 코인락은 동전을 사용므로 반드시 동전이 필요하다. 하지만 동전이 없다고 주변 매점 등에 교환을 요구하면 거절당하기 십상이다. 일본은 우리나라와 달리 좀처럼 동전은 바꿔주지 않는 편이다. 큰 장소의 코인락은 주변에 동전 교환기가 있으므로 그것을 이용하면 된다. 아울러 환승역 등 비교적 큰 전철역은 매우 혼잡하여 짐을 넣어두었던 코인락을 찾지 못해 헤매는 경우가 종종 있는데, 반드시 주변의 표식이나 이정표가 될만한 장소를 기억해두기 바란다.

▶ 큰 지하철역의 대형 코인락 부스

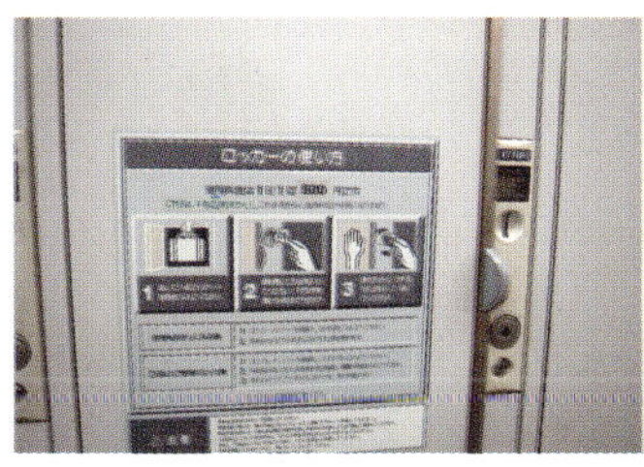

▶ 코인락은 100엔이나 500엔짜리 동전을 사용한다.

▶ 코인락 주변의 이정표가 될만한 것을 기억해두자.

코인락 비용은 보통 크기에 따라 300엔~800엔 사이이다. 가장 작은 크기는 우리나라 지하철 역사에 있는 크기로 비용이 300엔이지만 여행자의 짐을 넣기는 좀 부족하다. 500엔 이상의 코인락의 경우는 캐리어 두 개 정도가 들어갈 만한 크기이므로 여행자에게 알맞다. 일행의 짐과 같이 넣어야 한다면 이보다 큰 800엔짜리가 적당하다. 일본의 코인락도 한 번 열쇠를 열면 다시 돈을 넣어야 하므로 주의하기 바란다.

Tip 귀국 자투리 시간 활용 테크닉

비행기 시간에 따라 마지막 날의 일정은 가변성이 높다. 오전이나 정오를 조금 넘은 시간에 비행기가 출발한다면 나리타공항의 경우 이동 시간만 약 1시간 30분, 수속 시간 2시간의 여유가 필요하다. 하네다공항은 나리타공항보다 약 1시간 정도 여유가 있으므로 호텔에서 바로 나와 비행기를 타러 가야 한다. 하지만 저녁에 출발하는 비행기라면 남은 자투리 시간을 다른 볼거리 등에 할애할 수 있다. 이때 문제는 짐인데 일본에서 구입한 물건까지 한 아름의 짐을 끌고 다닐 수는 없으므로 전철 역사에 비치된 코인락을 이용하는 방법과 묵었던 호텔에 잠시 맡겨 놓는 방법도 있다. 단, 호텔이 공항으로 가는 전철과 멀리 떨어져 있다면 코인락이 낫고, 이때 코인락은 공항행 기차를 타는 우에노(上野)나 니포리(日暮里) 등의 역이 적당하다.

7-3 공항가기

>> 공항으로 가는 길은 처음에 왔던 방법의 역순이라고 생각하면 된다. 잊지 말아야 할 것은 허겁지겁 쫓기지 않도록 충분한 시간을 두고 출발해야 하며 일본 공항에서도 한국의 공항처럼 보딩패스를 끊고 공항 검색대에서 출국심사를 받아야 하기에 때문에 적어도 2시간 정도의 시간적 여유가 있어야 한다. 도쿄에서 나리타공항으로 편리하게 가려면 게이세이 특급이나 게이세이 스카이라이너를 이용하면 된다.

게이세이를 이용하려면 가급적 신속하게 가는 스카이라이너를 이용하는 것이 편리하다. 참고로 스카이라이너는 저녁 늦게 탈 경우 별도의 자판기에서 표를 구매해야 한다. 자칫 허둥되다보면 게이세이 전철을 탈 수도 있는데, 게이세이 전철은 특급이 아니라면 공항까지 가는데 꽤 오랜 시간이 소요된다. 만약 게이세이 특급이 아닌 전철을 탔을 때에는 게이세이 특급이 정차하는 역에서 내려서 다시 게이세이 특급으로 갈아타는 것이 좋다.

❶ 게이세이 열차의 출발지인 우에노역을 이용하거나 닛뽀리역에서 타는 방법이 있다. 게이세이 우에노역은 우에노공원 입구 바로 옆에 있다. JR 야마노테센을 타고 JR 우에노역에서 하차한 뒤 꽃집이 있는 방향으로 나와 우측으로 이동하면 게이세이역을 만날 수 있다.

❷ 역에서 표를 구입한 뒤 승강장에서 열차를 탄다.

그 외 하네다공항으로 가는 방법은 JR 하마마츠쵸역에서 모노레일로 바꾸어 타거나 JR 시나가와에서 케이큐선을 타는 두 가지 방법이 있다. 두 가지 모두 비슷한 시간이 걸리는데 짐을 싣기 편리한 모노레일을 타는 것이 좀더 편리하다.

❸ JR 하마마츠쵸역에서 모노레일을 타기 위해 개찰구로 나온 후 모노레일 표를 끊는다.

❹ 모노레일을 탈 때는 짐을 객차와 객차 사이의 짐칸에 넣어 둘 수 있다. 역에 도착하면 개찰구를 빠져 나온 뒤 하네다 터미널 방향으로 이동한다.

❺ 터미널에 도착한 후에는 청사 밖의 무료 셔틀버스를 타고 국제선 청사로 이동한다.

나리타공항의 항공사별 터미널

>> 나리타공항은 항공사에 따라 터미널이 다르다. 크게 제1터미널과 제2터미널로 나뉘는데 게이세이를 타고 가면서 자신이 이용할 항공사가 몇 터미널에 있는지를

정확히 알고 내려야 한다. 만약 잘못 내렸을 때에는 공항 내 셔틀버스를 타고 다시 이동해야 한다.

 O 제1터미널 항공사

북쪽 윙
- 알리탈리아 항공
- 콘티넨털 항공
- 버진애틀란틱 항공
- 콘티넨털 미크로네시아 항공
- 아에로멕시코 항공
- 대한항공(KAL)
- 에어카르도니아 인터내셔널
- 델타 항공
- 에어프랑스 항공
- 노스웨스트 항공
- 네덜란드 항공
- 브리티시에어웨이즈

남쪽 윙
- 전일본공수(ANA)
- 스칸디나비아 항공
- 에어닛폰
- 타이 항공
- 에어재팬
- 터키 항공
- 아시아나 항공
- 홍콩드래곤 항공
- 우즈베키스탄 항공
- 몽골 항공
- 유나이티드 항공
- 에어 캐나다
- US에어웨이즈
- 에바 항공
- 루프트한자 항공
- 상하이 항공 싱가폴 항공 스위스인
  터내셔널 에어라인즈

 O 제2터미널 항공사

- 일본 항공(JAL)
- 일본아시아 항공
- JAL웨이즈
- 아메리칸 항공
- 아에로플로트 항공
- 하문 항공
- 이베리아 항공
- 이란 항공
- 에어인디아 항공
- 에어타히티누이 항공
- 에어퍼시픽 항공
- 이집트 항공
- 가루다인도네시아 항공
- 콴타스 항공
- 케세이 퍼시픽 항공
- 스리랑카 항공
- 차이나에어라인
- 중국국제 항공
- 중국동방 항공
- 중국남방 항공
- 뉴기니아 항공
- 뉴질래드 항공
- 파키스탄 항공
- 비만 방글라데시 항공
- 필리핀 항공
- 핀란드 항공
- 베트남 항공
- 말레이시아 항공
- 멕시카나 항공

보딩패스 발권

>> 공항에 도착한 후에는 한국에서 출국할 때와 마찬가지로 자신이 타고 갈 항공사 카운터를 찾아 보딩패스를 만들어야 한다. 문제는 항공사 직원이 대부분 일본인이므로 일본어에 익숙하지 않은 여행자들은 당혹스러울 수도 있는데, 간단한 영어를 구사할 줄 알면 영어를 사용해도 괜찮다. 하지만 이도 힘들다면 여권만 제시

하면 전자티켓인 경우 별도의 조치 없이 쉽게 티켓을 받을 수 있다. 그리고 자신이 원하는 좌석의 위치, 수하물 등은 카운터에서 요구하여 배정을 받거나 수하물을 부칠 수 있다. 간혹 노스웨스트와 같은 외국 항공사의 경우 자신이 직접 단말기를 조작하여 발권을 해야 하는 경우도 있다. 물론 영어로 표기된 간단한 지시사항을 통해 조작이 가능하므로 어렵지 않게 발권할 수 있다. 이곳에서 붙일 짐을 챙기고 영수증을 받으면 비로소 비행기 탑승을 위한 1단계 과정이 끝나게 된다.

출국심사

비행기 탑승을 위해 공항 검색대를 통과하면 출국심사대가 기다리고 있다. 출국심사는 입국 때보다 더욱 빠르며 여권과 보딩패스를 제시하면 바로 도장을 찍어주고 출국카드를 뗀다. 출국장에 들어서면 보딩패스에 적혀 있는 게이트가 어느 쪽에 위치하고 있는지 먼저 확인하

▶ 나리타공항의 터미널

고, 시간이 남는다면 공항 면세점 등을 이용할 수 있다. 참고로 하네다공항의 면세점은 나리타공항의 그것에 비교하면 매우 열악하다. 공항 면세점은 타지에서 면세 가격으로 구입할 수 있는 마지막 장소이므로 꼭 구입해야 할 것이 있다면 이곳을 이용해도 좋다. 물론 비행기 안에서도 카탈로그에 있는 면세품들을 구입할 수 있다. 면세점 등을 둘러본 후에는 출발 30분 전부터 탑승이 시작되므로 해당 게이트로 이동하여 비행기에 탑승하면 된다.

▶ 나리타공항의 출국심사대

▶ 면세점에서 구입할 수 있는 술

▶ 나리타공항 면세점

▶ 출국장에 마련된 무빙워크와 게이트 표시

▶ 하네다공항의 출국장 전경

▶ 출발 30분 전부터 탑승이 시작된다.

7-4 한국으로 입국

>> 한국행 비행기에 몸을 싣고나면 잠시 후 기내식이 나오고 식사를 마친 후에는 입국 서류 작성에 필요한 용지를 나누어준다. 한국으로 입국할 때에는 여행자휴대품신고서를 작성해야 한다. 한글로 되어 있는 용지를 모두 채우고 이를 입국 시 입국심사대가 아닌 공항 세관원에게 제출하면 된다. 여행자휴대품신고서는 가족 단위 여행객이라면 가족당 한 장만 작성하면 된다.

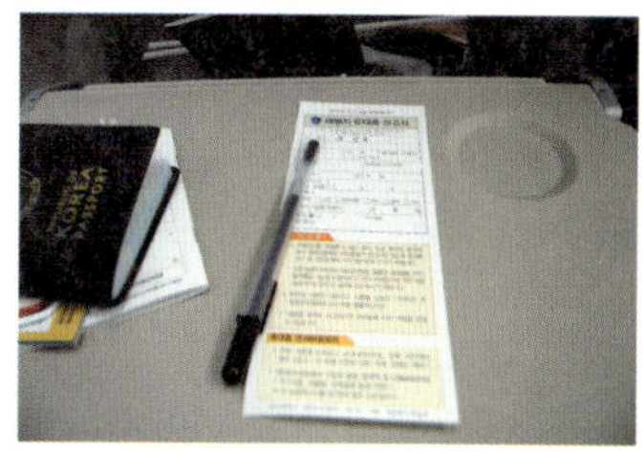

▶ 여행자휴대품신고서

▶ 세관신고가 필요할 경우 영수증의 금액을 기준으로 과세된다.

여행자휴대품신고서에는 가지고 와서는 안 되는 물품의 소지 여부나 면세 범위 내의 물품을 구입했는지 등을 체크한다. 간단한 입국심사를 마치고, 세관원에게 여행자휴대품신고서를 제출한 뒤 나가면 비로소 공항 터미널로 나가게 된다. 대부분 무사히 통과되지만 세관원의 의심을 받게 되면 가방을 열고 짐 검사를 받을 수두 있다. 이때 면세 한도를 초과한 물품에 대해서는 관세를 추징당한다. 과세 해당자가 세금을 계산하여 용지를 작성해주면 이를 창구에 지불해야 물건을 찾아올 수 있다.

면세 한도는 미화 400달러로, 이 금액은 면세점뿐만 아니라 일본 현지에서 구입한 모든 물건의 합산 한도이다. 또한 주류 1병, 담배 10갑, 향수 2온스에 한해서만 면세가 된다. 물론 그럴 일은 없지만 돈을 미화 1만 불 이상 가지고 오면 이 또한 신고를 해야한다.

▶ 김포공항 국제선 입국장

꼭, 기록하거나 보관해야 할 것들!

여권이나 항공권 등의 분실에 대비하여 다음과 같은 정보를 꼭 준비하셔서, 여행 중 가지고 다니는 것이 좋습니다. 아울러 복사본은 찾기 쉬운 곳에 따로 보관해 두세요.

01 분실에 대비하여 아래의 란에 적어두세요.

여권 번호 ________________________

여권 상의 영어 이름   성(Last name) ________   이름(First name) ________________

비자를 발행한 장소 / 도시명 __________ / __________

비자 발행 일자 (일/월/년) _____ / _____ / __________

신용카드사 전화번호

카드명	전화번호	카드명	전화번호

항공권 구매처 전화번호

여행사명	담당자명	전화번호

02 분실에 대비하여 아래의 목록은 구비 및 복사하세요.

여권용 사진 2매 : 여권 분실 시 재발급을 위해 필요
여권 복사 : 여권 번호가 있는 면과 비자가 있는 면
항공권 복사 : 항공권 번호가 적혀 있는 면
여행자 수표 발급 영수증 : 수표 분실 시 필요
여행자 보험 가입 영수증 : 사고 시 보험 회사와 연락하기 위한 연락처

부록 | 일본어 회화 & 도쿄 지하철 노선도

Appendix

일본어

8-1 이것만은 알고가자

>> 일본어는 우리나라와 마찬가지로 같은 한자 문화권에 속해 있고, 영어와 달리 한국어와 어순이 같아 짧은 여행에 필요한 간단 회화와 일본어를 읽을 수 있는 정도의 카타카나, 히라가나 정도만 익혀두어도 현지에서 숙박이나 쇼핑, 그리고 관광지 방문에 큰 지장은 없다. 이번 장에서 소개하는 일본어 필수 회화는 짧은 여행기간 동안 현지에서 간단하게 사용할 수 있는 내용들만 정리해보았다.

히라가나와 카타카나 읽는 법

일본어(日本語)는 히라가나(ひらがな), 카타카나(かたかな), 그리고 한자(漢字)를 함께 혼용하여 표기한다. 히라가나(ひらがな)와 카타카나(かたかな)는 일본 고유의 문자로, 이 두 문자를 보통 "かな 가나"라고도 한다.

❶ 히라가나(ひらがな : Hiragana)

한자(漢字)의 초서체를 기초로 만들어졌으며, 옛날 여성들이 읽고 쓰기 쉽도록 중국 한자의 까다로운 획수를 생략하여 간단하게 줄여서 만든 문자로, 일상적으로 상용되는 일본의 기본적인 문자이다.

❷ 카타카나(カタカナ : katakana)

한자의 일부분을 따거나 한자의 획을 취해 만든 문자로 주로 외래어(外國語), 의성어 등과 같이 어감(語感)을 두드러지게 문장을 강조할 때 사용한다. 일본어식 외래어는 전통 영어와 다른 경우가 많으므로, 번거롭더라도 일본식 영어 발음을 익혀두는 것이 좋다.

❸ 한자(漢字)

일본의 한자(漢字)는 우리의 한자와 대부분 뜻과 쓰는 법이 비슷하지만, 일본인들이 사용하기 편하도록 만든 신자체(新字體)이다. 현재, 일본에서는 상용한자라고 하여 일상 사용하는 한자를 1945字로 정하여, 그 중 학습한자(學習漢字) 996字를

> **Tip** 일본에서 가장 많이 듣는 말
>
> 현지에 가면 일본인들이 가장 빈번하게 사용하는 말들이 있다. 또한 이 말들은 여행을 다니면서도 귀에 못이 박힐 정도로 자주 듣게 될 것이다. 이는 일본인 특유의 습성인 상대방에게 폐를 끼치지 않으려는 것과 일맥상통하며, 손님에 대한 친절함, 그리고 상대에 대한 조심스러움이 몸에 밴 탓일지도 모른다.
>
> ● **すみません。 스미마셍.**
>
> "미안, 죄송합니다, 실례합니다, 고맙습니다." 등의 여러 가지 뜻을 지닌 말이다. 일본인들은 아주 사소한 부분, 즉 무엇을 물어볼 때, 지나가다 약간 툭 쳤을 때, 남의 집에 들어갈 때, 식당에서 저기요~ 하고 점원을 부를 때 등에 이 말이 거의 반사적으로 나온다. 혹여 일본에 갔을 때 일본 사람에게서 이런 말을 받았을 때는 어떻게 대응해야 할까? 가장 적당한 것은 웃으면서 간단하게 "いいえ。"(이-에, 아니에요.) 정도면 여행자로서 예의 있는 센스가 된다.
>
> ● **(どうぞ よろしく) お願いします。 (도-죠 요로시쿠) 오네가이시마스.**
>
> 아주 정중한 표현을 쓸 때가 아니라면 도-죠 요로시쿠는 생략하고 그냥 "오네가이시마스~"로 말한다. 흔히 일본어 회화 책에서 (처음 만났을 때) "잘 부탁합니다." 라는 표현이지만, 이는 이 표현의 일부에 지나지 않는다. 물론 대부분 상대에게 부탁할 때 쓰이는 말이지만, 백화점 점원이 포장해드릴까요? 라든가, 우체국에서 소포를 부칠 때, 음식이나 음료를 주문할 때 등에도 밍밍하게 "はい~"(하이~)" 라는 대답대신 이 말을 더 많이 자주 사용한다.
>
> ● **(どうも) ありがとう ございます。 (도-모) 아리가또 고자이마스.**
>
> 상대방에게 도움을 받았을 때, 답변하는 가장 일반적인 인사말로, "정말 감사합니다." 라는 뜻이다. 간단히 줄여서 "どうも(도-모)" 혹은 "ありがとう(아리가또)" 라고 말하기도 한다. 참고로 どうぞ(도-죠)는 "그러세요."라는 의미를 지녀서 상황에 따라 들어오세요, 드세요 등 권유할 때 주로 쓰이며, どうも(도-모)는 "고맙다", "알겠다" 등의 뜻으로 쓰인다.

의무교육기간에 지도하는 한자로 정하고 있다. 우리가 한글과 한자(漢字)를 혼용하여 사용하는 것처럼 일본어에서도 ひらがな와 한자(漢字)를 혼용하여 표기한다. 아울러 한자(漢字)를 읽을 때에는 음독(音讀), 훈독(訓讀)을 사용한다.

ひらがな (히라가나)

a	ka	sa	ta	na	ha	ma	ya	ra	wa	N
あ	か	さ	た	な	は	ま	や	ら	わ	ん
아	카	사	타	나	하	마	야	라	와	응

i	ki	shi	chi	ni	hi	mi		ri		
い	き	し	ち	に	ひ	み		り		
이	키	시	찌	니	히	미		리		

u	ku	su	tsu	nu	hu	mu	yu	ru		
う	く	す	つ	ぬ	ふ	む	ゆ	る		
우	쿠	스	쯔	누	후	무	유	루		

e	ke	se	te	ne	he	me		re		
え	け	せ	て	ね	へ	め		れ		
에	케	세	떼	네	헤	메		레		

o	ko	so	to	no	ho	mo	yo	ro	wo	
お	こ	そ	と	の	ほ	も	よ	ろ	を	
오	코	소	또	노	호	모	요	로	오	

カタカナ (카타카나)

a	ka	sa	ta	na	ha	ma	ya	ra	wa	N
ア	カ	サ	タ	ナ	ハ	マ	ヤ	ラ	ワ	ン
아	카	사	타	나	하	마	야	라	와	응

i	ki	shi	chi	ni	hi	mi		ri		
イ	キ	シ	チ	ニ	ヒ	ミ		リ		
이	키	시	찌	니	히	미		리		

u	ku	su	tsu	nu	hu	mu	yu	ru		
ウ	ク	ス	ツ	ヌ	フ	ム	ユ	ル		
우	쿠	스	쯔	누	후	무	유	루		

e	ke	se	te	ne	he	me		re		
エ	ケ	セ	テ	ネ	ヘ	メ		レ		
에	케	세	떼	네	헤	메		레		

o	ko	so	to	no	ho	mo	yo	ro	wo	
オ	コ	ソ	ト	ノ	ホ	モ	ヨ	ロ	ヲ	
오	코	소	또	노	호	모	요	로	오	

8-2 일본어의 기본 표현

>> 만약 일본을 여행한다면 수없이 많이 듣기도 하겠지만, 한두 번 쯤 사용하게
될 수 있는 가장 기본적인 표현들을 모아보았다.

네. / 아니오.
はい。/ いいえ。하이 / 이-에.

안녕하세요.
こんにちは。곤니찌와.

고맙습니다.
ありがとう ございます。아리가또- 고자이마스.

실례합니다.
しつれいします。시쯔레-시마스.

죄송합니다.
すみません。스미마셍.

괜찮아요.
だいじょうぶです。다이죠-부데스.

얼마예요?
いくらですか。이쿠라데스까.

이거 주세요.
これを ください。고레오 구다사이.

이것은 뭐에요?
これは なんですか。고레와 난데스까.

싫어요.
いやです。이야데스.

좋아요.
すきです。스키데스.

모르겠어요.
わかりません。와카리마셍.

도와줘요!
　たすけて　ください。 타스케떼 구다사이!

누구 없어요?
　だれか　いませんか。 다레카 이마셍까.

화장실은 어디에요?
　トイレは　どこですか。 토이레와 도코데스까.

사람 좀 불러주세요!
　ひとをよんで。 히토오 욘데!

아야!
　いたい。 이따이!

하지마요!
　やめて。 야메떼!

도둑이야!
　どるぼう。 도로보~!

빨리요!
　はやく。 하야쿠!

잘 가요. / 잘 있어요.
　さよなら。 사요나라.

드세요, 하세요, 부디, 어서 등
　どうぞ。 도-죠.

감사합니다, 알겠습니다, 죄송합니다 등
　どうも。 도-모.

8-3 초간단 상황별 여행 일본어

>> 도쿄를 방문했을 때 당황하지 않고 자연스럽게 쓸 수 있는 상황별 필수회화를 익혀보자. 물론 짧은 여행기간에 별다른 말을 않고서도 여행하는데 큰 지장은 없

지만, 이왕이면 일본에 와서 그들과 가볍게 대화할 수 있다면 좀 더 재밌는 여행을 즐길 수 있다. 또한 어차피 여행자는 외국인이므로 말을 너무 잘 할 필요도 없다. 우리가 어린아이와 대화할 때 어린이의 대화 수준에 맞춰 이야기 하는 것처럼 그들도 여행자의 서투른 일본어 표현에 맞춰 친절하게 답해줄 것이다.

▶ 인사하기 >>

아침, 정오, 저녁에 만났을 때 상대방에게 인사하는 각각의 다른 표현법이다.

안녕하세요.
　おはよう ございます。 오하요- 고자이마스.
　* 주로 정오 이전에 쓰고, 친구나 친한 사람끼리는 그냥 "おはよう(안녕)" 라고만 하면 된다.

　こんにちは。 곤니찌와.
　* 점심 인사이며, 정오를 기준으로 하는 인사이다.

　こんばんは。 곤방와.
　* 저녁 인사로, 날이 어둑어둑해지는 무렵부터 하는 인사이다.

　さようなら。 사요-나라.
　* 헤어질 때 쓰는 가장 일반적인 인사말로, "안녕히 가세요", "안녕히 계세요", "잘 가라" 라는 뜻이다.

▶ 부탁할 때 >>

일반적으로 상대방에게 무엇인가를 부탁할 때 사용하는 표현이다.

잘 부탁합니다.
　どうぞ よろしく お願いします。 도-죠 요로시쿠 오네가이시마스.

잘 부탁드리겠습니다.
　どうぞ よろしく お願い致します。
　도-죠 요로시쿠 오네가이이따시마스.

잘 부탁해요.
　お願いね。 오네가이네.
　* 친구에게 부탁할 때는 그냥 "お願い(부탁해)" 라고 한다.

▶ 감사할 때 〉〉

상대방에게 감사의 뜻을 전할 때 쓰는 말이다.

고맙습니다.
ありがとう ございます。 아리가또-고자이마스.
* 일반적으로 많이 사용하는 표현. 도움을 받았을 때는 "ありがとう ございました.(고마웠습니다.)"를 사용한다.

도움이 되었습니다.
助かりました。 타스카리마시다.

여러모로 신세 많았습니다.
手伝って くださって ありがとう ございます。
테쯔닷떼 구다삿떼 아리가또-고자이마스.

도와주셔서 감사합니다.
いいえ' どういたしまして。 이이에, 도-이따시마시떼.
* 도움을 받은 사람이 "どうも ありがとう ございます."라고 말했을 경우, 감사 인사를 받는 사람이 답변하는 말로는 "いいえ' どういたしまして.(아니오, 별 말씀을요.)" 를 사용하여 상대방의 감사 인사에 대해 답변하여 주는 표현이다.

▶ 사과할 때 〉〉

상대에게 실례를 범하거나, 불편함을 주었을 때 사용하는 사과 표현의 말이다.

미안합니다. / 죄송합니다.
ごめんなさい。 고멘나사이.

실례했습니다.
しつれいしました。 시쯔레이시마시다.

여러 가지로 폐를 끼쳐 드려서 죄송합니다.
いるいる ご迷惑 かけて ごめんなさい。
이로이로 고메이와쿠 카케떼 고멘나사이.

정말 죄송합니다.
どうも おそれ いります。 도-모 오소레 이리마스.

▶ **양해를 구할 때 〉〉**

여러 가지 상황에서 상대방에게 잠깐의 양해를 구할 때 쓰는 말이다.

좀 기다려 주세요.
ちょっと 待って ください。 촛또 맛떼 구다사이.

잠깐 괜찮습니까?
ちょっと いいですか。 촛또 이이데스까.

실례합니다. 사진 한 장 찍어 주시겠어요?
すみません。写真を 撮って 下さいますか。
스미마셍. 샤신오 톳떼 쿠다사이마스까.

여기서 사진을 찍어도 될까요?
ここで 写真を 撮ってもよろしいでしょうか。
코코데 샤신오 톳떼모 요로시이 데쇼- 까.

실례합니다, 화장실 좀 사용할 수 있을까요?
すみませんが お手洗を使えないでしょうか。
스미마셍가, 오테아라이오 츠카에나이데쇼- 까.

▶ **길이나 건물 등을 물어볼 때 〉〉**

길을 잃었을 때나 위치를 잘 몰라서 지나가는 사람들에게 물어볼 때 할 수 있는 말이다.

죄송합니다. 잠깐 길을 물어봐도 될까요?
すみません。ちょっと 道を お尋ねしても いいでしょうか。
스미마셍. 촛또 미치오 오타즈네시떼모 이이데쇼-까.

키노쿠니야 서점은 어디에 있습니까?
紀伊國屋は どこに ありますか。
키노쿠니야와 도코니 아리마스까.

이 근처에 쇼핑센터가 있나요?
この近くに ショッピング・センターが ありますか。
고노 치카쿠니 숏삥그센타-가 아리마스까.

은행이 어디 있지요?
銀行は どこに ありますか。 긴코-와 도꼬니 아리마스까.

실례합니다. 시부야역에 어떻게 가야 합니까?
すみません。渋谷駅 には どう行けば いいですか。
스미마셍. 시브야에키니와 도-이케바 이이데스까.

걸어서 갈 수 있나요?
歩いて 行けますか。
아루이떼 이케마스까.

길을 잃었습니다.
道に 迷いました。 미치니 마요이마시따.

긴자 캐피탈 호텔이 이 근처에 있습니까?
銀座のキャピタルホテルは この 近所に ありますか。
긴자노 카피타르 호테루와 코노 킨조니 아리마스까.

이쪽에 있습니까?
こちらの方に ありますか。 코찌라노 호우니 아리마스까.

> ▶ 음식점, 패스트푸드점 등에서 주문할 때 〉〉

음식점이나, 패스트푸드점 등에서 간단하게 쓸 수 있는 대화이다.

주문하시겠습니까?
注文しましょうか。 츄—몽 시마쇼- 까.

(메뉴판을 보며) 이것을 주세요.
これをください。 고레오 구다사이.

(다른 손님의 음식을 보며) 저것과 같은 것을 주세요.
あれと おなじものを ください。 아레또 오나지모노오 구다사이.

네, 된장라면으로 주세요.
ええ´味噌ラーメンで 下さい。 에에, 미소 라—멘데 구다사이.

튀김덮밥 한 그릇 주세요.
天丼でお 願いします。 덴동데오 오네가이시마스.

맛있네요.
おいしいですね。 오이시이데스네.

물 좀 더 주세요.
　おみずの おかわり おねがいします. 오미즈노 오카와리 오네가이시마스.

감사합니다. 잘 먹었습니다.
　ありがとう。ご馳走さまでした。 아리가또-. 고찌소- 사마데시따.

가져가실 건가요? 여기서 드실 건가요?
　持ち 帰りですがここでおあがりますか。
　모치 카에리데스까, 코코데 오아가리마스까.

가져가겠습니다.
　持って 帰ります。 못떼 카에리마스.

▶ 쇼핑할 때 〉〉

간단한 기념품이나 백화점 등에서 물건을 살 때 쓸 수 있는 말이다.

얼마입니까?
　いくらですか。 이꾸라데스까.

다른 것도 보여주세요.
　ほかの ものも みせてください。 호까노 모노모 미세떼쿠다사이.

니무 커요.
　あまり 大きすぎます。

너무 짧아요.
　あまり 短いです。 아마리 미지카이데스.

너무 작아요.
　あまり 小さすぎます。 아마리 치이사스기마스.

다른 색깔은 없습니까?
　ほかの いろは ありませんか。 호까노 이로와 아리마셍까.

포장해 주세요.
　つつんで ください。 쯔즌데쿠다사이.

따로따로 싸 주세요.
　べつべつに つつんで ください。 베쯔베쯔니 쯔즌데 쿠다사이.

이 카드를 사용할 수 있습니까?
> この カード つかえますか。 **고노 카ー도 쯔카에마스까?**

▶ 공항에서 : 입국심사, 세관심사 〉〉

현지의 공항에 도착하여 입국심사와 세관심사 때 심사관들이 물어볼 수 있는 말과 대답이다.
특별한 경우를 제외하곤 실제 거의 물어보는 일이 없다.

여행 목적이 무엇입니까?
> 旅行の目的は なんでしょうか。
> **료코ー 노 모꾸떼키와 난데쇼ー까.**

관광입니다.
> 観光です。 **캉코ー 데스.**

일본에는 처음입니까?
> 日本には 初めてですか。 **닛뽄니와 하지메떼 데스까.**

네, 처음입니다.
> はい。初めてです。 **하이, 하지메떼데스.**

얼마동안 머물 예정입니까?
> 何日くらい 滞在する 予定ですか。
> **난니치 쿠라이 타이자이스루 요떼이데스까.**

2주정도요.
> 2週間の 予定です。 **니슈칸노 요떼이데스.**

돌아가는 비행기표는 있습니까?
> 帰りの チケットは ありますか。 **카에리노 치켓토와 아리마스까.**

예, 있습니다. 여기요.
> はい。あります。ここに。 **하이, 아리마스. 코코니.**

어디에 머물 예정입니까?
> 何処で とまる 予定ですか。 **도꼬데 토마루 요떼이데스까.**

센츄럴 호텔에 머물 예정입니다.
セントラル・ホテルで とまる 予定です。
센토라르 호테르데 토마루 요떼이데스.

신고할 물건이 있습니까?
何か 申告する ものが ありますか。
나니까 신코쿠스루 모노가 아리마스까.

아니오. 없습니다.
いいえ。(ありません。) **이이에. (아리마셍.)**

가방을 열어주십시오.
カバンを 開けて下さい。 **카방오 아케떼 구다사이.**

그것들은 제 개인 용품입니다.
それは 自分の パーソナル用品です。
소레와 지분노 파ー소나르 요ー 힌 데스.

▶ 호텔에서 〉〉

호텔에 도착하여 체크인 할 때 쓸 수 있는 대화내용이다.

무엇을 도와 드릴까요?
いらっしゃいませ。 **이랏샤이마세.**

예약하셨습니까?
予約はできていますか。 **요야꾸와 데키떼 이마스까.**

5월 1일 서울에서 예약하고 왔습니다.
ええ'五月一日に ソウルから 予約しております。
에에, 고가츠 츠이따치니 서우르까라 요야꾸시떼 오리마스.

누구 이름으로 예약을 하셨습니까?
どなたのお名前で 予約されましたか。
도나타노 오나마에데 요야꾸사레마시따까.

김민수입니다. 성은 김이고, 이름은 민수입니다.
キム・ミンスです。名字は 金で 名前は 敏秀です。
키므 민수데스. 묘ー지와 키므데, 나마에와 민수데스.

좀 도와주시겠어요? 열쇠를 방에 두고 나왔어요.
> すみません。キーを 部屋に 置いて 出てしまったんです。
> 스미마셍. 키-오 헤야니 오이떼 데떼 시맛딴 데스.

(방 키를 주면서) 체크아웃 부탁합니다.
> チェックアウトを お願いします。 체크아우토오 오네가이시마스.

여기 계산서입니다.
> ここにレシートがあります。 코코니 레시-토가 아리마스.

▶ 교통 〉〉

공항에서 택시를 타거나 호텔 앞에서 택시를 타고 나갈 때 기사에게 할 수 있는 표현이다.

트렁크 좀 열어 주실래요?
> トランクを ちょっと 開けて下さいますか。
> 토랑크오 촛또 아케떼 쿠다사이마스까.

이 주소로 가 주세요.
> この 住所まで 行って下さい。
> 코노 주-쇼마데 잇떼 구다사이.

시나가와에 있는 프린스 호텔로 가 주세요.
> 品川のプリンスホテルまでお願いします。
> 시나가와노 프린스 호테르마데 오네가이시마스.

잔돈은 가지세요.
> お釣リを 持っていきなさい。 오츠리오 못떼 이키나사이.

▶ 알아두면 편리한 일본어 몇 가지 〉〉

언젠가 일본 도쿄를 다녀와서 공항버스를 타고 집으로 돌아갈 때의 일화이다. 같은 공항버스에 탔던 한 일본 청년이 버스기사에게 "종로 여섯가에 섭니까?" 하고 물었다. 물론 이를 자주 겪어본 기사님은 종로 6가로 금방 알아듣고는 "네~ 종로 6가에 섭니다." 라고 친절하게 답변해주었다. 우리가 외국에 가서 종종 실수하는 말이나 외국인이 한국에 와서 자주 실수하는 말이나 비슷하다. 이번에는 헷갈리는 일본어의 숫자 세기, 사람 수 세기, 시간 읽기, 날짜 말하기 등에 대해 알아보도록 하자.

● 일반적인 수 세기

일반적으로 많이 사용하는 하나, 둘, 셋 등과 같은 숫자를 읽을 때는 다음과 같이 말한다.

하나	둘	셋	넷	다섯	여섯	일곱	여덟	아홉	열
ひとつ	ふたつ	みっつ	よっつ	いつつ	むっつ	ななつ	やっつ	ここのつ	とお
히토츠	후타츠	밋츠	욧츠	이츠츠	뭇츠	나나츠	얏츠	코코노츠	토오

● 숫자 읽기

숫자 읽기는 몇 가지 원칙이 있으며, 원칙을 따르지 않는 것들만 주의하면 된다. 다음의 표를 보면 색으로 표시한 부분이 쓰기나 발음이 달라지는 경우이다. 그리고 만 이상의 단위에서는 반드시 그냥 만, 억이라 하지 않고, 일만(一萬), 일억(一億)이라고 해야 한다.

1	2	3	4	5	6	7	8	9
いち	に	さん	し,よん	ご	く	しち,なな	はち	きゅう,く
이찌	니	산	시, 욘	고	로크	시찌, 나나	하찌	큐-, 쿠
10	20	30	40	50	60	70	80	90
じゅう	にじゅう	さんじゅう	よんじゅう	ごじゅう	ろくじゅう	ななじゅう	はちじゅう	きゅうじゅう
쥬-	니쥬-	산쥬-	욘쥬-	고쥬-	로크쥬-	나나쥬-	하찌쥬-	큐-쥬-
100	200	300	400	500	600	700	800	900
ひゃく	にひゃく	さんびゃく	よんひゃく	ごひゃく	ろっぴゃく	ななひゃく	はっぴゃく	きゅうひゃく
햐쿠	니햐쿠	산바큐	욘햐쿠	고햐쿠	롯빠쿠	나나햐쿠	핫빠큐	큐-햐쿠
1,000	2,000	3,000	4,000	5,000	6,000	7,000	8,000	9,000
せん	にせん	さんぜん	よんせん	ごせん	ろくせん	ななせん	はっせん	きゅうせん
센	니센	산젠	욘센	고센	로크센	나나센	핫센	큐센

10,000	100,000	1,000,000	10,000,000	100,000,000
いちまん	じゅうまん	ひゃくまん	いっせんまん	いちおく
이찌만	쥬-만	햐쿠-만	잇센-만	이찌오크

● 개수 세기

우리와 마찬가지로 물건을 셀 때나 나이 등을 말할 때 등 그 대상에 따라 변하는
조수사들을 살펴보자. 초보자가 모두 외워서 사용하기에는 좀 어렵지만, 필요에
따라 알아두면 편리하다.

	나이(さい)	층(かい)	대(だい)	장(まい)	잔(はい)	마리(ひき)	병(ほん)
1	いっさい 잇사이	いっかい 잇까이	いちだい 이찌다이	いちまい 이찌마이	いっぱい 잇빠이	いっぴき 잇삐끼	いっぽん 잇뽕
2	にさい 니사이	にかい 니까이	にだい 니다이	にまい 니마이	にはい 니하이	にひき 니히끼	にほん 니홍
3	さんさい 산사이	さんがい 산가이	さんだい 산다이	さんまい 산마이	さんばい 산바이	さんびき 산비끼	さんぼん 산봉
4	よんさい 욘사이	よんかい 욘까이	よんだい 욘다이	よんまい 욘마이	よんはい 욘하이	よんひき 욘히끼	よんほん 욘홍
5	ごさい 고사이	ごかい 고까이	ごだい 고다이	ごまい 고마이	ごはい 고하이	ごひき 고히끼	ごほん 고홍
6	ろくさい 로쿠사이	っかい 롯까이	くだい 로쿠다이	くまい 로쿠마이	っぱい 롯빠이	っぴき 롯삐끼	っぽん 롯뽕
7	ななさい 나나사이	ななかい 나나까이	ななだい 나나다이	ななまい 나나마이	ななはい 나나하이	ななひき 나나히끼	ななほん 나나홍
8	はっさい 핫사이	はっかい 핫까이	はちだい 하치다이	はちまい 하치마이	はっぱい 핫빠이	はっぴき 핫삐끼	はっぽん 핫뽕
9	きゅうさい 큐-사이	きゅうかい 큐-까이	きゅうだい 큐-다이	きゅうまい 큐-마이	きゅうはい 큐-하이	きゅうひき 큐-히끼	きゅうほん 큐-홍
10	じっさい 짓사이	じっかい 짓까이	じゅうだい 쥬-다이	じゅうまい 쥬-마이	じっぱい 짓빠이	じっぴき 짓삐끼	じっぽん 짓뽕

● 월, 개월 읽기

우리말에도 한 달, 두 달(1개월, 2개월), 그리고 1월, 2월 등의 차이가 분명하듯이 일본어도 이런 차이가 분명하다.

1월	2월	3월	4월	5월	6월
いちがつ	にがつ	さんがつ	よんがつ	ごがつ	くがつ
1月	2月	3月	4月	5月	6月
이찌가쯔	니가쯔	산가쯔	용가쯔	고가쯔	로쿠가쯔
7월	8월	9월	10월	11월	12월
しちがつ	はちがつ	くがつ	じゅうがつ	じゅういちがつ	じゅうにがつ
7月	8月	9月	10月	11月	12月
시찌가쯔	하찌가쯔	쿠가쯔	쥬-가쯔	쥬-이찌가쯔	쥬-니가쯔
1개월	2개월	3개월	4개월	5개월	6개월
いっかげつ	にかげつ	さんかげつ	よんかげつ	ごかげつ	ろっかげつ
一ヵ月	二ヵ月	三ヵ月	四ヵ月	五ヵ月	六ヵ月
잇까게쯔	니까게쯔	산까게쯔	욘까게쯔	고까게쯔	롯까게쯔
7개월	8개월	9개월	10개월	11개월	12개월
しちかげつ	はっかげつ	きゅうかげつ	じっかげつ	じゅういちかげつ	じゅうにかげつ
七ヵ月	八ヵ月	九ヵ月	十ヵ月	十一ヵ月	十二ヵ月
시찌까게쯔	핫까게쯔	규-까게쯔	짓까게쯔	쥬-이찌까게쯔	쥬-니까게쯔

● 요일과 날짜 읽기

일본어에서의 월, 화, 수, 목, 금, 토, 일과 한 날 동안의 날짜를 읽는 단어들이다.

일요일	월요일	화요일	수요일	목요일	금요일	토요일
にちようび	げつようび	かようび	すいようび	もくようび	きんようび	どようび
日曜日	月曜日	火曜日	水曜日	木曜日	金曜日	土曜日
니찌요-비	게쯔요-비	가요-비	스이요-비	모쿠요-비	긴요-비	도요-비

			날 짜			
ついたち	ふつか	みっか	よっか	いつか	むいか	なのか
1日	2日	3日	4日	5日	6日	7日
츠이따찌	후쯔까	밋까	욧까	이쯔까	무이까	나노까
ようか	ここのか	とおか	じゅういちにち	じゅうににち	じゅうさんにち	じゅうよっか
8日	9日	10日	11日	12日	13日	14日
요-까	코코노까	토오까	쥬-이찌니찌	쥬-니니찌	쥬-산니찌	쥬-욧까
じゅうごにち	じゅうろくにち	じゅうしちにち	じゅうはちにち	じゅうくにち	はつか	にじゅういちにち
15日	16日	17日	18日	19日	20日	21日
쥬-고니찌	쥬-로쿠니찌	쥬-시찌니찌	쥬-하치니찌	쥬-쿠니찌	하쯔까	니쥬-이찌니찌
にじゅうにち	にじゅうさんにち	にじゅうよっか	にじゅうごにち	にじゅうろくにち	にじゅうしちにち	にじゅうはちにち
22日	23日	24日	25日	26日	27日	28日
니쥬-니찌	니쥬-산니찌	니쥬-욧까	니쥬-고니찌	니쥬-로쿠니찌	니쥬-시찌니찌	니쥬-하치니찌
にじゅうくにち	さんじゅうにち	さんじゅういちにち				
29日	30日	31日				
니쥬-쿠니찌	산쥬-니찌	산쥬-이찌니찌				

● 사람을 셀 때

사람의 수를 셀 때는 人(にん)이라는 조수사를 사용한다. 한 명, 두 명만 이 원칙을
따르지 않으므로 외우고, 나머지는 다음의 표를 참고하여 이해하자.

한 명	두 명	세 명	네 명	다섯 명
ひとり	ふたり	さんにん	よにん	ごにん
一人	二人	三人	四人	五人
히또리	흐따리	산닌	요닌	고닌
여섯 명	일곱 명	여덟 명	아홉 명	열 명
ろくにん	しちにん	はちにん	きゅうにん	じゅうにん
六人	七人	八人	九人	十人
로쿠닌	시찌닌	하찌닌	큐-닌	쥬-닌

● 시간을 표시 할 때

시간을 표시할 때는 시, 분, 초를 사용한다. 다음의 표로 시와 분의 표기법과 발음
을 익혀두자.

시간 표시					
いちじ	にじ	さんじ	よじ	ごじ	ろくじ
1時	2時	3時	4時	5時	6時
이찌지	니지	산지	요지	고지	로쿠지
しちじ	はちじ	くじ	じゅうがつ	じゅういちがつ	じゅうにがつ
7時	8時	9時	10時	11時	12時
시찌지	하찌지	쿠지	쥬-지	쥬-이찌지	쥬-니지
분 표시					
いっぷん	にふん	さんぷん	よんぷん	ごふん	ろっぷん	ななふん
1分	2分	3分	4分	5分	6分	7分
잇뿐	니훈	산뿐	욘뿐	고훈	롯뿐	나나훈
はっぷん	きゅうふん	じ(ゅ)っぷん	にじ(ゅ)っぷん	さんじ(ゅ)っぷん	よんじ(ゅ)っぷん	ごじ(ゅ)っぷん
8分	9分	10分	20分	30分	40分	50分
핫뿐	큐-훈	짓(쥬)뿐	니짓(니쥬)뿐	산짓(산쥬)뿐	욘짓(욘쥬)뿐	고짓(고쥬)뿐

● **때를 나타낼 때**

언제를 나타낼 때 사용하는 표현들이다. 아래의 표에 이해하기 쉽도록 일, 주, 월, 년 단위로 표현 방법들을 정리해보았다.

	그저께	어제	오늘	내일	모레
일	おととい 오토토이	きのう 키노우	きょう 쿄-	あした 아시따	あさって 아삿떼
	전전주	지난주	금주	다음주	다음다음주
주	せんせんしゅう 先先週 센센슈-	せんしゅう 先週 센슈-	こんしゅう 今週 콘슈-	らいしゅう 來週 라이슈-	さらいしゅう 再來週 사라이슈-
	전전달	지난달	이번달	내달	다음다음달
월	せんせんげつ 先先月 센센게쯔	せんげつ 先月 센게쯔	こんげつ 今月 콘게쯔	らいげつ 來月 라이게쯔	さらいげつ 再來月 사라이게쯔
	재작년	작년	올해	내년	내후년
년	おととし 오토토시	さくねん, きょねん 昨年, 去年 사쿠렝, 쿄렝	ことし 今年 코또시	らいねん 來年 라이렝	さらいねん 再來年 사라이렝
	아침	낮,점심	해질무렵	저녁	밤
	あさ 朝 아사	ひる 晝 히르	ばん 晩 반	ゆゆがた 夕方 유유가따	よる 夜 요르
때	어젯밤	오늘아침	오전	오후	월말
	さくばん, さくや 昨晩, 昨夜 사쿠반, 사쿠야	けさ 今朝 케사	ごぜん 午前 고젠	ごご 午後 고고	げつまつ 月末 게쯔마쯔

● **사람을 지칭하는 표현들**

본인을 포함한 사람을 지칭할 때 가장 많이 쓰이는 것은 わたし(저), わたくし(나), あなた(당신)이다. ぼく는 주로 남자들이 わたし 대신에 사용하며 여성들은 쓰지 않는다. ぼく에 대비되는 너에 해당하는 말은 きみ이다. おれ(나), おまえ(너)는 아주 친한 사이나 나이 많은 사람이 손아랫사람에 대해 쓰는 말이다

나, 저	나	나	너	당신	자네	그	그녀	누구	누구,어느분
わたし 私 와타시	ぼく 僕 보꾸	おれ 오레	おまえ 오마에	あなた 아나따	きみ 君 키미	かれ 彼 카레	かのじょ 彼女 카노죠	だれ 誰 다레	どなた 도나따

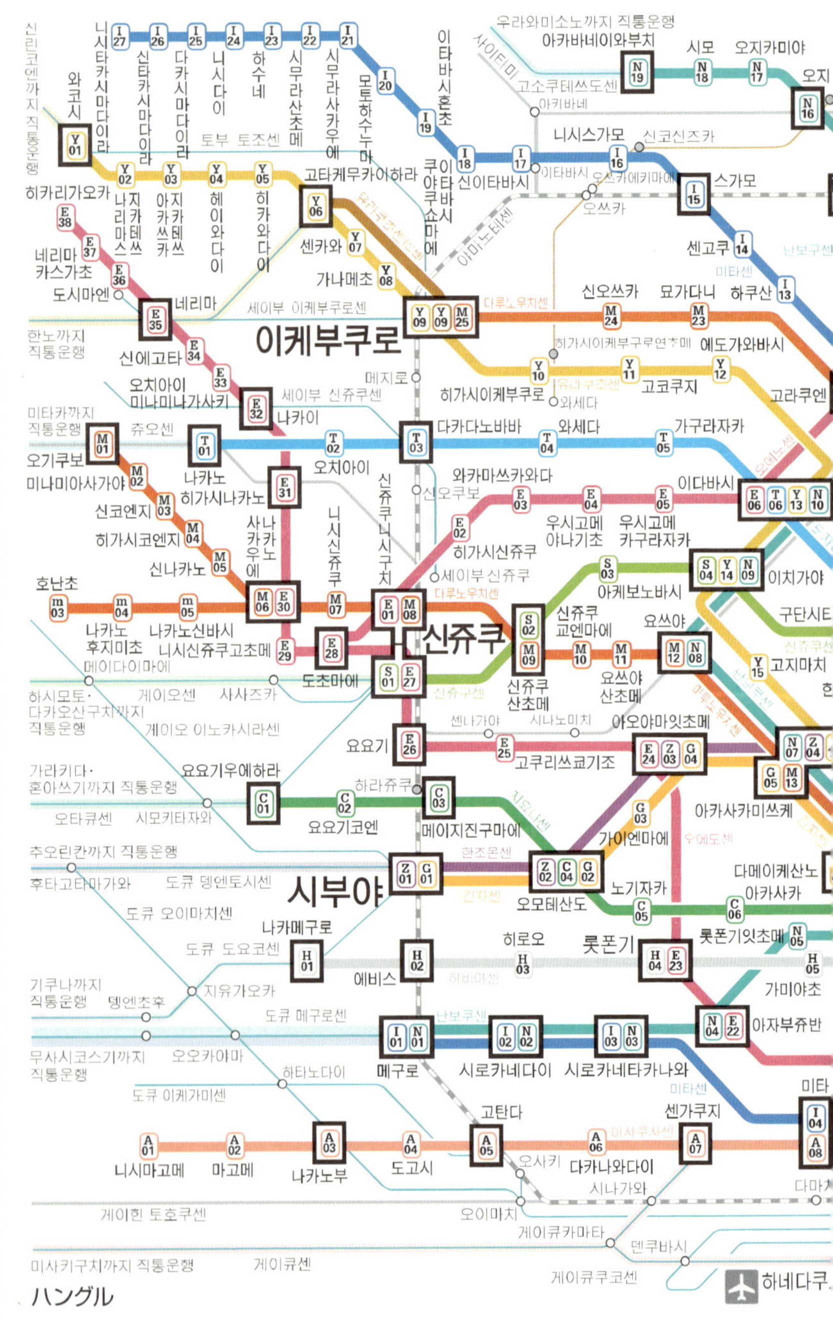
와코시
Y 01
니시타카시마다이라
I 27
신타카시마다이라
I 26
다카시마다이라
I 25
니시다이
I 24
하수네
I 23
시무라산초메
I 22
시무라사카우에
I 21
모토하수누마
I 20
이타바시혼초
I 19
신린코엔까지 직통운행
토부 토조센
히카리가오카
Y 02
나리카마테스쓰
Y 03
아카쓰테카
Y 04
헤이와다이
Y 05
히카와다이
Y 06
센카와
Y 07
가나메초
Y 08
고타케무카이하라
이타바시
I 18
신이타바시
I 17
이타바시쿠야쿠쇼마에
I 16
우라와미소노까지 직통운행
아카바네이와부치
N 19
시모
N 18
오지카미야
N 17
오지
N 16
고소쿠테쓰도센
아키바네
니시스가모
신코신즈카
스가모
I 15
센고쿠
I 14
하쿠산
I 13
난보쿠센
미타센
E 38
네리마카스가초
E 37
도시마엔
E 36
네리마
E 35
신에고타
E 34
오치아이미나미나가사키
E 33
나카이
E 32
세이부 이케부쿠로센
이케부쿠로
Y 09 Y 09 M 25
히가시이케부쿠로
메지로
다카다노바바
T 03
와세다
T 04
가구라자카
T 05
신오쓰카
M 24
묘가다니
M 23
다루노우치센
히가시이케부구루연초메
에도가와바시
Y 10
고코쿠지
Y 11
Y 12
고라쿠엔
유라쿠초센
미타카까지 직통운행
츄오센
오기쿠보
M 01
미나미아사가야
M 02
신코엔지
M 03
히가시코엔지
M 04
신나카노
M 05
나카노
T 01
오치아이
T 02
신주쿠니시구치
오치아이
나카노
히가시나카노
E 31
사나카우노에
니시신주쿠
와카마쓰카와다
E 03
우시고메야나기초
E 04
우시고메카구라자카
E 05
이다바시
E 06 T 06 Y 13 N 10
세이부 신주쿠센
세이부 신주쿠
신오쿠보
다루노우치센
히가시신주쿠
E 02
신주쿠교엔마에
M 09
아케보노바시
S 03
신주쿠
S 02
M 09
이치가야
S 04 Y 14 N 09
구단시타
요쓰야
요쓰야산초메
고지마치
Y 15
호난초
m 03
나카노후지미초
m 04
나카노신바시
m 05
니시신주쿠고초메
메이다이마에
M 06 E 30
니시신주쿠
M 07
E 29
E 28
신주쿠
E 01 M 08
신주쿠
S 01 E 27
도초마에
신주쿠산초메
M 10
요쓰야산초메
M 11
M 12 N 08
아오야마잇초메
E 24 Z 03 G 04
N 07 Z 04
G 05 M 13
하시모토·다카오산구치까지 직통운행
게이오센
사사즈카
게이오 이노카시라센
요요기
E 26
E 25
고쿠리쓰교조
고쿠리쓰교조
가라키다·혼아쓰기까지 직통운행
오타큐센
시모키타자와
요요기코엔
C 01
C 02
하라주쿠
C 03
메이지진구마에
요요기우에하라
추오린칸까지 직통운행
후타고타마가와
도큐 덴엔토시센
시부야
Z 01 G 01
Z 02 C 04 G 02
오모테산도
가이엔마에
G 03
노기자카
C 05
아카사카미쓰케
한조몬센
긴자센
우 에도센
도큐 오이마치센
나카메구로
H 01
H 02
에비스
히로오
롯폰기
히비야센
H 03
H 04 E 23
롯폰기잇초메
아카사카
C 06
다메이케산노
N 05
H 05
가미야초
기쿠나까지 직통운행
덴엔초후
지유가오카
도큐 메구로센
메구로
I 01 N 01
시로카네다이
I 02 N 02
시로카네타카나와
I 03 N 03
N 04 E 22
아자부주반
무사시코스기까지 직통운행
오오카야마
하타노다이
도큐 이케가미센
고탄다
A 04
센가쿠지
미타센
미타
I 04
니시마고메
A 01
마고메
A 02
나카노부
A 03
도고시
A 04
오사키
다카나와다이
A 06
시나가와
A 07
I 04 A 08
다마
게이힌 토호쿠센
오이마치
게이큐카마타
덴쿠바시
미사키구치까지 직통운행
게이큐센
게이큐쿠코센
하네다쿠
ハングル

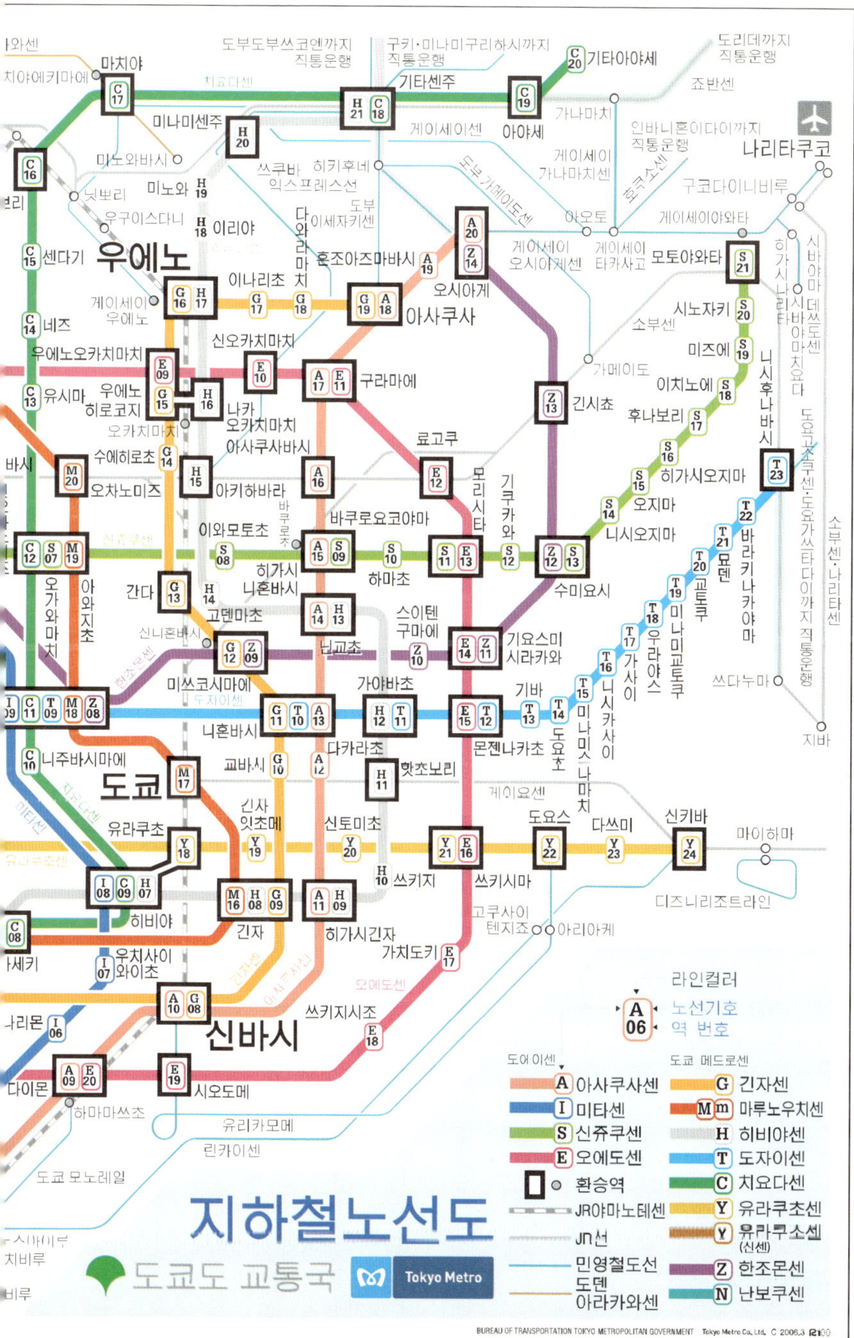
아와센
치야에키마에
마치야
C17
미나미센주
H20
C16
미노와바시
닛뽀리
미노와
H19
리
우구이스다니
이리야
H18
C15 센다기
우에노
게이세이
우에노
C14 네즈
우에노오카치마치
C13 유시마
나카
오카치마치
바시
M20 오차노미즈
간다
C12 S07 M19
오가와마치
아와지초

도부도부쓰코엔까지
직통운행
치요다센
미나미센주
쓰쿠바
익스프레스선
도부
이세자키센
다와라마치
혼조아즈마바시
이나리초
G16 H17
신오카치마치
E09
E10
G15
H16
아사쿠사바시
G14
H15 아키하바라
바쿠로초
이와모토초
S08
G13
신니혼바시
H14
고덴마초
G12 Z09
닌교초
미쓰코시마에

구키·미나미구리하시까지
직통운행
기타센주
H21 C18
게이세이센
A20 Z14
A19
G17 A18
오시아게
A17 E11 구라마에
료고쿠
A16
바쿠로요코야마
A15 S09
하마초
S10
A14 H13
스이텐
구마에
Z10
가야바초

C20 기타아야세
C19
아야세
A19 A18 아사쿠사

게이세이
오시아게센
긴시쵸
Z13
모리시타
E12
E14 Z11
기요스미
시라카와
E15 T12

도리데까지
직통운행
조반선
가나마치
게이세이
가나마치센
아오토
게이세이
타카사고
가메이도
소부선
후나보리
S17
S16
S15 히가시오지마
니시오지마
S12
Z12 S13
수미요시
기바
T13

나리타쿠코
구코다이니비루
게이세이아와타
모토야와타
S21
시노자키
S20
미즈에
S19
이치노에
S18
니시후나바시
T23
T22
T21 묘덴
T20 교토쿠
T19
T18 미나미교토쿠
T17 우라야스
T16 가사이
T15 니시카사이
T14 미나미카사이
쓰다누마
지바

도요
도메

소부센·나리타선

T09 M18 Z08
I09 C11
니주바시마에
C10
도쿄
M17
유라쿠초
Y18
I08 C09 H07
히비야
C08
우치사이
I07 와이초
A10 G08
나리몬
I06
신바시
A09 E20
다이몬
E19 시오도메
하마마쓰쵸

G11 T10 A13
교바시
G10
긴자
잇초메
Y19
M16 H08 G09
긴자
히가시긴자
쓰키지시조
E18

도쿄 모노레일

G12 H11
신토미초
Y20
H10 쓰키지
A11 H09
가치도키
E17

린카이센

H12 T11
다카라초
A12
핫초보리
E16 Y21
쓰키시마

E14 Z11
몬젠나카초
도요초
쓰키시마
고쿠사이
텐지죠 아리아케

T13
기바
도요스
Y22
디즈니리조트라인

신키바
Y24
마이하마

다쓰미
Y23

라인컬러
A06 노선기호
역 번호

도에이센   도쿄 메드로센
A 아사쿠사센   G 긴자센
I 미타센   Mm 마루노우치센
S 신쥬쿠센   H 히비야센
E 오에도센   T 도자이센
환승역   C 치요다센
JR야마노테센   Y 유라쿠초센
JN선   Y 유라쿠소센(신센)
민영철도선   Z 한조몬센
도덴   N 난보쿠센
아라카와센

지하철노선도
도쿄도 교통국   Tokyo Metro

찾아보기

가 >>>

가부키좌 ǀ 188
가부키쵸 ǀ 220
간다 ǀ 282
간다 헌책방 거리 ǀ 291
건담박물관 ǀ 309
게이큐센 전철 ǀ 92
고주테신사 ǀ 275
고쿄 ǀ 185
고쿄 가이엔 ǀ 187
공항버스 ǀ 70
공항이용료 ǀ 47
공항철도 ǀ 70
과학기술관 ǀ 308
광고 박물관 ǀ 309
구 이와사키 저택 정원 ǀ 278
국립서양미술관 ǀ 19, 271
국제 운전 면허증 ǀ 67
국제전용전화기 ǀ 78
국제전화 거는 법 ǀ 78
규동 ǀ 34
규타이덴보시쓰 ǀ 142
긴자 관광 버스 ǀ 178
긴자 나쯔노 ǀ 245
긴자센 ǀ 103
긴자 인즈(GINZA IN'z) ǀ 192
긴자 지도 ǀ 177
긴자코어 ǀ 193
긴자텐구니 ǀ 189
긴카도 ǀ 167
김포공항 ǀ 26

나 >>>

나리타공항 ǀ 26
나카미세 거리 ǀ 203
난보쿠센 ǀ 106
남코 난자타운 ǀ 163
니시긴자 ǀ 191
니코라이당 ǀ 293
니테레야 ǀ 158
니혼TV타워 ǀ 157
닛산 긴자 갤러리 ǀ 193

다 >>>

다이바 소홍콩 ǀ 135
다이바잇초메 쇼덴가이 ǀ 136
다이소 ǀ 140
다이칸야마 ǀ 296, 301
다카시마야 타임즈스퀘어 ǀ 224
다케시타도리 ǀ 239
담배와 소금 박물관 ǀ 260
대관람차 ǀ 15
더 긴자 ǀ 189
덱스 도쿄 비치 ǀ 134
덴뿌라 ǀ 34
도깨비 여행 ǀ 27
도쇼구(東照宮) ǀ 272
도에이 아사쿠사센 ǀ 101
도에이 미타센 ǀ 102
도에이 신주쿠센 ǀ 101
도에이 오에도센 ǀ 102
도에이 지하철 ǀ 101
도에이 버스 ǀ 107
도요타 오토사론 암렉스 도쿄 ǀ 167

도쿄 쇼 시티케이스 | 149
도쿄국립과학박물관 | 275
도쿄국립박물관 | 19, 273
도쿄도 구내 패스 | 97
도쿄도 내 관광승차권 | 97
도쿄도미술관 | 19
도쿄도미술관(東京都美術館) | 276
도쿄도사진미술관 | 20
도쿄도청 | 214
도쿄도청 전망대 | 15
도쿄디즈니랜드 | 307
도쿄레저랜드 | 155
도쿄역 | 182
도쿄의 날씨 | 65
도쿄의 전철 노선 | 95
도쿄의 택시 요금 | 107
도교조이폴리스 | 136
도큐핸즈 시부야 | 256
도큐핸즈 신주쿠점 | 225
도큐핸즈 이케부크로점 | 169
도토리공화국 | 147
돈키호테 시부야점 | 253
돈키호테 신주쿠점 | 223
동그리 공화국 | 166
디즈니 스토어 | 260

라 ▶▶

라멘 | 34
라멘집 산토카 | 229
라오스 | 288
라포레 하라주쿠 | 246
랑킹란퀸 | 224
레인보우 브릿지 | 23, 127

로밍 서비스 | 76
루미네 | 226
리무진 버스 | 89
리브로 | 122

마 ▶▶

마루노우치센 | 103
마루이시티 이케부크로점 | 172
마루이백화점 맨 | 227
마루이시티 | 227
마루젠 서점 | 185
마이티 삭서 | 240
마일리지 | 54
마츠모토 키요시 약국 | 170
마츠야 | 36
마츠야 긴자 | 193
마츠야 아사쿠시백화점 | 206
마츠자카야 | 191
만다라케 시부야점 | 21
만다라케 이케부크로점 | 20, 171
망가노모리 이케부크로점 | 21
메가 시어터 | 150
메가웹(MEGA@WEB) | 149
메디아주 | 136
메이지 진구 | 234
메이지도리 | 246
메이지진구 문화관 | 308
면세점 쇼핑 | 71
모노레일 | 91
노노레일 뉴리카모메 | 128
모스버거 | 43
모자이크 긴자 한큐 | 191
모터 스포츠 스퀘어 | 150

무료 셔틀버스 | 133
무비자 조건 | 61
무인양품 | 187
미츠이 빌딩 | 221
미츠코시백화점 | 180, 226
미츠코시백화점 에비스점 | 299
민박 | 32

바 >>

바우처 | 73
배 과학관 | 144
버스타기 | 107
벚꽃축제 | 57
보딩패스 | 73
보딩패스 발권 | 317
북오프 | 246
북퍼스트 | 122, 258
분메이도(文明堂) | 190
비너스 포트 | 154
비너스 포트 패밀리 | 146
비어스테이션 에비스 | 300
비자(VISA) | 61
비즈니스호텔 | 29
빅 카메라 | 116
빅 사이트 | 18
빅 카메라 본점 | 168
빌드 어 베어 워크숍 | 164
빌리지 뱅가드 | 147
쁘렝땅백화점 | 183

사 >>

사쿠라야 | 118
사케 플라자 | 309
산리가게 | 165
산리오 비비틱스 | 137
산세이도(三省堂) 서점 | 292
새 여권 만들기 | 60
샤토 레스토랑 조엘 로뷔숑 | 300
선샤인 국제수족관 | 163
선샤인시티 | 14
선샤인시티(Sunshine City) | 163
선샤인60 | 14
선샤인60 도리 | 168
선샤인60전망대 | 164
세관검사 | 84
세관신고 | 76
세이부백화점 이케부크로점 | 172
센소지 Sensoji Temple | 201
소니 쇼룸 | 178
소니 스타일 | 138
소니 체험 과학관 | 138
소니 플라자 | 139
소비세 | 48
소프맙 아키하바라점 | 289
수상버스 | 132
수신자 부담 전화 | 77
수하물 분실신고소 | 83
수하물 찾기 | 83
스누피 타운 | 237
스누피타운숍 | 140
스모박물관 | 309
스미다가와(隅田川) | 196
스카이 버스 도쿄(Sky Bus Tokyo) | 178
스타라이트 돔 만텐 | 164
스튜디오 알타 | 212, 225
스튜디오 프롬나드(Studio Promenade) | 144
시노바즈노이케 | 274
시부야 | 249
시부야 가는 방법 | 250
시부야 미리보기 (Map) | 251
시부야 109 | 257
시부야 Beam | 257
시오도메 라멘 | 158
신주쿠 | 207
신주쿠 가는 방법 | 210
신주쿠 교엔 | 218
신주쿠 사잔테라스 | 222
신주쿠 미리보기 (Map) | 213
쓰리 미닛츠 해피니스 | 258

아

아까짱혼포 | 58
아사쿠사 | 112, 195
아사쿠사 가는 법 | 196
아사쿠사 신사 | 205
아사쿠사에서 수상버스 타기 | 200
아사쿠사 미리보기 (Map) | 199
아사쿠사 하나야시키 유원지 | 205
아사히 맥주 | 204
아즈마바시(吾妻橋) | 196
아쿠아시티 | 136
아키하바라 | 115, 282
아키하바라 전자상가 | 287
아키하바라 미리보기 (Map) | 286
아키하바라, 간다 가는 방법 | 284
앙팡맨테라스 | 158
애니메이트 아키하바라점 | 291
애니메이트 이케부크로 본점 | 20, 171
애플스토어 긴자 | 182
야마하 긴자숍 | 184
아메요코 시장 | 277
에도 시타미치 전통 공예관 | 206
에도도쿄박물관 | 309
에비스 | 296
에비스 가든 플레이스 | 299
에비스 맥주박물관 | 299
에비스와 다이칸야마 가는 법 | 297
에이단 지하철 | 103
여행사 패키지 | 51
여행자보험 | 49
오다이바 | 126
오다이바 가는 법 | 128
오다이바가이힌코엔 | 133
오다이바 미리보기 (Map) | 131
오다이바해변공원 | 133
오다이바해변공원역 | 126
오다큐백화점 | 225
오리시널 타코야끼 | 240
오모테산도 힐즈 | 244
오모테산도 | 242

오오에도온센 모노카파리 | 156
오오토야 | 38
오차노미즈 | 282
오차노미즈 악기거리 | 294
와고백화점(Wako) | 180
와플스 | 301
완자 아리아케 베이몰 | 145
요도바시 아키바 | 289
요도바시 카메라 | 117
요시노야 | 35
요요기 공원 | 238
우에노 | 267
우에노공원 | 271
우에노동물원 | 273
우에노모리미술관 | 19
우에노 미리보기 (Map) | 269
웨스트 | 194
유니클로 | 227
유라쿠쵸센 | 105
유류할증료 | 47
유리카모메 노선표 | 129
유시마성당 | 292
유시마텐진 | 280
유타카 | 31
이데미쯔미술관 | 20
이세탄백화점 | 226
이시마루 | 290
이즈에이 우메카와데이 | 276
이케부크로 | 160
이케부크로 가는 법 | 161
이케부크로 미리보기 (Map) | 162
이토야(Itoya) | 179
인더룸 | 228
인천공항 | 26
인터넷 미라이 만가 깃사 | 262
일본 라멘 | 40
일본의 약국 | 63
일본의 휴일 | 52
일본 지도 김색 | 57
일본행 항공사 | 73
임해부도심 | 126

입국심사 | 82

자 >>>

자유의 여신상 | 23, 133
전자제품 전압 | 119
전자티켓 | 73
제국극장 | 190
제1터미널 항공사 | 317
제2터미널 항공사 | 317
종이 학용품 | 111
준쿠도 서점 | 122
중고제품 | 123
지문날인 | 83
지문인식기 | 83
지브리 미술관 | 305
지브리 미술관 가는 법 | 306
지브리 미술관 티켓 판매처 | 64
지하철 노선표 | 64
진실의 입 | 155

차 >>>

처비갱(CHUBBY GANG) | 148
체신종합박물관 | 308
초밥 | 41
출국심사 | 76
출입국신고서 작성 | 80
치요다센 | 104
츠키지 본점 | 41

카 >>>

카미나리온 | 201
캐릭터 월드 | 309
캔두 신주쿠점 | 223
캣 스트리트 | 247
캡슐호텔 | 31
컬러월드 | 148
케이세이 스카이라이너 | 88
케이세이 스카이라이너 표 사는 법 | 88

케이세이 열차표 사는 법 | 87
케이세이 특급 | 86
켓츠 리빙 | 135
코인락 활용 | 313
콘도마니아 | 243
큐슈잔카라라멘 | 245
큐쿄도 | 179
큐프론트(Q-Front) | 261
크레용하우스 | 244
클레르스 | 240
키노쿠니야 서점 | 122, 217
키디랜드(Kiddy Land) | 243

타 >>>

타워레코드 | 259
탑승수속 | 73
테이크 5 | 148
텐돈텐야 | 37
텔레콤센터 | 157
텔레콤센터 전망대 | 16
토부백화점 | 173
토오자이센 | 105
토이자라스 | 139
티스 하라주쿠 | 247

파 >>>

파나소닉센터 | 145
파르코 | 166
팔레트타운 | 146
패스트푸드 | 42
퍼스트 키친 | 44
펫시티 | 147
펫파라다이스 | 147
편의점 | 39
프랑프랑 | 222
피크닉 온 피크닉 | 264

하 >>>

하나마루 우동 | 38
하나조노신사 | 228
하네다공항 | 26, 90
하라주쿠 | 120, 230
하라주쿠 가는 방법 | 231
하라주쿠 미리보기 (Map) | 223
하마마츠쵸역 | 91
하치코 상 | 253
하쿠힌칸 토이 파크 | 181
한국으로 전화걸기 | 77
한조몬센 | 106
할리 데이비슨 | 264
항공사 제휴카드 | 54
현대망가도서관 | 309
호텔 체크인 | 93
환전 | 71
히가시 교엔 | 185
환전 노하우 | 66
회전초밥집 츠키지 본점 | 265
후지TV | 141
히미코 | 132
히비야센 | 104
히비야코엔(日比谷公園) | 188
히스토리 게러지 | 152

JR 야마노테센(山手線) | 95, 98
JR 특급 나리타 익스프레스 | 89
K-BOOKS | 21
K-BOOKS 아키하바라점 | 291
NEOSTA | 140
NHK 스튜디오 파크 | 254
NS빌딩 | 216
OPAQUE GINJA | 190
ROX | 203
STUDIO ZERO ONE by MARUI | 141
T-ZONE PC DIY SHOP | 290
WEGO | 149

기타

1일 승차권 | 96
3coins | 166
ABAB | 281
ABC-MART | 222
Claire's | 140
CX JOCK-TV 스토어 | 142
Doll in Seiko | 185
Duty Free | 48
E-com | 150
E-com RIDE 코너 | 153
F-island | 142
HMV 시부야점 | 259
HMV 이케부크로점 | 170
JR 린카이센 | 130

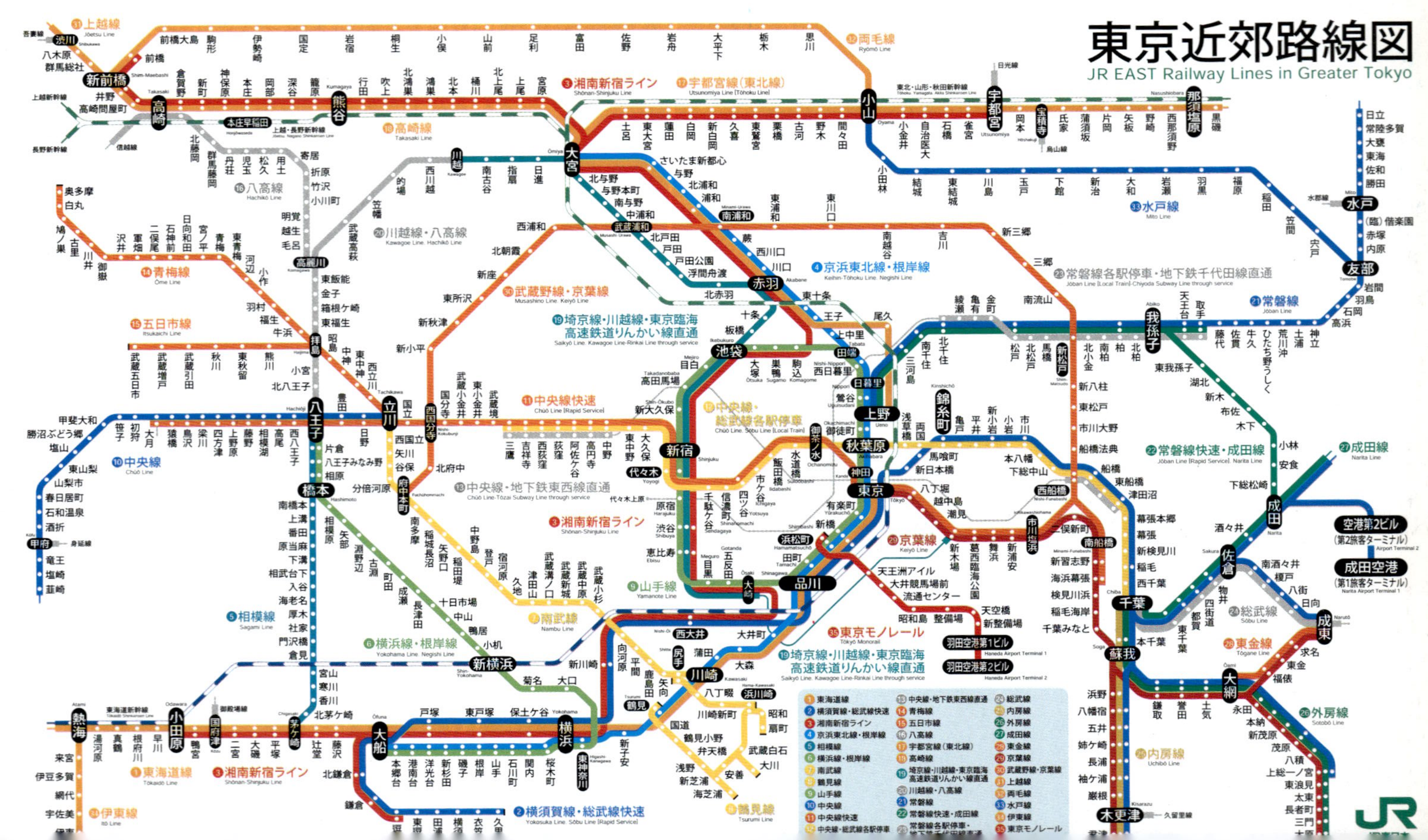
東京近郊路線図
JR EAST Railway Lines in Greater Tokyo
JR

㉛上越線 Joetsu Line
⑯両毛線 Ryomo Line
③湘南新宿ライン Shonan-Shinjuku Line
⑰宇都宮線(東北線) Utsunomiya Line [Tohoku Line]
⑱高崎線 Takasaki Line
⑯八高線 Hachiko Line
⑳川越線・八高線 Kawagoe Line, Hachiko Line
⑭青梅線 Ome Line
⑮五日市線 Itsukaichi Line
㉚武蔵野線・京葉線 Musashino Line, Keiyo Line
⑲埼京線・川越線・東京臨海高速鉄道りんかい線直通 Saikyo Line, Kawagoe Line-Rinkai Line through service
④京浜東北線・根岸線 Keihin-Tohoku Line, Negishi Line
⑬水戸線 Mito Line
㉑常磐線各駅停車・地下鉄千代田線直通 Joban Line [Local Train]-Chiyoda Subway Line through service
㉑常磐線 Joban Line
⑪中央線快速 Chuo Line [Rapid Service]
⑩中央線 Chuo Line
⑯中央・総武線各駅停車 Chuo Line, Sobu Line [Local Train]
⑬中央線・地下鉄東西線直通 Chuo Line-Tozai Subway Line through service
③湘南新宿ライン Shonan-Shinjuku Line
⑨山手線 Yamanote Line
⑧南武線 Nambu Line
⑤相模線 Sagami Line
⑥横浜線・根岸線 Yokohama Line, Negishi Line
⑳京葉線 Keiyo Line
㉒常磐線快速・成田線 Joban Line [Rapid Service], Narita Line
㉗成田線 Narita Line
㉔総武線 Sobu Line
㉘東金線 Togane Line
㉕外房線 Sotobo Line
㉖内房線 Uchibo Line
㉟東京モノレール Tokyo Monorail
⑦鶴見線 Tsurumi Line
②横須賀線・総武線快速 Yokosuka Line, Sobu Line [Rapid Service]
①東海道線 Tokaido Line
㉔伊東線 Ito Line

空港第2ビル(第2旅客ターミナル) Airport Terminal 2
成田空港(第1旅客ターミナル) Narita Airport Terminal 1
羽田空港第1ビル Haneda Airport Terminal 1
羽田空港第2ビル Haneda Airport Terminal 2

凡例:
① 東海道線
② 横須賀線・総武線快速
③ 湘南新宿ライン
④ 京浜東北線・根岸線
⑤ 相模線
⑥ 横浜線・根岸線
⑦ 南武線
⑦ 鶴見線
⑨ 山手線
⑩ 中央線
⑪ 中央線快速
⑫ 中央・総武線各駅停車
⑬ 中央線・地下鉄東西線直通
⑭ 青梅線
⑮ 五日市線
⑯ 八高線
⑰ 宇都宮線(東北線)
⑱ 高崎線
⑲ 埼京線・川越線・東京臨海高速鉄道りんかい線直通
⑳ 川越線・八高線
㉑ 常磐線
㉒ 常磐線快速・成田線
㉓ 常磐線各駅停車・
㉔ 総武線
㉕ 内房線
㉖ 外房線
㉗ 成田線
㉘ 東金線
㉚ 武蔵野線・京葉線
㉛ 上越線
㉜ 両毛線
㉝ 水戸線
㉞ 伊東線
㉟ 東京モノレール

主な駅:渋川 新前橋 高崎 熊谷 大宮 小山 宇都宮 那須塩原 水戸 友部 我孫子 成田 佐倉 千葉 蘇我 大網 木更津
川越 南浦和 赤羽 池袋 上野 日暮里 秋葉原 神田 東京 新宿 立川 西国分寺 八王子 橋本 新横浜 横浜 大船 小田原 熱海
池袋 錦糸町 西船橋 南船橋 品川 浜松町 大崎 川崎 鶴見 新松戸

~ 있습니까?

~(が) ありますか。 ~아리마스까.

韓國語の観光地図がありますか？ 한국어 관광지도 있나요?

칸코쿠고노 칸코오치즈 아리마스까.

> 응용단어 : 좌석 座席(자세키), 멀미약 よいどめ(요이토메), 진통제 ちんつうざい(친츠우자이), 우롱차 ウロン茶(우론차), 소금 しお(시오)

~ (해) 주세요.

~て下さい。 ~(떼) 쿠다사이.

新宿の紀伊國屋まで行ってください。 신주쿠 키노쿠니야서점으로 가주세요.

신주쿠노 키노쿠니야마데 잇데쿠다사이.

> 응용단어 : 금연석으로 禁煙席で(킹엔세키데), 흡연석으로 喫煙席で(키츠엔세키데), 왕복권으로 往復券で(오오후쿠켄데), 이것으로 これで, 창가쪽으로 窓際の方に(마도기와노 호오니), 포장해 梱包して(콘포오시떼), 도와주세요. 助けて下さい。(타스케떼 쿠다사이.)

~ 을(를) 주세요.

~を下さい。 ~(오) 쿠다사이.

牛　一つ下さい。 규동 한그릇 주세요.

규우돈 히토츠 쿠다사이.

> 응용단어 : 이것 これ(고레), 저것 あれ(아레), 두통약 ずつうぐすり(즈츠우자이), 입장권 入場券(뉴우조오켄)

~을(를) 부탁합니다. / ~으로 부탁합니다.

~(を)お願いします。/ ~(て)お願いします。
~(오) 오네가이시마스. / ~(떼) 오네가이시마스.

チェックアウトをお願いします。 체크아웃 부탁합니다.

체크아우토 오 오네가이시마스.

禁煙席でお願いします。 금연석으로 부탁합니다.

킹엔세키데 오네가이시마스

> 응용단어 : 왕복권 往復券(오오후쿠켄), 흡연석 禁煙席(킹엔세키), 계산 計算(케이산), 영수증 りょうしゅうしょう(료오슈우쇼오)